高职高专“十一五”规划教材

集散控制系统组态调试与维护

任丽静　周哲民　主编

张东升　主审

化学工业出版社

·北京·

本书力图突破传统的学科系统化课程模式，基于工作的学习和学习的工作的理念，实践高职教育“教学做合一”的教学原则。本书在结合化工行业分析、生产过程自动化工作过程分析、集散控制系统组态与维护岗位工作任务分析和化工仪表维修技师的职业成长认知规律，通过化工企业过程自动化实践专家座谈会等程序化的方法确定 DCS 组态、调试、安装、维护与检修典型工作任务的基础之上编写而成。

本书以职业活动为导向，以全国化工仪表维修工技能大赛的比赛项目或典型的化工装置 DCS 项目任务为载体，由两个学习情境构成。其中学习情境一和学习情境二是实践知识和理论知识相互融合的。理论知识包括完成该工作任务必须具备的理解性知识，用于解释“为什么要这样操作”。实践知识包括完成工作任务必须具备的操作性知识，用于陈述“如何操作”。实训项目一和实训项目二用于强化技能训练。

本书可作为高职高专院校生产过程自动化、仪表等相关专业的教材，也可供中等职业学校相关专业选作教材和有关技术人员参考。

图书在版编目（CIP）数据

集散控制系统组态调试与维护 / 任丽静，周哲民主编.
北京：化学工业出版社，2010.3（2025.1 重印）
高职高专“十一五”规划教材
ISBN 978-7-122-07618-2

Ⅰ. 集…　Ⅱ. ①任…　②周…　Ⅲ. ①集散系统-组态-调试方法-高等学校：技术学院-教材②集散系统-组态-维护-高等学校：技术学院-教材　Ⅳ. TP273

中国版本图书馆 CIP 数据核字（2010）第 008844 号

责任编辑：廉　静　张建茹　　文字编辑：吴开亮
责任校对：宋　夏　　装帧设计：周　遥

出版发行：化学工业出版社（北京市东城区青年湖南街 13 号　邮政编码 100011）
印　　装：北京机工印刷厂有限公司
787mm×1092mm　1/16　印张 12¾　字数　337　千字　　2025 年 1 月北京第 1 版第 11 次印刷

购书咨询：010-64518888　　售后服务：010-64518899
网　　址：http://www.cip.com.cn
凡购买本书，如有缺损质量问题，本社销售中心负责调换。

定　　价：38.00 元

前　言

化工行业的蓬勃发展需要高素质和高技能的自动化生产过程专业人才，为了全面提升学生的职业素养、发现和解决工程问题能力、团队协作能力、危机处理能力、成本和效率意识以及敬业精神等综合职业素质，课程改革已迫在眉睫。

本课程力图突破传统的学科系统化课程模式，基于工作的学习和基于学习的工作的理念，实践高职教育“教、学、做合一”的教学原则。我们结合化工行业分析、生产过程自动化工作过程分析、集散控制系统组态与维护岗位工作任务分析和化工仪表维修技师的职业成长认知规律，通过与化工企业过程自动化专家的座谈等程序化的方法，确定DCS组态、调试、安装、维护与检修的典型工作任务，通过工作领域向学习领域的转换，确定“DCS组态 调试与维护”是生产过程自动化技术专业的一门专业核心课程。学生在完成该课程的项目过程中，通过对技术工作的任务、过程和环境所进行的整体化感悟和反思，实现知识与技能、过程与方法、情感态度与价值观学习的统一，从而实现提高专业能力、方法能力和社会能力三维一体的教学目标。

① 课程目标。强调发展是“全面素质发展”，强调能力是“综合职业能力”，包括职业知识和技能，分析和解决问题的能力，信息接受和处理能力，危机处理能力，经营管理能力，社会交往能力和不断学习能力。

② 课程结构。采取行动体系框架下形成的“资讯—决策—计划—实施—检查—评价”串行结构。

③ 课程内容。课程内容以职业活动为导向，以全国化工仪表维修工技能大赛的比赛项目或典型的化工装置DCS项目任务为载体，由两个学习情境构成。其中学习情境一和学习情境二实践知识和理论知识相互融合，理论知识包括完成该工作任务必须具备的理解性知识，用于解释“为什么要这样操作”。实践知识包括完成工作任务必须具备的操作性知识，用于陈述“如何操作”。实训项目一和实训项目二用于强化技能训练。

本项目课程的教材开发由企业专家、学校教师、课程专家组成。本书由任丽静、周哲民主编，并编写了学习情境一；刘书凯、徐咏东、黎洪坤编写了学习情境二。实训项目一、二由张新岭和梁晓明编写。本书由浙大中控技术有限公司华北区技术总监张东升主审。邓素萍、浙大中控技术公司和培训中心在本书的编写过程中给予了大力支持和协助，在此深表感谢。

由于编写时间仓促，加上编者的水平有限，书中难免存在疏漏，恳请同仁和读者批评指正。

编 者

2010年2月

目　录

学习情境一　集散控制系统软件组态

【学习目标】

能陈述集散控制系统的发展历程，设计思想和系统结构，能识读带控制点的化工工艺流程图，能与工艺师沟通确认工艺控制点和控制方案，能填写 DCS I/O 表，能依据 DCS 控制的化工工艺项目的要求并结合工程技术和经济观点恰当选择 DCS，至少能掌握一种国产 DCS 系统软件组态（包括系统整体组态、控制组态和操作画面组态），能编撰 DCS 控制项目的项目任务书和项目实施计划，能借助工具翻译国外 DCS 使用说明书。

【项目任务】 CS2000 三位槽过程控制项目对象 DCS 软件组态

一、项目简介

CS2000 实训装置是集智能仪表技术、故障排除、自动控制技术为一体的普及型多功能化工仪表维修工竞技的模拟实训装置。该实训装置采用控制对象与控制台独立设计，控制系统采用了常规的智能仪表控制。现要求控制系统采用 DCS 控制，替代原先的智能仪表控制。

CS2000 三位槽过程控制项目对象系统包含有：不锈钢储水箱，强制对流换热管系统，串接圆筒有机玻璃上水箱、中水箱、下水箱，单相 2.5kW 电加热锅炉（由不锈钢锅炉内胆加温筒和封闭式外循环不锈钢冷却锅炉夹套组成）。系统中的检测变送和执行元件有：压力变送器、温度传感器、温度变送器、孔板流量计、涡轮流量计、压力表、电动控制阀等。

CS2000 型系统主要特点如下。

① 被控变量囊括了流量、压力、液位、温度四大热工参数。

② 执行器中既有电动控制阀（或气动控制阀）、单相 SCR 移相调压等仪表类执行机构，又有变频器等电力拖动类执行器。

③ 控制系统除了有控制器的设定值阶跃扰动外，还有在对象中通过另一动力支路或手操作阀制造各种扰动。

④ 锅炉温控系统包含了一个防干烧装置，以防操作不当引起严重后果。

⑤ 系统中的两个独立的控制回路可以通过不同的执行器、工艺线路组成不同的控制方案。

⑥ 一个被控变量可在不同动力源、不同的执行器、不同的工艺线路下演变成多种控制回路，以利于讨论、比较各种控制方案的优劣。

⑦ 各种控制算法和控制规律在开放的组态项目软件平台上都可以实现。CS2000 三位槽控制对象工艺流程如图 1-1 所示。

二、组态要求

1．DCS 系统配置

① 控制系统由一个控制站、一个工程师站、两个操作站组成。

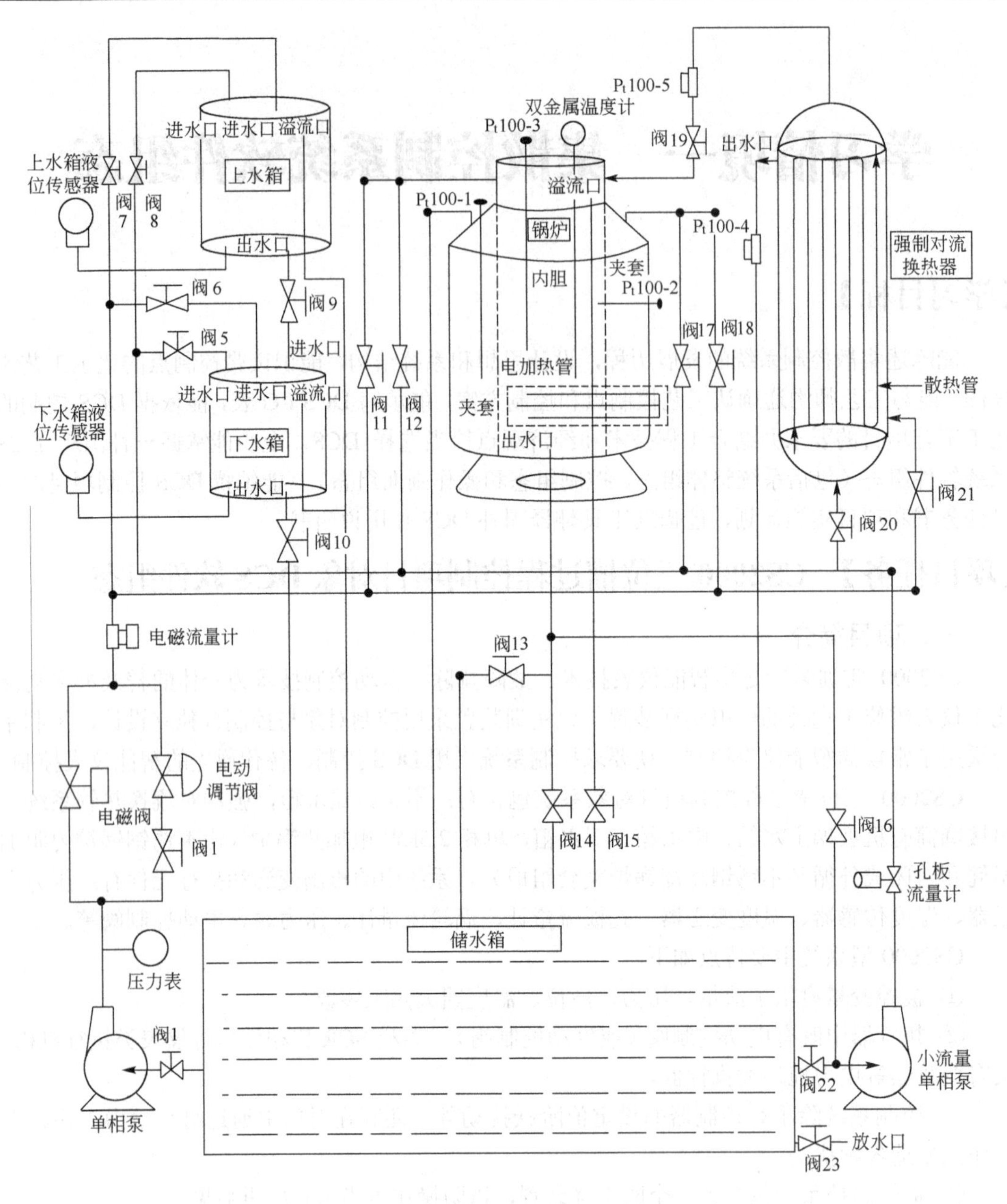

图 1-1　CS2000 三位槽控制对象工艺流程图

② 控制站 IP 地址为 02，且冗余配置。

③ 工程师站 IP 地址为 130、操作站 IP 地址为 131、132。

2. 用户管理

根据操作需要，建立用户如下。

权　限	用 户 名	用 户 密 码	相 应 权 限
特权	系统维护	1111	PID 参数设置、报表打印、报表在线修改、报警查询、报警声音修改、报警使能、查看操作记录、查看故障诊断信息、查找位号、调节器正反作用设置、屏幕拷贝打印、手工置值、退出系统、系统热键屏蔽设置、修改趋势画面、重载组态、主操作站设置

续表

权 限	用 户 名	用 户 密 码	相 应 权 限
工程师	工程师	1111	PID 参数设置、报表打印、报表在线修改、报警查询、报警声音修改、报警使能、查看操作记录、查看故障诊断信息、查找位号、控制器正反作用设置、屏幕拷贝打印、手工置值、退出系统、系统热键屏蔽设置、修改趋势画面、重新组态、主操作站设置
操作员	操作员	1111	重载组态、报表打印、查看故障诊断信息、屏幕拷贝打印、查看操作记录、修改趋势画面、报警查询

3．操作小组配置

操作小组名称	切换等级	操作小组名称	切换等级
教师组	工程师	学生组	操作员

4．监控操作要求

（1）教师组进行监控

① 可浏览总貌画面

页 码	页 标 题	内 容
1	索引画面	索引：教师组流程图、分组画面、一览画面的所有画面
2	模拟信号	所有模拟输入信号

② 可浏览分组画面

页 码	页 标 题	内 容
1	常规回路	LIC-101 、TIC-101
2	液位参数	LI101、LI102、LI103
3	温度参数	TI101、TI102、TI103、TI104、TI105、TI106

③ 可浏览趋势画面

页 码	页 标 题	内 容
1	流 量	FI101 、FI102
2	液 位	LI101、LI102、LI103
3	温 度	TI101、TI102、TI103、TI104、TI105、TI106

④ 可浏览一览画面

页 码	页 标 题	内 容
1	数据一览	所有参数

⑤ 可浏览流程图画面

页 码	页 标 题	内 容
1	CS2000 流程图	绘制如图 1-1 所示的流程图

⑥ 报表记录 要求：每 10min 记录一次数据，记录数据为 LI101、LI102、TI101；整点输出报表。效果样式如下表所示。

CS2000报表									
____班____组　组长______　记录员______　_____年______月______									
时　间									
内　容	描　述	数　据							
LI101	上水箱液位								
LI102	中水箱液位								
TI101	锅炉内胆温度								

（2）学生组进行监控

① 可浏览一览画面

页　码	页 标 题	内　容
1	数据一览	所有参数

② 可浏览流程图画面

页　码	页 标 题	内　容
1	CS2000流程图	绘制如图1-1所示的流程图

【实施计划】

工作任务一：工艺流程分析和控制方案的选择。

工艺流程分析包括检测仪表和执行机构选型和安装、确定测点参数、常规（或复杂）对象控制方案设计、系统控制方案设计和流程图分析等。工艺流程分析和控制方案的选择是系统组态的依据，只有在完成工艺流程分析和控制方案的选择之后，才能动手进行系统的组态。

工作任务二：DCS系统结构配置。

依据工艺控制项目的规模确定工程师站、操作员站、现场控制站以及其他附属单元的配置。

工作任务三：DCS组态软件安装与用户授权设置。

通过在软件中定义不同级别的用户来保证权限操作，即一定级别的用户对应一定的操作权限。每次启动系统组态软件前都要用已经授权的用户名进行登录。

工作任务四：DCS整体信息组态。

系统组态是通过SCKey软件来完成的。系统总体结构组态是根据“DCS系统结构配置”设置系统的控制站与操作站参数。

工作任务五：DCS控制组态。

根据“I/O卡件布置图”及“I/O清单”的设计要求完成I/O卡件及I/O点的组态。

工作任务六：DCS操作标准画面组态。

对系统已定义格式的标准操作画面进行组态，其中包括总貌、趋势、控制分组、数据一览等四种操作画面的组态

工作任务七：流程图画面组态和优化。

流程图制作是指绘制控制系统中最重要的监控操作界面，用于显示生产产品的工艺及被控设备对象的工作状况，并操作相关数据量。

工作任务八：工作报表组态和优化。

编制可由计算机自动生成的报表以供工程技术人员进行系统状态检查或工艺分析。

工作任务九：仿真监控运行。

将已组态的软件编译，如有编译错误，则修改和完善软件组态，编译无误后，进入仿真状态监控运行，熟悉监控软件界面操作。

【工作任务一】 工艺流程分析和控制方案的选择

在DCS实训室现场熟悉CS2000三位槽过程控制项目对象工艺流程，工艺主设备，管路的连接，检测仪表和执行机构的安装。选择控制方案并陈述理由。

【实施步骤】

一、工艺流程的分析

系统动力支路分为两路组成：一路由威乐泵、电动控制阀、孔板流量计、自锁紧不锈钢水管及手动切换阀组成，构成主管道水介质循环系统，执行机构为电动调节阀，可构成液位和流量控制系统；另一路由威乐泵、变频调速器、涡轮流量计、自锁紧不锈钢水管及手动切换阀组成，构成次管道水介质循环系统，可构成液位和流量控制系统，执行机构为变频调速器。

换热系统由系统动力支路、不锈钢锅炉内胆加温筒、封闭式外循环不锈钢冷却锅炉夹套和强制对流换热器组成。锅炉换热器系统，经过了严格计算，换热器效果非常好，可以快速获得升温、降温效果。设置有很好的防干烧装置以免损坏加热管。可构成温度单回路控制系统和温度串级控制系统，执行机构为单相可控硅移相调压器。

二、DCS I/O 清单

位　号	信　号			趋势要求					备　注
	描　述	I/O	类型	量程	单位	报警要求	周期	压缩方式统计数据	
LI101	上水箱液位	AI	不配电 4～20mA	0～50	cm	90%高报	1	低精度并记录	冗余
LI102	中水箱液位	AI	不配电 4～20mA	0～50	cm	90%高报	1	低精度并记录	
LI103	下水箱液位	AI	不配电 4～20mA	0～50	cm	90%高报	1	低精度并记录	
TI101	锅炉内胆温度	AI	不配电 4～20mA	0～100	℃	H：60	1	低精度并记录	
TI102	锅炉顶部温度	AI	PT100	0～100	℃	H：60	1	低精度并记录	
TI103	夹套温度	AI	不配电 4～20mA	0～100	℃	HH：60	1	低精度并记录	
TI104	热出温度	AI	不配电 4～20mA	0～100	℃	HH：60	1	低精度并记录	
TI105	冷出温度	AI	不配电 4～20mA	0～100	℃	HH：60	1	低精度并记录	
TI106	热进温度	AI	不配电 4～20mA	0～100	℃	HH：60	1	低精度并记录	
FI101	孔板流量	AI	不配电 4～20mA	0～10	m^3/h		1	低精度并记录	

续表

位号	信号			趋势要求					备注
	描述	I/O	类型	量程	单位	报警要求	周期	压缩方式统计数据	
FI102	涡轮信号	PI	频率型	0～1300	Hz				
LV101	控制阀信号	AO	正输出						冗余
LV102	变频器信号	AO	正输出						
TV101	加热信号	AO	正输出						

三、检测仪表及执行机构的选型

CS2000 项目对象的检测及执行装置如下。

（一）检测仪表

扩散硅压力变送器。分别用来检测上水箱、下水箱液位的压力；孔板流量计、涡轮流量计分别用来检测单相水泵支路流量和变频器动力支路流量；Pt100 热电阻温度传感器用来检测锅炉内胆、锅炉夹套和强制对流换热器冷水出口、热水出口。

1．压力变送器

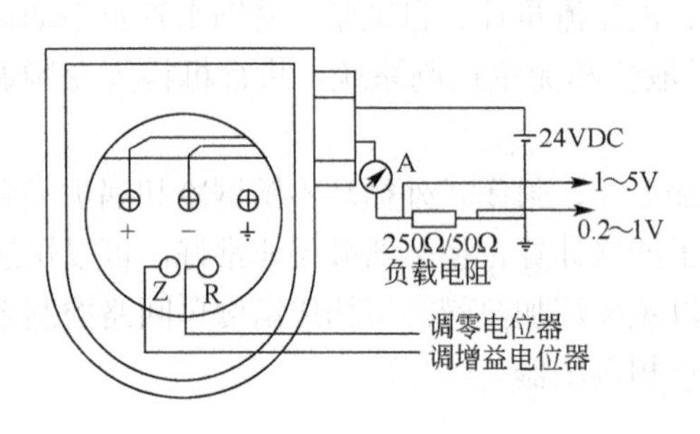

图 1-2 压力变送器接线图

工作原理：当被测介质（液体）的压力作用于传感器时，压力变送器将压力信号转换成电信号，经差分放大器和 V/A 电压电流转换器，转换成与被测介质（液体）的液位压力成线性对应关系的 4～20mA 标准电流输出信号。接线如图 1-2 所示。

接线说明：传感器为二线制接法，它的端子位于中继箱内，电缆线从中继箱的引线口接入，直流电源 24V+接中继箱内正端（+），中继箱内负端（–）接负载电阻的一端，负载电阻的另一端接 24V–。传感器输出 4～20mA 电流信号，通过负载电阻 250Ω 转换成 1～5V 电压信号。

零点和量程调整电位器位于中继箱内的另一侧。校正时打开中继箱盖，即可进行调整，左边的（Z）为调零电位器，右边的（R）为调增益电位器。

2．温度传感器

接线说明：连接两端元件热电阻采用的是三线制接法，以减少测量误差。在多数测量中，热电阻远离测量电桥，因此与热电阻相连接的导线长，当环境温度变化时，连接导线的电阻值将有明显的变化。为了消除由于这种变化而产生的测量误差，采用三线制接法。即在两端元件的一端引出一条导线，另一端引出两条导线，这三条导线的材料、长度和粗细都相同，如图 1-3 所示的 a、b、c。它们与仪表输入电桥相连接时，导线 a 和 c 分别加在电桥相邻的两个桥臂上，导线 b 在桥路的输出电路上，因此，a 和 c 阻值的变化对电桥平衡的影响正好抵消，b 阻值的变化量对仪表输入阻抗影响可忽略不计。

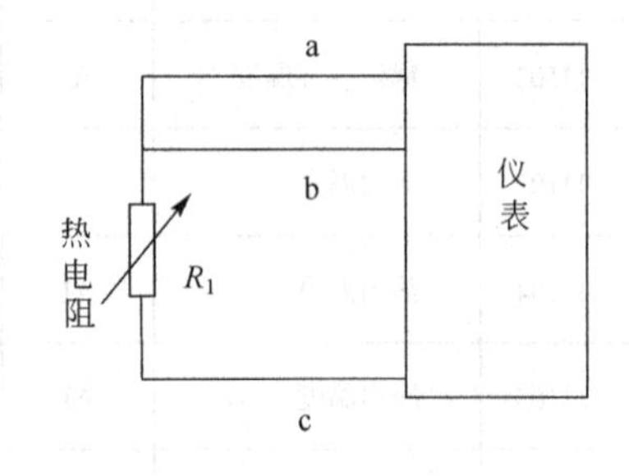

图 1-3 热电阻三线制接线图

3．流量计（孔板流量计）

孔板流量计：输出信号为 4～20mA，测量范围为 0～1.2m^3/h。

接线说明：孔板流量计输入端采用的是24V的直流电，输出的是4～20mA的电流信号。

4．压力表

安装位置：单相泵之后，电动控制阀之前。

测量范围：0～0.25MPa。

（二）执行装置

电动控制阀调节管道出水量；单相可控硅移相调压装置用来控制单相电加热管的工作电压；变频器控制副回路水泵的工作电压。

1．电动控制阀

型式：智能型直行程执行机构。

输入信号：0～10VDC/2～10VDC。

输入阻抗：250Ω/500Ω。

输出信号：4～20mADC。

输出最大负载：<500Ω。

信号断电时的阀位：可设置为保持/全开/全关/0～100%间的任意值。

电源：220V±10%/50Hz

2．单相可控硅移相调压

通过4～20mA电流控制信号控制单相220V交流电源在0～220V之间实现连续变化。图1-4为单相可控硅移相调压器接线图。

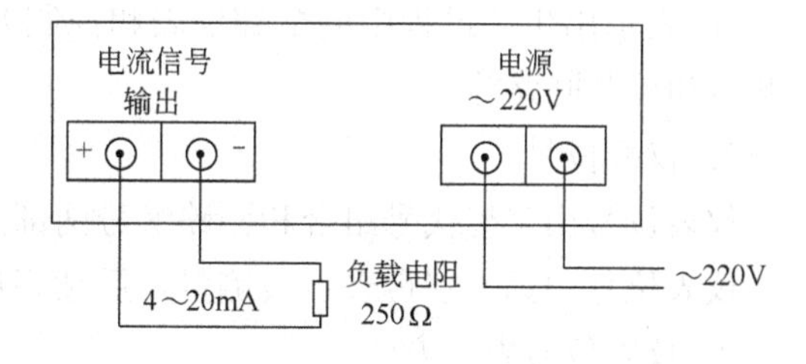

图1-4　单相可控硅移相调压器接线图

3．变频器

系统中所用的变频器为施耐德和西门子变频调速器。变频器的输出端与循环泵相连，实现循环泵支路的流量控制。

四、控制方案的选择

① 上水槽液位控制，单回路PID，回路名LIC101。上水槽液位控制方案方框图如图1-5所示。

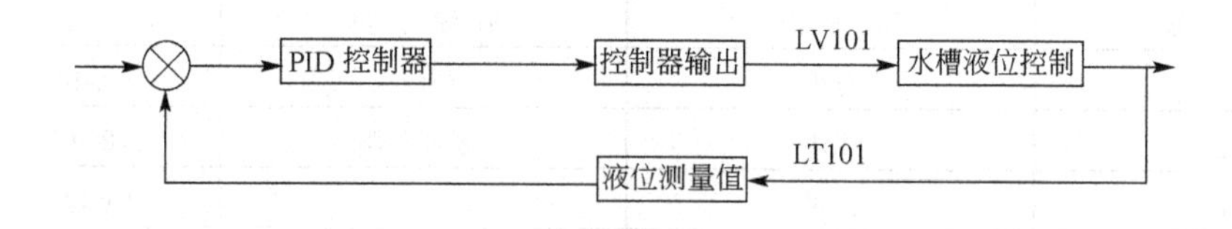

图1-5　上水槽液位控制方案方框图

② 锅炉温度控制，单回路PID，回路名TIC101，锅炉温度控制方案方框图如图1-6所示。

五、画出带控制点的工艺流程图

带控制点的生产工艺流程图是表示全部工艺设备、物料管道、阀门、设备附件以及工艺和自控仪表的图例、符号等的工艺流程图。也称工艺控制流程图。它是设备布置设计、仪表测量和控制设计的基本资料，并可供施工安装和生产操作时参考。

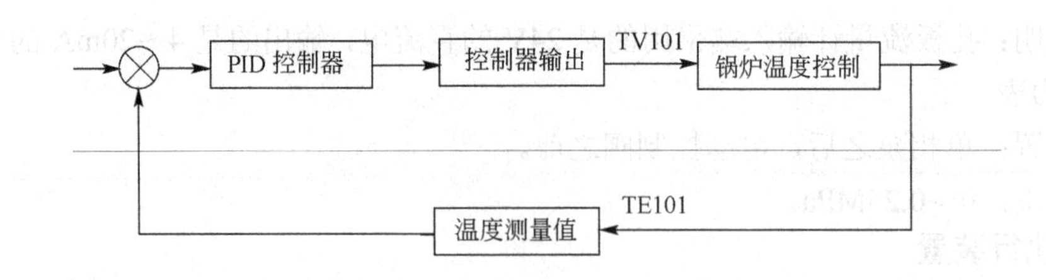

图 1-6　锅炉温度控制方案方框图

1．带控制点的工艺流程图基本要求

① 表示出生产过程中的全部工艺设备，包括设备图例、位号和名称。

② 表示出生产过程中的全部工艺物料和载能介质的名称、技术规格及流向。

③ 表示出全部物料管道和各种辅助管道（如水、冷冻盐水、蒸汽、压缩空气及真空等管道）的代号、材质、管径及保温情况。

④ 表示出生产过程中的全部工艺阀门以及阻火器、视镜、管道过滤器、疏水器等附件，但无需绘出法兰、弯头、三通等一般管件。

⑤ 表示出生产过程中的全部仪表和控制方案，包括仪表的控制参数、功能、位号以及检测点和控制回路等。

2．仪表位号

仪表位号由字母代号组合和回路编号两部分组成。

仪表位号中第一字母表示被测量，后续字母表示仪表的功能。

① 仪表位号表示方法

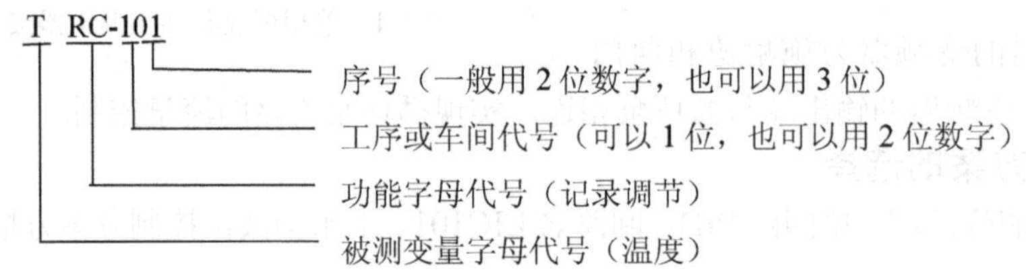

② 文字代号

字　母	第一位字母	后 续 字 母	举　例
A	分析	报警	AA-101
E	电压	检测元件	TE-102 和 EI-102
F	流量		FT-102
H	手动	高限报警	HC-102 和 LH-109
I	电流	指示	IA-102 和 LI-112
L	物位	低限报警	LT-113 和 LL-114
P	压力		PIC-334
T	温度	变 送	TE-114 和 LT-117

如图 1-7 所示为精馏装置部分带控制点工艺流程图。

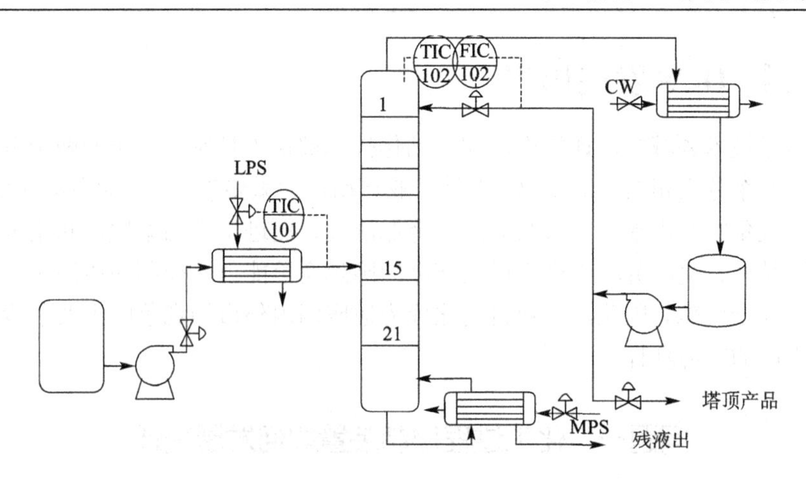

图 1-7　精馏装置部分带控制点工艺流程图

【考核自查】

知　识	自　测
能陈述 CS2000 三位槽过程控制项目对象主设备的用途	□ 是　□ 否
能陈述 CS2000 三位槽过程控制项目对象工艺流程	□ 是　□ 否
能陈述 CS2000 三位槽过程控制项目对象检测仪表的用途和安装	□ 是　□ 否
能陈述 CS2000 三位槽过程控制项目对象执行机构的基本原理	□ 是　□ 否
技　能	自　测
能画出 CS2000 三位槽过程控制项目对象中位槽液位控制方案	□ 是　□ 否
能画出 CS2000 三位槽过程控制项目对象锅炉温度控制方案	□ 是　□ 否
能画出 CS2000 三位槽过程控制项目对象主管道流量控制方案	□ 是　□ 否
能画出 CS2000 三位槽过程控制项目对象次管道流量控制方案	□ 是　□ 否
态　度	自　测
能进行熟练的工作沟通，能与团队协调合作	□ 是　□ 否
能自觉保持安全和节能作业及 6S 的工作要求	□ 是　□ 否
能遵守操作规程与劳动纪律	□ 是　□ 否

【工作任务二】　集散控制系统结构配置

本项工作任务的目的是能依据工艺控制项目的规模确定工程师站、操作员站、现场控制站以及其他附属单元的配置。

自 20 世纪 70 年代中期工业控制领域推出第一套集散控制系统以来，集散控制系统已发展成为工业生产过程自动控制的主流。随着大规模、超大规模集成电路技术、计算机数字技术、通信技术、网络技术、控制技术、显示技术、软件技术、安装布线技术等系统技术的应用，集散控制系统也不断发展和更新，在系统的开放性、功能的综合性和先进性、操作的方便性和可靠性等方面都有不同程度的改进和提高。产品的应用范围已不仅仅是工业控制领域的各个行业，而是向制造过程自动化和过程自动化的综合管理方向发展。已上市的集散控制系统产品虽然已达千种以上，它们的硬件和软件也千差万别，但从其基本构成方式和构成要素来分析，则具有相同或相似的特性。

【课前知识】 DCS发展历程

在现代科学技术领域中，计算机术和自动化技术被认为是发展最快的两个分支，而计算机控制技术是两个分支相结合的产物，也是工业自动化的重要支柱。工业自动化的广泛应用，能够提高工厂装备的技术水平、节约能源、降低消耗、促进生产的柔性化和集成化，提高产品质量、发展品种、提高劳动生产率以及产品的国际竞争能力，控制环境污染、改善劳动条件、保证生产安全可靠。因此，工业自动化成为适应国内外市场竞争的重要手段，是促进企业现代化大生产的有力杠杆。

问题一　化工过程控制装置如何发展变迁？

自19世纪世界工业革命以来，尤其最近50年，工业自动化从气动仪表到电动仪表，从现场基地控制到中央控制室控制，从在仪表屏上到用计算机操作站（CRT）操作，从模拟信号到数字信号，从传统控制理论到现代先进控制理论等，工业过程控制技术发展日新月异。20世纪50年代是电子管时代，工业生产规模比较小，所用的仪表多为气动仪表，采用$0.2\sim1.0kgf/cm^2$作为传输信号，控制仪表开始使用的是气动PID控制器。20世纪50年代后，出现了电动单元组合仪表。把控制器和显示操作站集中到中央控制室，将变送器和执行机构留在现场，构成综合模拟仪表控制系统。20世纪60年代以来，开始使用电子计算机的DDC控制，用一台过程控制机对数百个回路进行控制，实现对生产过程进行集中控制和检测，克服了模拟仪表过于分散，监视及操作不方便的缺点，并使常规仪表难以实现的复杂控制系统、控制策略能得以实施。一台计算机要控制几十个，甚至几百个回路，随着控制功能向计算机高度集中，事故发生的危险也被高度地集中了，即“危险集中”。一旦计算机出现故障，许多控制回路瘫痪，对生产影响很大，甚至造成全局性的重大事故。于是，20世纪70年代出现了集散控制系统。它按控制功能或按区域将微处理器进行分散配置；各个控制站利用微处理器可在生产现场控制几个、十几个，以至几十个回路；用若干台微处理器就可控制整个生产过程，从而使“危险分散”。它使用众多彩色图形显示器CRT进行监视和操作，并通过通信手段将各个站连接起来。由此看来，集散控制系统是以微处理器为核心的控制系统。它比常规模拟仪表有更强的通信、显示、控制功能，并且它又比集中型的过程控制机的可靠性更高。实践证明，集散控制系统能够适应工业生产的各种需要。集散控制系统这一重要的进步，大大促进了计算机在各个生产企业中的应用和推广。

问题二　集散控制系统的主要设计思想？

集散控制系统是20世纪70年代中期发展起来的新型控制系统。它融合了计算机技术（Computer）、控制技术（Control）、通信技术（Communication）和图形显示技术（CRT），简称4C技术。利用它可以实现对生产过程集中操作管理和分散控制。在美国、日本、欧洲等国家和地区，已将其广泛应用于石油化工、冶金、纺织、电力和食品加工等工业上；中国石化、钢铁、煤炭、电力、铁道、矿山、食品、建材等工业生产中，也先后应用起来，并取得了良好的技术经济效益。近年来，中国也开始自行开发和研制集散控制系统。“集”和“散”分别是集中操作管理和分散控制的简称。集散控制系统的含意是利用微型处理机或微型计算机技术对生产过程进行集中管理和分散控制的系统。据一些专家讨论后认为，这个名词较国外惯用的“分散系统”、“彻底分散系统”、“多递属系统”来得确切一些。如果只强调分散控制而不同时强调集中操作管理，就体现不出兼有通信、计算、显示、控制功能的特点和优越性；如果只强调集中而不同时强调分散就势必回到 20 世纪五六十年代的直接数字控制系统（DDC）老路上去。

据不完全统计，迄今全世界已有 60 余家公司，开发了各种类型的集散控制系统 1500 余种，并投放到市场上。集散控制系统的销售总量已达 1 万套左右。虽然推出的各种集散控制系统因制造公司的不同而有所区别，但它们都有一个共同点，即各自都将控制功能相对地分散。集散控制系统从结构上看，具有较强的分散功能，各个局部系统之间的信息，通过高速数据总线进行通信。从控制系统的功能上看，集散控制系统一般表现出递阶控制思想，即整个系统分为优化控制管理级和过程控制级。在过程控制级可以实现平稳操作的目标；在优化控制管理级，可以进行协调管理或进行点优化工作，或者向更上一级上位机通信。纵观各种集散控制系统，有下面几个共同的特点。

① 集散控制系统虽然品种繁多，但都是由操作站、控制站和数据通信总线等构成的。用户可依据自己被控系统的大小和需要，选用或配置不同类型，不同功能，不同规模的集散控制系统。

② 集散控制系统都采用分布式结构形式，控制和故障相对分散，从根本上提高了系统抗风险能力及可靠性。

③ 通过高速数据通信总线，把检测、操作、监视、管理等部份有机地连接成一个整体，进行集中显示和操作，从而使系统组态和操作更为方便，且大大提高了排除系统故障及调整操作的速度。

④ 集散系统的处理器、内部总线、电源、控制用输入输出插件等均采用双重配置。系统内部还有很强的自诊断功能。在系统的现场接口控制器卡件，都采用了冗余技术。对某些重要的控制回路还采用了手动作为自动备用，因而提高了系统的可靠性。

总之，控制分散，危险分散，而操作、管理集中是 DCS 的基本设计思想。分级递阶的分布式结构、灵活、易变更、易扩展是 DCS 的特点。

问题三　集散控制系统与常规模拟仪表的主要区别？

与常规模拟仪表相比，其具有如下特点。

① 完善的控制功能。集散系统可以完成连续、离散、顺序、逻辑和批量的控制功能；完成从单回路、串级、前馈-反馈复合到非线性、自适应、多变量解耦、多变量模型优化、多参数预估和模糊等高级控制；可以执行常规 PID 运算，也可以执行 Smith 预估、三阶矩阵乘法等各种运算。

② 丰富的监控功能。操作人员通过 CRT 和操作盘，可以监视生产装置以及整个车间情况，将系统总貌、分组和单元数据及时恰当地呈现出来，实现全系统统一操作。技术员可按既定的控制策略组态不同控制回路，并调整回路的任一参数或设置工作方式，而且还可以对工艺设备进行各种控制，从而实现真正的集中操作和监控管理。

③ 灵活的扩展功能。集散系统采用模块结构，用户可根据要求方便地扩大或缩小规模，改变系统的控制级别。系统采用组态方法构成各种控制回路，很容易对方案进行修改。也通过系列选型或系统生成，构成各类系统。因扩展灵活，故有利于分批投资，分批受益。

④ 极高的可靠性能。由于采用了多台微处理机分散控制结构，故危险分散。系统中关键设备采用双重或多重冗余，如控制站较多使用的3∶2∶1热冗余技术。系统还设有中断自动用系统和完善的自诊断功能，使系统的平均无故障时间MTBF达10^5天。故障出现时可自动报警，甚至可提供故障维修服务。许多系统可以提供远方技术中心服务，使平均修复时间MTTR为10^{-2}天，系统利用率达99.999%。

⑤ 简便的安装调试。集散系统的各单元都安装在标准机框内，模件之间采用多芯电缆、标准化插件相连；与过程连接时采用规格化端子板，到中控室操作站只需敷设同轴电缆进行数传递，所以布线量大大减少，安装工作为常规仪表的1/3～1/2。系统采用专用软件进行调，调试时间仅为常规仪表的1/2。

⑥ 良好的性能价格比。在性能上，集散系统技术先进，功能齐全，可靠性高，适用于多级递进管理控制。在价格方面，目前在国外，80个控制回路的生产过程采用集散系统的投资，已与用常规模拟仪表相当。系统规模越大，平均每个回路的投资费用越低。

问题四 集散控制系统的发展分哪几个阶段？

1. 1975年至1980年为初创期

最早由美国霍尼威尔（Honewell）公司推出了TDCS-2000，接着由福克斯波罗（Foxboro）公司推出了XPECTRUM、贝利（BAILEY）公司推出了NETWORK90、日本横河电机公司开发了CENTUM等。这时的DCS基本上由五部分组成：过程控制单元，数据采集装置，CRT操作站，监控计算机和数据传输通道，如图1-8所示。

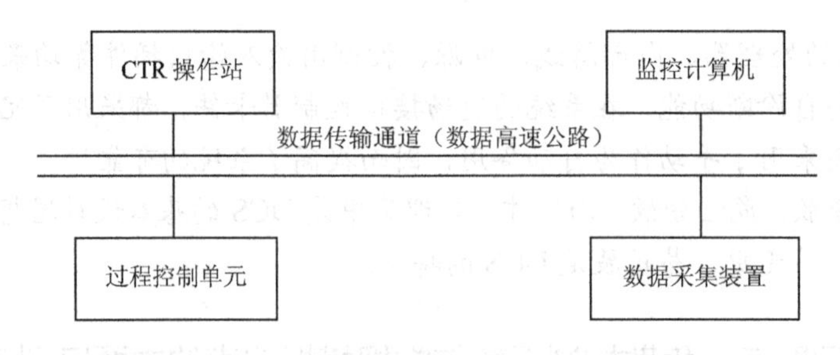

图1-8 DCS基本组成

这个时期集散控制系统的技术重点是实现了分散控制。其特征表现如下。

① 过程控制单元（PCU）以微处理机为基础，利用过程控制单元实现了分散控制。

② 带显示器（CRT）操作站与过程控制单元相分离，使集中显示、集中操作、远程组态、全系统信息的综合管理，与现场控制相分离。

③ 采用电缆和双绞线作传输介层，将现场信息送至中央操作站或上位机。这是集中管理的关键。连线的费用，可以降低90%。

2. 1980年至1985年为成熟期

在这个时期，美国的霍尼威尔Honewell公司推出了TDC（S）-3000，日本横河电机公司推出CENTUMA/B/D。此时的DCS基本结构一般由六个部分组成的：局域网，多功能过程控制单元，主计算机，增强型操作站，网间连接器（Gateway）和系统管理模件，如图1-9所示。

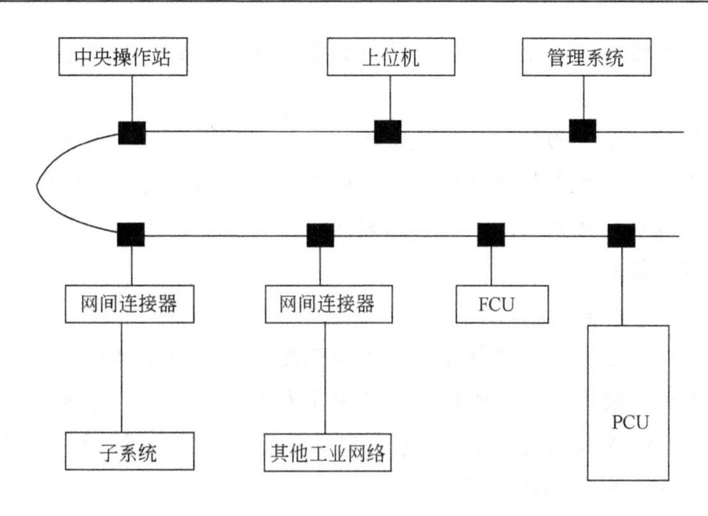

图 1-9　成熟期的 DCS 系统结构

① 局域网（LAN）　局部网络又称局域网络（Local Area Network，LAN），是成熟期集散控制系统的通信系统，是系统的主干，决定了系统的基本特性。局部网络由传输介质和网络节点组成较复杂的机制。不同型号的集散控制系统局部网络取名不同，例如 Honewell 的 TDC-3000 系统取名局部控制网络，横河公司的 CENTUM 的局部网络为 HF 总线。

② 现场控制站（FCU）和过程控制单元（PCU）　一般地讲，局部网络节点都称作节点工作站。这里所讲节点工作站是专指过程控制站（PCU）、现场控制单元。此时集散控制系统的过程控制站是由初创期的 PCU 基础上发展而来的，采用了更先进的 CPU 芯片，更大存储量的 ROM、RAM 或 EPROM，CPU 发展为 16 位机以至于 32 位机。此时 PCU 不仅具有完善的连续控制功能，也具有顺控、批控功能，兼有数据采集能力，是一种多功能 PCU。同时，它的通信功能较完善，这是作为节点工作站所必需的。

③ 中央操作站或增强型操作站　此时集散控制系统的中央操作站是挂接在 LAN 上的节点工作站。它的主要作用是对全系统的信息进行综合、管理（主要通过画面功能和键盘功能进行）。一般由图像显示器、图像生成模件、强功能微机等组成，配有操作键盘（或其他操作手段）、彩色拷贝机、打印机、专用软件包等。它是全系统人-机联系的窗口。中央操作站可以显示各节点工作站所包容的每一个数据点的信息，可以通过调用画面来了解系统各部分的各类信息，可以操作管理各节点，以至于各节点工作站所辖各点。它是全系统的主操作站。

④ 系统管理站或系统管理模件（SMM）　系统管理站或称系统管理模件（System Management Module，SMM）。此时集散控制系统比初创期的集散控制系统的技术进步主要反映在全系统管理功能的加强。因此，一些著名公司所生产的集散控制系统在局部网络节点上挂接了专司管理的系统管理模件，有历史单元模件、计算单元模件、应用单元模件、系统优化模件等。它可以克服主计算机和中央操作站的某些局限性。有些集散控制系统并未设有这样的专门硬件单元，而是用强化管理软件来达到同样功能。

⑤ 主计算机　主计算机亦称管理计算机，它是挂接在局部网络上的计算机，一般为小型计算机，带海量存储器、硬盘等外部设备，具有复杂运算能力和较强管理能力。有些性能优良的集散控制系统并不带主计算机，可以是无主机系统，这时它的中央操作站具有更强功能，而且各节点工作站得到了加强。

⑥ 网间连接器（GW）　网间连接器（Gateway，GW）是局部网络与其子网络或其他工业网络的接口装置，起着通信系统转接器、协议翻译器或系统扩展的作用。GW 可以将成熟

期的子系统连局部网络，这一子系统在结构形式上与初创期集散控制系统相似，但各单元的功能都大大加强了。

这个时期集散控制系统的技术重点是实现全系统的管理。针对市场需求，面对加强全系统信息管理的形势，就必然要加强通信，引入局部网络技术。局部网络或局域网络是一种分布在有限地理范围内的计算机网络。利用局部网络可以使多个计算机互联，便于多机资源共享、分散控制和信道复用。

3. 1985 年以后为扩展期

在这个时期，把过程控制、监督控制、管理调度有机地结合起来，并加强了逻辑控制功能，采用了专家系统，使用了 MAP 标准，应用了表面安装技术。为解决不同公司生产的不同型号的集散控制系统互联问题，采用大家都可以接受的通信标准协议，这项工作尚未完结，还有待于进一步完善，如图 1-10 所示。

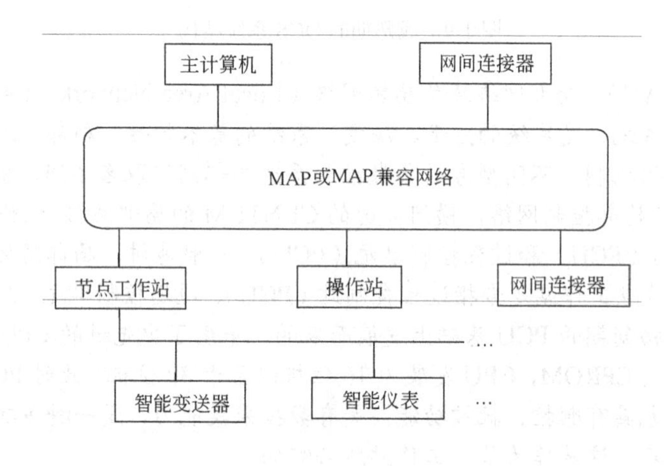

图 1-10 扩展期的 DCS 系统结构

受信息技术（网络通信技术、计算机硬件技术、嵌入式系统技术、现场总线技术、各种组态软件技术、数据库技术等）发展的影响，以及用户对先进的控制功能与管理功能需求的增加，各 DCS 厂商（以 Honeywell、Emerson、Foxboro、横河、ABB 为代表）纷纷提升 DCS 系统的技术水平，并不断地丰富其内容。可以说，以 Honeywell 公司最新推出的 Experion PKS（过程知识系统）、Emerson 公司的 PlantWeb （Emerson Process Management）、Foxboro 公司的 A2、横河公司的 R3（PRM-工厂资源管理系统）和 ABB 公司的 Industrial IT 系统为标志的新一代 DCS 已经形成。

如果把当年 Foxboro 公司的 I/A Series 看作第三代 DCS 系统里程碑的话，那么以上几家公司最新 DCS 可以划为第四代。第四代 DCS 的最主要标志是两个"I"开头的单词：Information（信息）和 Integration（集成）。

第四代 DCS 的体系结构主要分为四层结构：现场仪表层、控制装置单元层、工厂（车间）层和企业管理层。一般 DCS 厂商主要提供除企业管理层之外的三层功能，而企业管理层则通过提供开放的数据库接口，连接第三方的管理软件平台（ERP、CRM、SCM 等）。所以说，当今 DCS 主要提供工厂（车间）级的所有控制和管理功能，并集成全企业的信息管理功能。

DCS 充分体现了信息化和集成化。信息和集成基本描述了当今 DCS 系统正在发生的变化。用户已经可以采集整个工厂车间和过程的信息数据，但是用户希望这些大量的数据能够以合适的方式体现，并帮助决策过程，让用户以其明白的方式，在方便的地方得到真正需要的数据。

信息化体现在各DCS系统已经不是一个以控制功能为主的控制系统，而是一个充分发挥信息管理功能的综合平台系统。DCS提供了从现场到设备、从设备到车间、从车间到工厂、从工厂到企业集团的整个信息通道。这些信息充分体现了全面性、准确性、实时性和系统性。

DCS的集成性体现在两个方面：功能的集成和产品的集成。过去的DCS厂商基本上是以自主开发为主，提供的系统也是自己的系统。当今的DCS厂商更强调系统集成性和方案能力，DCS中除保留传统DCS所实现的过程控制功能之外，还集成了PLC（可编程逻辑控制器）、RTU（采集发送器）、FCS、各种多回路控制器、各种智能采集或控制单元等。此外，各DCS厂商不再把开发组态软件或制造各种硬件单元视为核心技术，而是纷纷把DCS的各个组成部分采用第三方集成方式或OEM方式。例如，多数DCS厂商自己不再开发组态软件平台，而转入采用兄弟公司（如Foxboro用Wonderware软件为基础）的通用组态软件平台，或其他公司提供的软件平台（Emerson用Intellution的软件平台做基础）。此外，许多DCS厂家甚至I/O组件也采用OEM方式（Foxboro采用Eurothem的I/O模块，横河的R3采用富士电机的Processio作为I/O单元基础，Honeywell公司的PKS系统则采用Rockwell公司的PLC单元作为现场控制站）。

现今，DCS变成真正的混合控制系统。过去DCS和PLC主要通过被控对象的特点（过程控制和逻辑控制）来进行划分。但是，第四代的DCS已经将这种划分模糊化了。几乎所有的第四代DCS都包容了过程控制、逻辑控制和批处理控制，实现混合控制。这也是为了适应用户的真正控制需求。因为多数的工业企业绝不能简单地划分为单一的过程控制和逻辑控制需求，而是由过程控制为主或逻辑控制为主的分过程组成的。要实现整个生产过程的优化，提高整个工厂的效率，就必须把整个生产过程纳入统一的分布式集成信息系统。例如，典型的冶金系统、造纸过程、水泥生产过程、制药生产过程和食品加工过程、发电过程、大部分的化工生产过程都是由部分的连续调节控制和部分的逻辑联锁控制构成。

第四代的DCS系统几乎全部采用IEC61131-3标准进行组态软件设计。该标准原为PLC语言设计提供的标准。同时一些DCS（如Honeywell公司的PKS）还直接采用成熟的PLC作为控制站。多数的第四代DCS都可以集成中小型PLC作为底层控制单元。今天的小型和微型PLC不仅具备了过去大型PLC的所有基本逻辑运算功能，而且高级运算、通信以及运动控制也能实现。

第四代DCS具有开放性。开放性体现在DCS可以从三个不同层面与第三方产品相互连接：在企业管理层支持各种管理软件平台连接；在工厂车间层支持第三方先进控制产品SCADA平台、MES产品、BATCH处理软件，同时支持多种网络协议（以以太网为主）；在装置控制层可以支持多种DCS单元（系统）、PLC、RTU、各种智能控制单元等，以及各种标准的现场总线仪表与执行机构。

问题五　集散控制系统必须具备哪些基本特性？

集散型控制系统吸收了模拟仪表和计算机集中控制的优点，将多台微机分散应用于过程控制，全部信息经通信网络由上级计算机监控，通过CRT装置、通信总线、键盘和打印机等设备，又能高度集中地操作、显示和报警。因此，DCS系统不仅具备极高的可靠性、多功能性，而且人-机联系便利，能够完成各类数据的采集与处理以及复杂高级的控制，决定了DCS必须具备以下的基本特性。

1. 需适应恶劣的工业生产过程环境

分散过程控制装置的一部分设备需要安装在现场，所处的环境差，因此要求分散过程控制装置能适应环境的温、湿度变化，适应电网电压波动的变化，适应工业环境中的电磁干扰的影响，以及环境介质的影响。

2. 分散控制

分散过程控制装置体现了控制分散的系统构成。它把地域分散的过程装置用分散的控制实现，它的控制功能也分为常规控制、顺序控制和批量控制。它把监视和控制分离，把危险分散，使得系统的可靠性提高。

3. 实时性

分散过程控制装置直接与过程进行联系，为能准确反映过程参数的变化，它应具有实时性强的特点。从装置来看，它要有快的时钟频率，足够的字长。从软件来看，运算的程序应精练、实时和多任务作业。

4. 独立性

相对于整个集散系统，分散过程控制装置具有较强的独立性。在与上一级的通信或者上一级设备出现故障的情况下，它还能正常运行，而使过程控制和操作得以进行。因此，对它的可靠性要求也相对较高。

【课堂知识】 集散控制系统的基本组成

一、集散控制系统的基本结构

集散控制系统通常由过程控制单元、过程接口单元、CRT显示操作站、管理计算机以及通信数据通道等五个主要部分组成。其基本结构如图1-11所示。

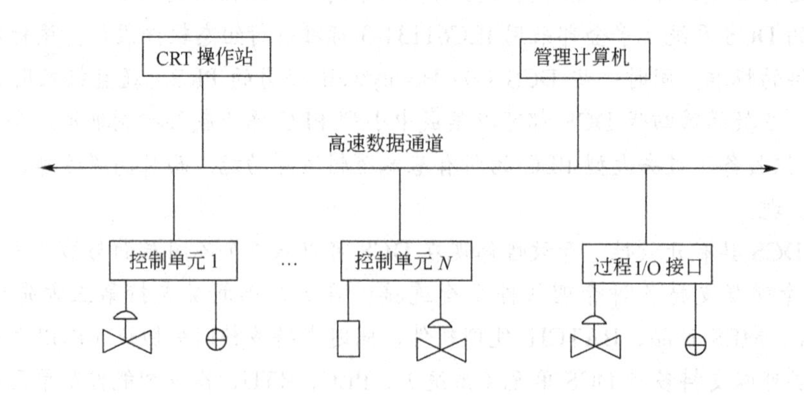

图1-11 DCS基本结构

1. 过程控制单元（Process Control Unit，PCU）

又叫现场控制站。它是DCS的核心部分，对生产过程进行闭环控制，可控制数个至数十个回路，还可进行顺序、逻辑和批量控制。

在过程控制计算机中，种类最多、数量最大的就是各种I/O接口模板，从广义讲，现场控制站计算机的I/O接口，亦应包括它与高速数据公路的网络接口以及它与现场总线（Field bus）网的接口。高速数据公路连接着系统内各个操作站与现场控制站，是DCS的中枢，而现场总线则把现场控制站与各种智能化控制器、变送器等在线仪表以及可编程序控制器（PLC）连接在一起，对这两部分，各DCS生产厂家正致力于开放式标准化的设计工作，这里专门介绍现场控制站中用于过程量直接输入与输出的通道。DCS处理I/O信息由过程量I/O通道完成，过程量I/O通道主要有模拟量I/O通道、开关量（或称为数字量）I/O通道及脉冲量输入通道几种。

2．过程接口单元（Process Interface Unit，PIU）

又叫数据采集站。它是为生产过程中的控制变量设置的采集装置，不但可完成数据采集和预期处理，还可以对实时数据作进一步加工处理，供CRT操作站显示和打印，实现集中监视。

3．操作站（Operating Station，OPS）

是集散系统的人-机接口装置。除监视操作、打印报表外，系统的组态、编程也在操作站上进行。操作站有操作员键盘和工程师键盘。操作员键盘供操作人员用，可调出有关画面，进行有关操作，如修改某个回路的给定值、改变某个回路的运行状态、对某回路进行手工操作、确认报警和打印报表等。工程师键盘主要供技术人员组态用，所有的监控点、控制回路、各种画面、报警清单和工艺报警表等均由技术人员通过工程师键盘进行输入。操作站一般配有温氏硬盘存储器的软盘存储器；少数系统除硬盘外，还配有磁带存储器（如RS3）。硬盘主要存储操作站的组态软件、系统组态软件、趋势记录、过程数据和报表等。此外，DCS本身的系统软件也存储在硬件中。当系统突然断电时，硬盘存储的信息不会丢失，再次上电时可保证系统正常装载运行。软盘和磁带存储器作为中间存储器使用。当信息存储到软盘或磁带后，可以离机保存，以作备用。

4．数据高速通道（Data Highway，DH）

又叫高速通信总线、大道和公路等，是一种具有高速通信能力的信息总线，一般由双绞线、同轴电缆或光导纤维构成。它将过程控制单元、操作站和上位机等连成一个完整的系统，以一定的速率在各单元之间传输信息。

5．管理计算机（Manager Computer，MC）

管理计算机是集散系统的主机，习惯上称它为上位机。它综合监视全系统的各单元，管理全系统的所有信息，具有进行大型复杂运算的能力以及多输入、多输出控制功能，以实现系统的最优控制和全厂的优化管理。

二、JX-300XP系统

1．JX-300XP系统结构

从JX-300、JX-300B、JX-300X到JX-300XP，经过长达十多年的不断改进与优化，WebField JX-300XP诞生了，它是浙大中控在基于JX-300X成熟的技术与性能的基础上，推出的基于Web技术的网络化控制系统。在继承JX-300X系统全集成与灵活配置特点的同时，JX-300XP系统吸收了最新的网络技术、微电子技术成果，充分应用了最新信号处理技术、高速网络通信技术、可靠的软件平台和软件设计技术以及现场总线技术，采用了高性能的微处理器和成熟的先进控制算法，全面提高了系统性能，能适应更广泛更复杂的应用要求。同时，作为一套全数字化、结构灵活、功能完善的开放式集散控制系统，JX-300XP具备卓越的开放性，能轻松实现与多种现场总线标准和各种异构系统的综合集成。

JX-300XP 系统由工程师站、操作员站、控制站、过程控制网络等组成。参见图 1-12 所示 JX-300XP 系统结构。

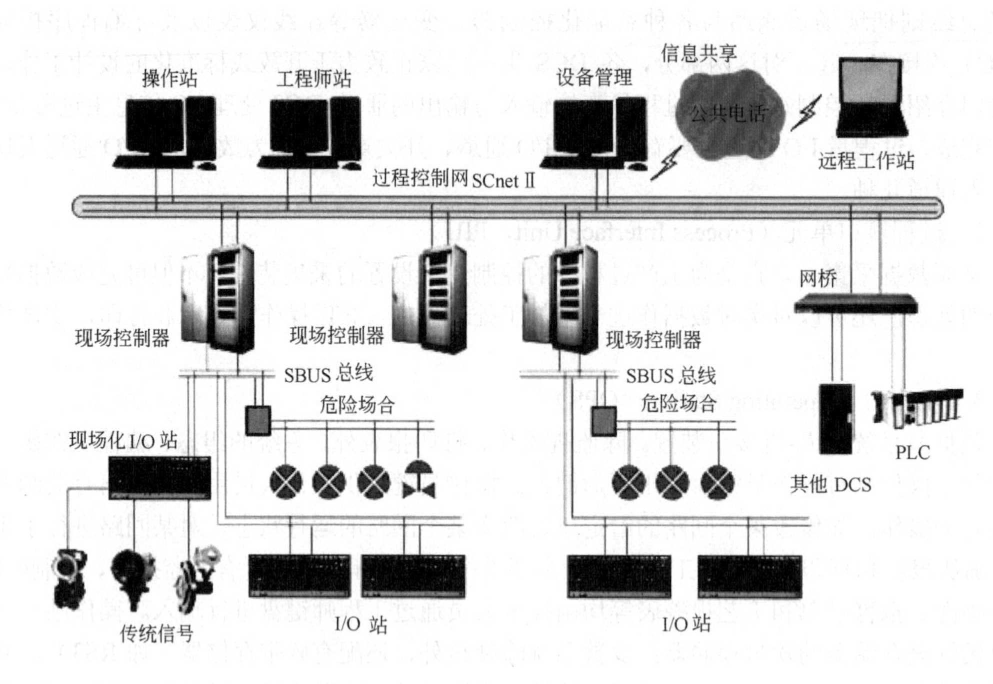

图 1-12　JX-300XP 系统结构

① 工程师站是为专业工程技术人员设计的，内装有相应的组态平台和系统维护工具。

② 操作员站是由工业 PC 机、显示器（CRT 或 LCD）、键盘、鼠标、打印机等组成，是操作人员完成过程监控管理任务的环境。

③ 控制站是系统中的 I/O 处理单元，完成整个工业过程的现场数据采集及控制。

④ 过程控制网络实现工程师站、操作员站、控制站的连接，完成信息、控制命令等传输，双重化冗余设计，使得信息传输安全、高速。

2．JX-300XP 系统特点

JX-300XP 覆盖了大型集散控制系统的安全性、冗余功能、网络扩展功能、集成的用户界面及信息存取功能，除了具有模拟量信号输入输出、数字量信号输入输出、回路控制等常规 DCS 的功能，还具有高速数字量处理、高速顺序事件记录（SOE）、可编程逻辑控制等特殊功能。它不仅提供功能块图、梯形图等直观的图形组态工具，还提供开发复杂高级控制运算（如模糊控制）的类 C 语言编程环境 SCX。系统规模变化灵活，可以实现从一个单元的过程控制到全厂范围的自动化集成。具有高速、可靠、开放的通信网络 SCnet Ⅱ。一个 SCnet-Ⅱ网络理论最多可带 1024 个节点，传送最远可达 10000m。目前已实现的网络可带载 15 个控制站和 32 个其他站。系统的主要特点如下所述。

① 高速、可靠、开放的通信网络 Scnet Ⅱ　JX-300XP 系统控制网络 SCnetⅡ连接工程师站、操作站、控制站和通信处理单元。通信网络采用总线或星形拓扑结构，曼彻斯特编码方式，遵循开放的 TCP/IP 协议和 IEEE802.3 标准，SCnetⅡ采用 1∶1 冗余的工业以太网，TCP/IP 的传输协议辅以实时的网络故障诊断，其特点是可靠性高、纠错能力强、通信效率高，通信速率为 10Mbps。SCnet Ⅱ真正实现了控制系统的开放性和互连性。通过配置交换器

（SWITCH），操作站之间的网络速度能提升至 10Mbps ，而且可以接多个 SCnetⅡ子网，形成一种组合结构。

② 分散、独立、功能强大的控制站　控制站通过主控制卡、数据转发卡和相应的 I/O 卡件实现现场过程信号的采集、处理、控制等功能。根据现场要求的不同，系统配置规模可以从几个回路、几十个信息量到 1024 个控制回路、6144 个信息量。在一个控制站内，通过 SBUS 总线可以挂接 6 个 IO 或远程 IO 单元。一个 IO 单元可以带 16 块 I/O 卡件。I/O 卡件可对现场信号进行预处理。主控制卡可以冗余配置，保证实时过程控制的可靠性，尤其是主控制卡的高度模件化结构，可以用简单的配置方法实现复杂的过程控制。

③ 多功能的协议转换接口　JX-300XP 系统中还增加了与多种现场总线仪表、PLC 以及智能仪表通信互联的功能，已实现了 Modbus、Host Link 等多种协议的网际互联，可方便地完成对它们的隔离配电、通信、修改组态等。如 Rosemount 公司、ABB 公司、上海自动化仪表公司、西安仪表厂、川仪集团等著名厂家的产品以及浙大中控开发的各种智能仪表和变送器，实现了系统的开放性和互操作性。

④ 全智能化设计　控制站的所有卡件都按智能化要求设计，即均采用专用的微处理器负责卡件的控制、检测、运算、处理以及故障诊断等工作，在系统内部实现了全数字化的数据传输和数据处理。

⑤ 任意冗余配置　JX-300XP 控制站的电源、主控卡、数据转发卡和模拟量卡均可按不冗余或冗余的要求配置（开关量卡不能冗余），从而在保证系统可靠性和灵活性的基础上，降低了用户的费用。

⑥ 简单、易用的组态手段和工具　JX-300XP 的组态工作是通过组态软件 SCKey 来完成的。该软件用户界面友好、功能强大、操作方便，充分支持各种控制方案。SCKey 组态软件是基于中文 Windows 2000/NT 操作系统开发的，全面支持系统各种控制方案的组态。软件体系运用了面向对象的程序设计（OOP）技术和对象链接与嵌入（OLE）技术，可以帮助工程师们系统有序地完成信号类型、控制方案、操作手段等的设置。同时，系统还增加和扩充了上位机的使用和管理软件 AdvanTrol-P/MS，开发了 SCX 控制语言（类 C 语言）、梯形图、顺序控制语言功能块图、结构化语言等算法组态工具，完善了诸如流程图设计操作、实时数据库开放接口、报表、打印管理等附属软件。

⑦ 丰富、实用、友好的实时监控界面　实时监控软件 AdvanTrol/AdvanTrol-Pro 是基于中文 Windows 2000/NT 开发的应用软件，支持实时数据库和网络数据库，用户界面友好，具有分组显示、趋势图、动态流程、报警管理、报表及记录、存档等监控功能。操作站可以是一机配多台 CRT，并配有薄膜键盘、触摸屏、跟踪球等输入方式。操作员通过丰富的多种彩色动态界面，可以实现对生产过程的监视和操作。

⑧ 事件记录功能　JX-300XP 提供了功能强大的过程顺序事件记录、操作人员的操作记录、报警记录等多种事件记录功能，并配以相应的事件存取、分析、打印、追忆等软件。JX-300X 系统配有最小事件分辨时间间隔（1ms）的事件序列记录（SOE）卡件，可以通过多卡时间同步的方法同时对 256 点信号进行快速顺序记录。

⑨ 与异构化系统的集成　网关卡 XP244 是通信接口单元的核心，它解决了 JX-300XP 系统与其他厂家智能设备的互联问题。其作用是将用户智能系统的数据通过 Scnet Ⅱ网络实现数据在 JX-300XP 系统中的共享，已经实现了符合 Modbus-RTU、 Hostlink-ASCII 通信协议和一些通信协议开放的智能设备的互联。

三、MACAV系统

1．MACAV系统结构

MACAV系统是和利时公司在原有MACS和Smartpro系统的基础上开发的综合控制系统。是DCS与FCS相结合的控制系统，具有OPC和ODBC接口，容易与ERP、CRM、SCM等系统连接，实现企业信息化。采用Profibus-DP现场总线，能够方便地将第三方Profibus-DP设备（如PLC、智能仪表等）集成到系统中。吸取了MACSⅡ系统和Smartpro系统两者的优势，继承了MACSⅡ系统强大的数据处理、日志和管理功能、完善而丰富的离线组态功能和Smartpro系统控制器软件的高执行效率。

系统结构如图1-13所示。系统各部分的主要功能如下。

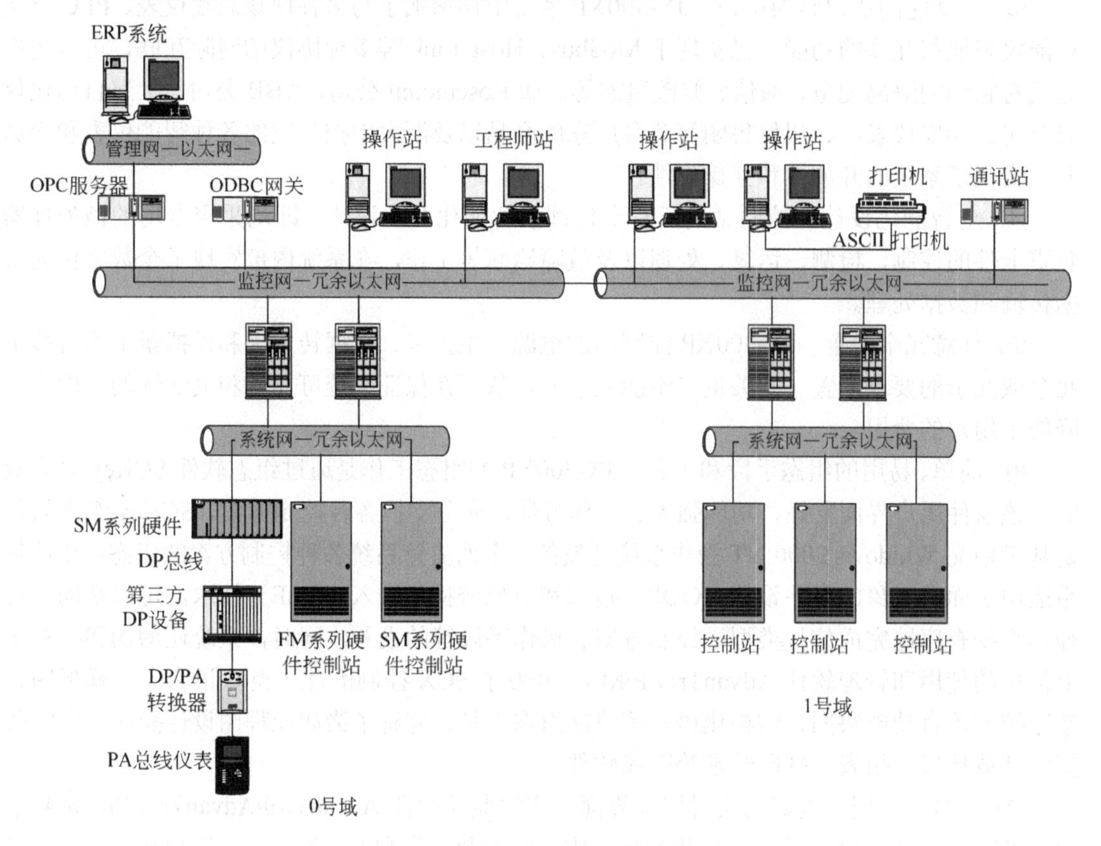

图1-13　MACAV系统结构图

① 操作员站。提供工艺操作人员、工艺工程师及仪表自控人员使用的人机界面，具有工业标准的操作员站专用键盘，主要功能如下：

- 模拟流程图显示功能，交互特性提供模拟常规盘装仪表的操作面板；
- 实时和历史趋势曲线的监视和查询功能；
- 报警监视列表功能；
- 参数成组监视功能；
- 设备日志、操作日志、SOE日志和全日志的查询功能；
- 事故追忆查看功能；
- 工艺报表的定时和即时打印功能；
- 用户管理功能；
- 语音报警提示功能。

② 控制站

- 工艺数据的输入和输出、采集和处理；
- 控制站的主控单元（控制器）具有 Profibus-DP 现场总线主站功能；
- 具有强大的控制运算功能，能够完成模拟量反馈控制、开关量的顺序控制。并且能够把以上两者结合，实现更复杂的控制功能，包括以下组态编程语言：

FBD——功能块图；

CFC——连续功能图；

SFC——顺序功能图；

ST——结构化文本；

IL——指令列表；

LD——梯形图。

③ 服务器　实时中央数据库，具有以下功能。

- 报警判断功能；
- 日志生成功能；
- SOE 及事故追忆信息的组织功能；
- 向操作站提供实时和历史趋势数据；
- 非 SOE 点的时间标签生成功能；
- 历史数据自动存盘功能；
- 向工程师站提供离线查询功能的历史数据文件；
- 向操作站、控制站发送系统校时信号；
- 存储及检查用户权限和口令；
- 服务器工程算法的执行；
- 监控网络和系统网络之间的数据格式和协议的转换；
- 带有服务器的系统可以极大地降低整个系统的网络负荷，MACSV 系统具有将服务器与操作站合二为一的“单机版”应用能力，但如果将 MACSV 作为大规模系统应用，强烈推荐使用带有专用服务器的系统。

2．MACAV 系统特点

① 开放化　DCS 不是一个封闭的系统。MACS 系列可以方便地通过组态直接无缝集成第三方系统和设备，无需更改系统程序。提供 OPC/DDE/ODBC 等软件标准接口，可与第三方的应用程序之间直接进行数据交换。支持 Profibus/HART/Modbus 等国际上常用现场总线，可以方便添加第三方设备，如智能仪表、PLC 和变频器。

② 信息化　DCS 已经超越一个传统控制系统的定位。MACS 系列有机集成了工厂与过程管理来大幅度提升企业的生产效率。可无缝集成制造执行系统（MES），实现控制信息与生产管理信息的有机集成。可无缝集成设备管理功能（AMS），实现工厂设备的全电子化信息管理和维护。可连接常见企业管理系统（ERP），让现场控制层成为企业管理可透明覆盖的范围。可支持基于 Internet 的远程访问和浏览，即使身处异地，过程信息也可实时掌握。

③ 智能化　DCS 各子部件都已智能化。MACS 系列的各部件之间通过全数字信息进行协调控制。每个 I/O 都配备 CPU 芯片，实现 I/O 通道级故障诊断。各个部件都可以实现自诊断，自动报警。

④ 小型化　DCS 的小型化是大势所趋。MACS 系列采用低功耗设计，大大推进了系统

的小型化。主控制器典型功耗为 6W 左右，无需任何风扇散热，体积减小到三代进口 DCS 主控的十几分之一。I/O 模块典型自身功耗为 2W 左右，体积大幅度缩小，可靠性进一步提高。

⑤ 高可靠 DCS 的设计理念向安全系统靠拢。MACS 系列广泛采用了在安全保护系统中才使用的技术和器件。采用确定性实时的工业以太网协议，无论通信负荷如何变化，无任何数据碰撞，确保系统网络的可靠性。采用信息冗余技术，实现数据纠错。采用数据加密技术，确保阻断非法数据访问。采用故障-安全（fail-safe）设计技术，确保通道故障时停留在安全态。采用国际安全编码标准进行软件开发。软件测试代码覆盖率达到 100%。大幅度提高系统的自诊断覆盖率。

四、TPS 系统概述

TPS（Total Plant Solution）是 Honeywell 公司研制的一种集散控制系统，它的前身是 TDC-3000。

1．TPS 系统构成

如图 1-14 所示，TPS 系统与 Honeywell 公司先前的 TDC-2000、TDC-3000 完全兼容。

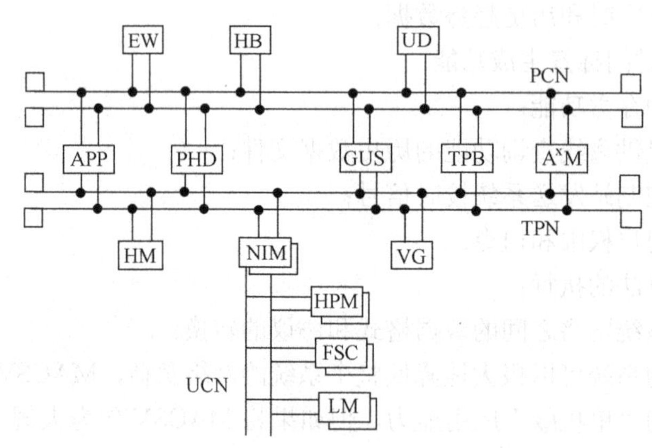

HM—历史模件；NIM—网络接口模件；UCN—万能控制网络；HPM—高性能过程管理站；FSC—故障安全控制器；LM—逻辑管理站；VG—多种网关；APP—应用处理平台；PHD—过程历史数据库；GUS—全局用户操作站；TPB—全厂一体化批量控制器；A^{x}M—带 X-Windows 应用模件；TPN—TPS 过程控制网络；EW—工程师工作站；HB—国际/国内网络浏览器；UD—性能集成平台；PCN—工厂控制网络

图 1-14 TPS 系统结构图

① 工厂信息网络（Plant Information Network，PIN）通过 GUS、PHD、APP 等节点与 TPS 过程控制网络（TPN） 直接相连，实现信息管理系统与过程控制系统的集成。操作级 TPN 有限度地开放以保证系统的安全，而控制级 UCN 网络仅对与控制有关的模件开放，极大限度地满足了工厂对于安全控制的要求。

② TPS 过程控制网络及其模件如下所示。

③ 网络接口模件（Network Interface Module，NIM）是 TPN 和 UCN 之间的接口，它提供了 TPN 与 UCN 的通信技术及协议间的相互转换，也可将 NIM 设备的报警信息传送到 TPN 上，每个 NIM 允许组态 8000 个数据点。

④ 万能控制网络及其模件如下所示。

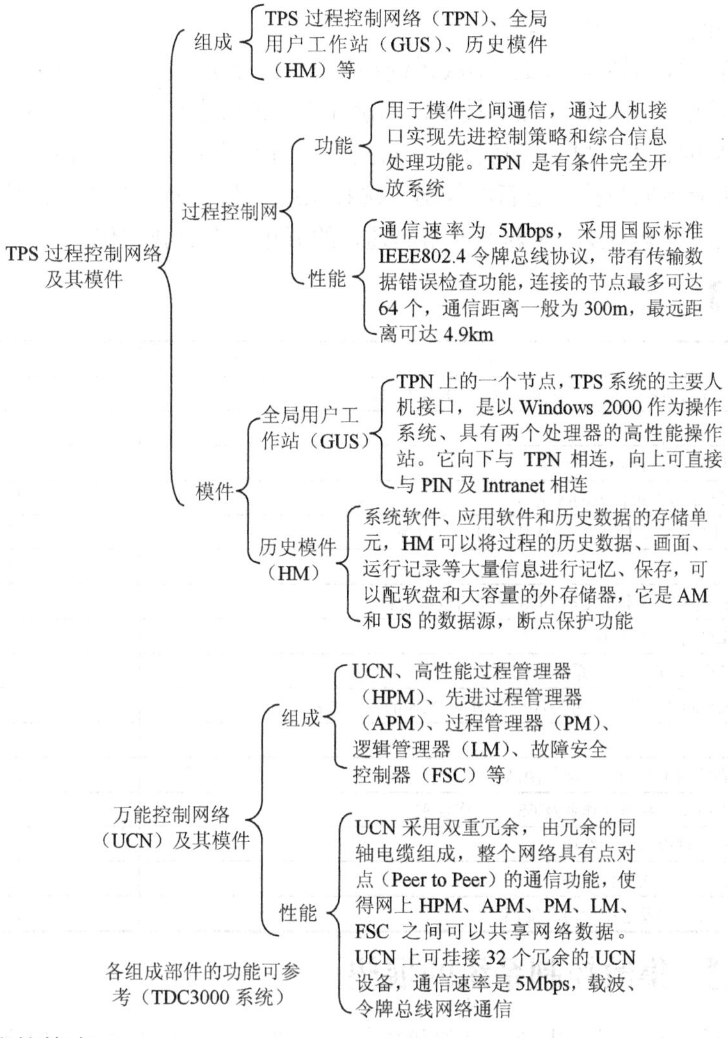

2．TPS系统的特点

① 真正实现了系统的开放。

② 人机接口功能更加完善。

③ 数据采集和控制的范围广泛。

④ 系统总体实现数字化。

⑤ 工厂综合管理控制一体化。

⑥ 系统安全可靠、维护方便。

⑦ 系统的兼容性好。

【实施步骤】

1．DCS型号的选择

集散系统的选择是系统设计的一个重要方面。它包含了两方面的内容：第一是确定集散系统的型号；第二是确定该型号的系统结构及单元。只有这两方面的选择都符合控制要求且经济，系统才具有最高的性能价格比。

集散系统的选择缺乏标准化、定量化的方法，仅提供以下参考原则。

① 系统功能与生产要求匹配。

② 先进性与成熟性需兼顾。集散系统在技术上是否成熟，是选择中需要考虑的方面。一般生产总是希望采用比较成熟的技术，以确保生产的安全可靠。当然亦不能片面追求成熟而选用比较落后的技术，更不能盲目使用新技术，而不顾生产的持续性。

③ 系统生命周期与技术更新的权衡。选择系统时总是希望系统有较长的生命周期（约十年），但是生产厂家的技术更新又非常迅速，约五年左右更新换代。

【考核自查】

知　识	自　测
能陈述化工过程控制装置的发展历程和 DCS 的进展	□ 是　□ 否
能说明 4C 技术的含义	□ 是　□ 否
能陈述 DCS 的设计思想	□ 是　□ 否
能陈述 DCS 与常规仪表的区别	□ 是　□ 否
能陈述国内外主要 DCS 厂家及其应用方面的特点	□ 是　□ 否
技　能	自　测
能有效利用因特网资源搜索 DCS 方面的技术资料	□ 是　□ 否
能画出 DCS 的典型系统结构图	□ 是　□ 否
能画出 JX300XP DCS 的系统结构图	□ 是　□ 否
能画出 CS2000 三位槽过程控制项目对象 DCS 的系统结构图	□ 是　□ 否
态　度	自　测
能进行熟练的工作沟通，能与团队协调合作	□ 是　□ 否
能自觉保持安全和节能作业及 6S 的工作要求	□ 是　□ 否
能遵守操作规程与劳动纪律	□ 是　□ 否
能自主、严谨完成工作任务	□ 是　□ 否
能积极在交流和反思中学习和提高	□ 是　□ 否

【拓展知识】 集散控制系统的展望

集散控制系统的问世标志仪表计算机控制系统进入了一个新的历史时期。在 20 多年中，集散控制系统已经经历了四代的变迁，系统的功能不断完善，系统从简单的自动化小岛不断地开放，与外部系统的联系更方便，系统的可靠性、互操作性和其他性能都得到了不同程度的改进和提高，已经为各行各业的人员所接受，并发挥着越来越大的作用，它正成为工业领域具有举足轻重的应用装置。集散控制系统的发展与科学技术的发展密切相关。集散控制系统的发展是其他高新技术发展的产物，同时，它的发展也推动了其他高新技术的发展。例如，局域网技术的发展产生了第二代集散控制系统，开放系统产生了第三代集散控制系统，而集散控制系统的发展又使控制技术得到了发展。

随着半导体集成技术、数据存储和压缩技术、网络和通信技术等其他高新技术的发展，集散控制系统也进入了新的发展时期。现场总线的应用使集散控制系统以全数字化的崭新面貌出现在工业生产过程广阔的舞台上，它是分散控制的最终体现。而工厂信息网和 Internet 网的应用使集散控制系统的集中管理功能有了用武之地，管控一体化将使产品的质量和产量提高，成本和能耗下降，从而使经济效益明显提高。集散控制系统将向两个方向发展，一个方向是向上发展，即向 CIMS（Computer Integrated Manufacturing System）计算机集成制造系统、CIPS（Computer Integrated Process System）计算机集成过程系统发展；另一个方向是向下发展，即向 FCS（Fieldbus Control System）现场总线控制系统发展。

一、信息化集成系统

在第四代集散控制系统中，全厂的信息集成和管理已经提到了一定的高度。DCS 系统的功能已不再局限于生产过程的控制，整个工厂、集团公司的管理工作也将在 DCS 系统中得到应有的位置。在今后的 DCS 系统的发展中，向 CIMS、CIPS 方向发展将是十分重要的内容。其主要表现在下列几方面。

1．系统硬件

在通信系统中,工厂或企业集团主干通信网的通信媒体将采用高速的光导纤维 100Mbps 快速以太网、ATM 等标准通信网络。主机采用 RISC 工作站，其内存容量达几十 GB，带有海量存储器、可移动硬盘或其他多媒体存储装置，有多种标准通信接口，能与一些著名公司的计算机系统进行通信，也能采用微波卫星或电话线与远端的总公司等部门进行通信。系统采用客户机/服务器结构。整个系统的控制级采用 PentiumⅡ作为处理器，支持 Windows NT 和其他的通信标准，有强有力的优化环境作为系统运行的支持，它与主机可经路由器连接。各部门的子系统根据部门的要求可选用合适规模的通信系统和计算机，多数情况可采用 PC 机或网络机 NC。在硬件方面，也采取了不少改善操作环境的措施。例如，采用触摸屏、鼠标等光标定位装置，采用根据人机工程学设计的易于操作的操作管理站，采用手握式编程器对现场设备进行校验和调整，采用多媒体技术改善操作环境等。

2．系统软件

系统软件中，网络软件的选用通常遵循标准化原则、主流产品原则、实用性原则、安全性原则和性价比最优等原则。防火墙（Firewall）是最常采用的安全措施。已被广泛采用并被证明是有效的 Web Server 软件可为用户提供良好和开放的应用环境。以 Windows NT 软件为平台，提供的多任务、多线程和可扩展性，使用户能支持网络内数千用户的使用，并提供大量事务管理的可伸缩性。系统内数据的共享是 CIMS 的一个特点，它在系统软件上要求将大型的关系数据库管理系统和与控制系统的实时数据库管理系统相结合。

系统软件将改善操作环境。对操作员、维护人员、工程师、管理人员和决策人员将有不同的操作环境并提供不同的权限，操作的方式将使各种使用人员都容易掌握，例如图标、下拉式菜单、多窗口显示、拖拽式操作等。此外，多媒体技术也将在系统中得到广泛应用，例如语音提示、对操作员语言命令的执行等。用户的应用软件将根据应用规模、生产过程的特点、企业的使用要求等性能条件进行开发，例如对大中小型的应用规模，对制造业和流程工业，对企业中的供销、计划、生产调度、过程控制等都会有不同的应用软件。人工智能、计算机技术和通信技术的应用，使过程仪表从模拟量发展到全数字化，使得智能仪表、现场总线设备被大量引进到 DCS 系统中，各种智能的控制算法、综合控制、管理和优化软件包被开发，并在系统中得到应用。

二、现场总线控制系统

早在 1985 年，IEC/ISA 已开始进行现场总线标准的制订。由于各制造厂商对现场总线标准应用条件的不同意见，及用户的观望，使现场总线的标准化工作进展缓慢。直到 1994 年 6 月，ISP 和 World FIP（北美）合并，才使现场总线的标准化工作有了长足的进展。于同年 1 0 月成立的现场总线基金会（Fieldbus Foundation，FF）是一个不以盈利为目的的国际性协会组织。它已有 120 多个成员单位，1997 年 4 月，中国仪器仪表协会现场总线基金会（CIFF）成立。现场总线的应用将在仪器仪表行业带来一场深刻的变革，它对传统的信号标准、通信标准、系统标准和自控系统的体系结构、设计方法、安装调试方式等也将带来新的思路，同时，它将开辟过程控制的新纪元，对传统的控制系统结构和实现控制与维修的方法等带来全新的概念。因此，有报道认为，21 世纪的仪表将是现场总线仪表的世界。

从广义来说，现场总线分为三类，即最低级的传感器现场总线、适用于中间一级的装置现场总线和最高一级的全服务的现场总线。传感器现场总线适用于简单的开关装置和输入输出位的这类通信，例如 Seriplex 总线、AS-i 总线等。装置现场总线适用于以字节为单位的装置类的通信，例如 Interbus 总线、DeviceNet 总线、SDS 总线和 CAN 总线等。全服务的现场总线以报文通信为主，除了对装置进行读取数据外，还包括一些复杂的对装置的操作和控制功能。例如基金会现场总线、Lonworks 总线、HART 总线等。通常，作为 DCS 系统的现场总线主要指覆盖装置级和全服务级的现场总线。

根据基金会现场总线的规范，基金会现场总线是在多台智能化现场设备及自动化系统间的由数字化的、双向的、多站通信链接而成的一种网络。基金会现场总线技术是一种取代 4~20mA 模拟信号标准的用于连接智能现场总线仪表和控制室设备的双向、数字、多站的通信技术。

采用现场总线的优点如下。

① 用户对产品的选择权增至最大。采用现场总线标准的智能仪表不仅具有强大的各种功能，而且，由于具有可互操作性，使得用户不必为所选仪表是否能与原有的仪表、接口互配而烦恼。

② 消除了 4～20mA 模拟仪表通信的瓶颈现象。传统的通信是单方向的模拟信号通信，而现场总线则是双向的数字通信。这表明，在采用现场总线标准后，现场总线标准的智能仪表与仪表计算机控制系统之间的通信将不必再进行信号的转换。此外，仪表计算机控制系统可以在同一根通信线上进行多个变量的双向通信，从而消除了 4～20mA 模拟仪表通信的瓶颈现象。

③ 降低现场安装费用和减少相应的设备。采用现场总线标准的智能仪表后，以每 2～3 台仪表连接到一根电缆计算，平均可减少 1/2～2/3 的输入输出卡、输入输出柜和隔离器等。因此，智能仪表与控制室间的电缆连接和安装等费用可节约 66%以上。

④ 为用户提供更多的功能。由于采用双向通信，因此，用户可以在控制室通过现场总线对位于现场的智能仪表进行标定、校验和进行故障的诊断等，用户可以得到仪表的更多信息，例如仪表位号、最近一次标定的时间等。此外，由于控制功能下移到变送器或执行器，使采样周期缩短，控制质量提高。

⑤ 增强了系统的自治性。采用现场总线标准的智能仪表后，操作人员可以在控制室方便地对生产过程进行监视、操作和控制。原分散过程控制装置的功能在现场智能仪表中实现，从而增强了系统的自治性。

⑥ 提高了系统的检测精度和鲁棒性。采用数字通信后，信号的传送误差减小，同时，模数和数模等转换环节减少也使信号的可靠性提高。因此，现场总线系统的检测精度和鲁棒性提高。

⑦ 系统组态简单，安装、运行和维修方便。现场总线仪表的组态可以在控制室进行，它的调试也比模拟仪表方便和快捷。自诊断的功能使维修变得十分方便。

由于现场总线技术是对过程控制和过程仪表的一次新的革命，因此，还有一些问题需要在使用中不断完善。在应用技术方面包括与控制系统的过程接口、安全性和功能块的完善等。

在使用方面包括用户观念的转变、对现场总线应用过程的熟悉、从原有系统到现场总线控制系统的过渡等。在标准化方面也需要作进一步的开发，以及对有关规范的认证等工作。

现场总线控制系统（Fieldbus Control System，FCS）是采用现场总线作为通信系统的控制系统，并将使控制得到最终的分散，从而使DCS系统中原有的操作管理站发挥上位机的功能，执行对整个系统的优化、信息管理和调度等工作。现场总线控制系统把控制功能移到现场，减少了DCS系统所需的空间，减少了输入输出的接口，减少了机柜的空间和附属设备，例如安全隔离栅、接线端子等。现场总线控制系统也有本安型的现场总线可选用，因此，在有本安要求的应用场合也能使用。

由于现场总线的研究和开发工作尚在进行中，因此，一些相应的硬件尚待完善，一些高级控制功能块尚需开发，应用工具和诊断软件也需改进和开发。此外，标准化的工作，主要是高速H2总线的标准尚需进行深层次的实验验证。现场设备的开发、应用以及用户的熟悉和首肯也需要花费大量的人力和时间。在使用现场总线控制系统时，一方面对安装的规范虽然有明显的规定，但这些规定还有一定的弹性。例如，最大电缆长度对A型电缆是1900m，但如稍有超过，系统可能会出现一些信号的衰减现象，若能合理设计，系统仍能正常运行。另一方面，有些规定会因设计的不当而使系统不能正常工作，例如，总线供电的现场总线设备，规定允许使用32台现场设备，但如选用的电缆不当或因接触不良等，会使线路电压降增大，从而使系统不能正常工作。因此，在设计、安装及现场设备的维护等方面都需开发相应的软件和应用工具，以利现场总线控制系统的推广。

【工作任务三】　集散控制系统组态软件安装与用户授权设置

本工作任务的目的：通过在组态软件中定义不同级别的用户来保证权限操作，即一定级别的用户对应一定的操作权限。每次启动系统组态软件前都要用已经授权的用户名进行登录，以通过人事组织的分散实现DCS的集中管理和危险分散。

由于DCS系统的通用性和复杂性，系统的许多功能及匹配参数需要根据具体场合由用户设定。例如，系统采集什么样的信号、采用何种控制方案、怎样控制、操作时需显示什么数据、如何操作等。另外，为适应各种特定的需要，集散系统备有丰富的I/O卡件、各种控制模块及多种操作平台，用户一般根据自身的要求选择硬件设备，有关系统的硬件设备的配置情况也需要用户提供给系统。当系统需要与另外系统进行数据通信时，用户还需要将系统所采用的协议、使用的端口告诉控制系统。以上需要用户为系统设定各项参数的操作即所谓的“系统组态”。

【课前知识】　DCS组态定义和用户权限

问题一　集散控制系统组态如何定义？

在使用工控软件中，经常提到组态（Configuration）一词，组态的概念最早出现在工业计算机控制中。如DCS（集散控制系统）组态，PLC（可编程控制器）梯形图组态。人机界面生成软件就叫工控组态软件。简单地讲，组态就是用应用软件中提供的工具、方法、完成工程中某一具体任务的过程。与硬件生产相对照，组态与组装相类似。

在组态概念出现之前，要完成某一任务，都是通过编写程序（如使用BASIC、C、FORTRAN等）来实现的。编写程序不但工作量大、周期长，而且容易犯错误，组态软件的出现，解决了这个问题。对于过去需要几个月的工作，通过组态几天就可以完成。即用软件提供的工具来形成自己的作品，并以数据文件保存作品，而不是执行程序。组态形成的数据只有其制造工具或其他专用工具才能识别。组态软件是有专业性的，一种组态软件只能适合某种领域的应用。工业控制中形成的组态结果是用在实时监控的。组态工具的解释引擎，要根据这些组态结果实时运行。为了提供一些灵活性，组态软件也提供了编程手段，一般都是内置编译系统，如BASIC语言，有的甚至支持VB。

组态是用集散控制系统所提供的功能模块或算法组成所需的系统结构，完成所需的功能。操作站的显示组态则是用集散控制系统提供的组态编辑软件组成所需的各种显示画面：为了完成某些特定的功能，采用集散控制系统提供的组态语言编写有关程序也属于组态范围。集散系统的组态包括系统组态、画面组态和控制组态。系统组态完成组成系统的各设备间的连接；画面组态完成操作站的各种画面、画面间的连接；控制组态完成各控制器、过程控制装置的控制结构连接、参数设置等。趋势显示、历史数据压缩、数据报表打印及画面拷贝等组态常作为画面组态或控制组态的一部分来完成，也可以分开进行，单独组态。

问题二　DCS用户为什么要进行授权设置？

分散控制结构是针对集中控制可靠性差的缺点而提出的。分散控制系统结构是一个自治（Autonomous）的闭环结构，可以是垂直型、水平型以及两者混合的复合型。垂直型，又称阶层型，是以上下关系为基础的结构，下位向左右方向扩大，形成金字塔形，系统的通信发生在上下位间，其主导权由上位掌握，对下位设备的动作有监视和进行调整的权限。水平型是对等的分散子系统以自我管理为基础的系统结构。在通信系统中，这些子系统具有平等的地位。复合型把水平型和垂直型结合起来，各子系统各自管理的同时，形成上下阶层关系。各子系统有较强的独立性，上位系统的故障不影响下位子系统间的数据交换和各自的功能，正常工作时，上位监视和支持下位的工作。集散控制系统大多采用复合型分散控制结构。

集散控制系统的分散控制结构体现在以下几方面。

1. 组织人事的分散

集散控制系统的运行需要操作人员、管理人员。功能的分散与工厂的人员管理体制应相适应。为此，集散控制系统在组织人事的管理上采用了垂直分散的结构。其上层以数据管理、调度为主，属于全厂优化和调度管理级和车间操作管理级。下层则进行实时处理和控制，属于过程装置控制级和现场控制级。

2. 地域的分散

地域的分散通常是水平型分散，当被控对象分散在较大的区域，例如油罐区的控制，则集散控制系统就需对控制系统在地域上进行分散设置。此外，像各车间、工段因地理位置的因素，也有分散控制的需要。

3. 功能的分散

集散控制系统的分级是以功能分散为依据的。按纵向分散，则可以分为直接控制、优化控制、自学习和自适应控制和自组织控制。按类型分散，则可以分为常规控制、顺序控制和批量控制。在集散控制系统中，考虑到分散的功能之间应尽可能有较少的关联，尤其是在时间节拍上的关联应越少越好。因此，通常采用的功能分散是：具有人机接口功能的集中操作站与具有过程接口功能的过程控制装置的分散；过程控制装置中控制功能的分散；按装置或设备进行的功能分配以及全局控制和个别控制之间的分散等。

4. 负荷的分散

集散控制系统中的负荷分散不是由于负荷能力不够而进行负荷分散。主要目的是把危险分散。通过负荷分散，使一个控制处理装置发生故障时的危险影响减至尽可能小的地步。当控制回路之间的关联较弱时，可以通过减少控制处理装置处理的回路数达到危险分散的目的。当控制回路之间有较强的关联时，尤其是在顺序控制中，各回路间还存在时间上的关联，这时，为了使危险分散，可进行与相应装置对应的功能分散，按装置或设备进行分散，并设置过程控制装置。分散控制结构是以良好的通信系统为基础的。过分的分散，使系统的通信量增大，响应速度下降。同样，过分的集中，因受微处理器处理速度限制而使信息得不到及时处理，造成响应速度变慢。因此，考虑到经济性、响应性、系统构成的灵活性等因素，集散控制系统纵向常分为 3～4 层。

因此，为了实现集散控制系统中的人事分散，应确保集散控制系统的运行人员如技术人员、操作人员和管理人员赋予相应的操作级别，DCS 组态软件都设立了用户权限设置功能。

【课堂知识】 DCS 组态的实现

一、功能模块的实现

功能模块或算法是控制系统结构中的基本单元。不同的集散系统产品，有不同的名称，它们是功能模块（function model）、控制算法（control algorithms）、内部仪表（internal instrument）、程序元素（program element）等。集散系统的产品介绍中都提供该产品具有的功能模块名称及数量。从可组态性的观点出发，提供的功能模块的数量是一个评估的指标，但不是主要指标。

功能模块是由集散系统制造商提供的系统应用程序。它由不同功能的子程序组成。功能模块通常由结构参数、设置参数和可调整参数组成。

① 结构参数（structure parameter） 包括功能参数和连接参数。通常，一个完善的功能模块还包含一些子功能，子功能的有无是由功能参数确定的。当功能模块具有不同数据类型、多个输入信号时，数据类型例如实型、整型、时间型参数以及输入信号的多少也是由功能参数提供的。采用功能参数可以充分利用内存单元，减少不必要的消耗。连接参数用于表示功能模块与外部的连接关系。由于采用软连接方法，因此，实施和修改比硬连接方便。

② 设置参数（set parameter） 包括系统设置参数和用户设置参数。系统设置参数由系统产生。它用于系统的连接、数据共享等。用户设置参数由功能模块位号、描述、报警和打印设备号、组号等不需要调整的参数组成。

③ 可调整参数（adjustable parameter） 分操作员和工程师可调整参数。操作员可调整参数包括开停、控制方式切换、设定值设置、报警处理、打印操作等参数。工程师可调整参数包括控制器参数、限值参数、不灵敏区参数、扫描时间常数、滤波器时间常数等。从可组态性的要求出发，功能模块的参数应具有易设置、易调整的特点。为此，不少制造商对参数提供有默认值来减少组态的工作量。为了提供方便的调整参数环境，调整参数提供了用手握式、编程器和操作台等多重方式调整参数。

修改结构参数应该在有经验的技术人员指导下进行，尤其是进行在线的修改工作。为了防止在线修改或误操作引起事故，一些集散系统的产品不具有在线修改的功能。但是，从可组态性的观点分析，在线修改功能是必要的。使用单位在使用初期，对有否在线修改功能的理解可能不深，认为可有可无，而在运行了一段时间，或者工艺有所改变需要进行一些应急措施或技改措施时，虽可停车更改，但因方案更改不能一步到位，在线修改就会变得十分重要。此外，由于功能模块算法的灵活性，使得常规应用的PID控制规律在总的控制算法中所占的比例减少，不少前馈控制、计算指标控制及高级控制算法的引入，在投运过程中会有不少需改变组态的情况，因此，在线修改功能也就更显必要。

组态信息的输入方法，总的来说，可分为下列两种。

1．功能表格或功能图法

集散控制系统的控制方案需要通过编程器输入组态信息才能实施。组态信息可通过对不同模块内数据的填写来完成。功能表格是由制造厂商提供的用于组态的表格。早期的 DCS 产品常采用与机器码或助记符相类似的方法，如用组态字表示某一特性或算法、连接等。现在则采用菜单方式，逐行填入相应参数。功能图主要用于表示连接关系，模块内的各种参数则通过填表法或者建立数据库等方法输入。在顺序逻辑控制的组态时，由于功能图可以直观地反映逻辑元件之间的关系，因此，应用较广泛。

2．编制程序法

编制程序法采用厂商提供的编程语言或者允许采用的高级语言编制程序输入组态信息。在顺序逻辑控制的组态和厂商提供的计算模块（用于用户定义）以及优化控制计算编程时，常采用编制程序法。

二、功能模块的种类

功能模块按功能分类，可分为输入与输出类、控制算法类、运算类、信号发生器类、转换类、信号选择及状态类等，具体介绍如下。

1．输入、输出类功能模块

根据信号的类型，输入、输出类功能模块可分为模拟量（包括标准电流或电压信号、热电偶、热电阻信号）、数字量（包括交、直流电压信号，电压等级有不同类型）、脉冲量（通常为高频开关信号）等三大类。输入功能模块完成对输入信号的预处理，包括信号的数字滤波、线性化、开方处理、工程单位转换、报警限值比较、超限报警、事故报警及信号故障报警等。输出功能模块输出模拟量、数字量或脉冲量信号，它包括手自动切换、手动信号输出、控制方式选择（包括故障时输出值的确定）、输出信号限值的比较、超限报警及手自动切换时的跟踪处理等。大多数集散控制系统具有这些功能。对于单回路或多回路控制器和可编程逻辑控制器等作为现场控制级设备时，常仅有其中的部分功能。

2．控制算法类功能模块

控制算法类包括常用的控制算法和高级控制算法。常用的控制算法有 P、I、D 和它们的组合，包括一些改进的 PID 算法；用于前馈控制的超前滞后控制算法；用于时间比例的控制算法；用于两位或三位式的开关控制算法等。高级控制算法包括自整定 PID 控制算法；用于纯滞后的 Smith 预估补偿控制算法；基于过程模型的预测控制算法等。连续控制的这些控制算法不是多数集散控制系统都具有。为了适应控制的需要，在选择集散控制系统时，应有侧重并且应比较功能模块的实际功能和效果。这就要了解已有使用单位的运行情况，对功能的原理进行分析，只有这样，才能使一些高级控制算法付诸实施，提高控制水平。

3．运算类功能模块

在按计算指标进行控制的系统、流量的温度与压力补偿系统、流量的累积等系统中常要用到数学运算。近年来，为提高控制质量和安全性而提出的一些质量控制和安全控制系统中也用到数学运算模块。运算类功能模块包括数学运算、逻辑运算功能模块、顺序功能模块和比较模块。数学和逻辑运算功能模块的作用是进行数学的或逻辑的运算；顺序功能模块的作用是根据条件的满足与否决定下一步的作用；比较模块是对数据进行比较运算。在顺序控制系统中，大量采用逻辑运算模块。为了提高逻辑运算的速度，有很多集散控制系统采用了由可编程序逻辑控制器来完成顺序控制功能，而信息则在操作站显示的方法。集散控制系统的过程控制装置为一些著名的可编程序控制器的产品提供相应接口和软件。这种方法适用于多机组的顺序控制。对于以连续控制为主的生产过程，则可采用逻辑运算模块，完成顺序控制和逻辑运算的操作。

4．信号发生器类功能模块

用于产生阶跃、斜坡、正弦、方波、非线性信号的功能模块属于信号发生器功能模块，折线近似曲线的方法可以获得非线性，因此属于发生器功能模块。有些系统还有时钟数据输出，如用于报表打印、计时和计数等。在系统要求提供周期性变化的信号、进行非线性变换（有些集散系统把它分在转换类）时，或者需要提供相应信号，如斜坡、锯齿波、正弦波、方波等信号时，需采用这类功能模块。

5．转换类功能模块

这类功能模块对信号整形、延时，输出另一相应信号。例如，根据信号的上升或下降沿，输出尖脉冲用于计数等；输出一定宽度的方波信号用于信号翻转。在数据通信中，数据集（data set）的传送也需要送入相应的转换模块，依据在模块内的先后顺序依次从接收站的转换模块读出发送站送来的数据。

6．信号选择和状态类功能模块

信号的多路切换（包括对多路输入切入一个通道以及一个通道切入多路输出），信号的高、低限以及报警状态都属于该类功能模块。 除了上述各类功能模块外，还有一些模块，例如系统同步用的时钟同步模块，用于打印数据报表的打印模块和报表显示模块等。应该指出，各类集散控制系统所包含的功能模块的名称、功能都有差别，因此，选择集散控制系统时，应该了解这些模块的功能，按灵活性、先进性、完善性等方面考虑。此外还要结合具体的工艺过程要求，既要有一定的功能要求，也要物尽其用，不盲目求新求大。

三、过程显示画面

过程显示画面是操作站的显示屏所显示的画面，是操作员与计算机联系的界面，由系统画面和过程操作画面组成。系统画面用于系统的维护，通常由系统的结构、通信网络、各组成设备运行状态等信息组成；过程操作画面包括用户过程画面、概貌画面、仪表面板画面、检测和控制点画面、趋势画面以及各种画面编号一览表、报警与事件一览表等，集散控制系统都有固定的报警与事件一览表、各类功能模块的仪表面板图和检测、控制点画面、概貌画面、趋势画面以及数据点显示的格式，用户可填入相应数据送入操作站即可。画面的编号一览表根据用户组态时确定的画面编号自动生成。

显示组态主要指用户过程画面的分页、静态和动态画面的绘制及合成及各画面间的连接型的工艺过程，常用的方法是分页。它把用户过程画面分割成若干幅画面，使过程画面的局部显示在 CRT 上，通过画面的连接，相互调用。分页工作由工艺设计人员与自控设计人员共同商定。分页的数量与工艺过程所含的设备、管道和控制方案的复杂程度有关，还受所选的集散控制系统提供的允许画面数目的约束。分页多有利于监示数据的识别和操作人员对过程的了解，但是由于过程互相的关联，过多的分页对理解设备之间各种变量的相互影响不利；分页少有利于减少组态工作量，但过多的设备和变量显示集中于一幅画面，容易造成操作的失误。因此，应统筹兼顾，合理分页。

用户过程画面的组态是将过程显示图形符号和数据显示组合的过程。显示画面的编辑方式有两种，即字符方式和图形方式。字符方式把过程显示符号分解成基本图形元素，如水平线，垂直线，左斜线，右斜线，上、下、左、右方向的箭头以及阀门（水平和垂直）、泵（泵出口有四个方向）等，线条的粗细分几类，通过调用这些图形元素来完成显示画面。这种方式所编辑的画面比较呆板，缺少层次，优点是画面数据占用内存少，在计算机运算速度不高时也有较高的调用速度。图形方式编辑画面，把显示符号分解成线、折线、圆、圆弧、矩形等图形元素，通过调用图形元素及厂商提供的图形元素库中的图形元素，如阀、泵等，再经放大、缩小、旋转等处理完成显示画面。画面的线条宽度也有若干种尺寸可选。这种方式所编辑的画面可有较多层次，甚至可以形成三维画面。当前主流的集散控制系统中已基本采用这种方式。

用户过程显示画面的组态应从以下四个方面考虑。

1．标准化

一般在同一系统中宜采用统一的规则。采用标准化的图形符号、数据显示的尺寸、颜色表示等方面的标准化，有利于减少操作的失误，缩短操作员培训时间，有利于沟通设计人员和操作人员之间的设计意图和操作经验。这样，画面组态就更加方便。

2．协调性

显示画面作为操作员的视觉画面，还应考虑画面的协调性。它包括设备的排列位置、尺寸大小、颜色分配、数据显示刷新速率等内容的协调（harmonization）。在选择集散控制系统时，从用户显示画面的协调性要求出发，应选择有高分辨率（resolution）、多色彩的显示器。

3．操作灵活性

操作灵活性包括显示画面组态操作的灵活性和画面操作灵活性。组态操作包括静态画面、动态画面的绘制和合成。为了能灵活地操作，对图形画面的编辑应该有剪裁、复印、删除等功能，采用窗口技术可以使组态操作变得方便。因此，在选用集散系统时应予考虑。画面操作的灵活性主要指画面的调用是否方便。画面的调用通过光标移动、按键实现。一个好的画面组态，各画面之间的连接一般在3～4步操作后即能由一个画面切入屏幕功能。

如果操作站的CRT是触摸式的，那么它的定位和确认就比鼠标或球标要方便。如果固定键数量多，则可直接调用的画面就多；如果动态键多，则从一个画面直接切入的画面就多。动态键又称软键，是组态时确定键功能的键。有些集散系统允许用户在画面上自己定义动态键，这样就可增加动态键数，但画面上过多的自定义动态键会减少画面的信息量，因此应合理确定动态键的数量。

固定键则在组态时确定功能后，它的功能不发生变动，故又称静态键。当系统的测量或输出等变量达到报警值时，系统自动切入有报警的画面或者定义报警画面的信号灯亮，这也属于操作的灵活性。它能使操作员在报警时在最短时间内了解过程设备与相关设备情况。因此，在选用集散系统时应该对此类功能有否作深入了解。

4．直观性

为了使显示值直观，集散控制系统大多采用了颜色充填、棒图升降等直观显示变化趋势的方法。因此，组态时采用这类功能显示数据。趋势画面的组态主要是选择哪些变量需要显示变化趋势，采样时间是多少。历史趋势就是原有趋势曲线的压缩，通过求最大值、最小值、平均值或起始点值的方法把一段采样时间内的数据压缩为一点。采样时间、压缩时间、被显示的变量是需要组态输入的。由于集散控制系统的内存及存储器容量有限，因此，可以存放的数据也受它们的影响。在选用时，应了解每幅画面可显示变量的点数，每个变量的趋势起点与终点时间间隔有几种允许的选项，压缩时间多大，有多少记录可以存储等。此外，应了解产品的读取和装入数据的方法等，以便用户合理选择并完成过程画面的组态。

四、组态语言

为了对集散控制系统进行组态，需要采用组态语言，为了使组态工作为用户所接受和方便地使用，采用了很多方法，组态语言也各有千秋。通常采用功能块语言、面向问题的语言和高级语言。

1. 功能块语言

功能块语言相当于单元组合仪表能实现的功能。它通常是一个子程序，用户可根据集散系统提供的组态手册，来填写控制框图和有关参数，然后通过软连接把相应的功能块连接起来。这种方法在处理子程序时有两种类型：一种称小功能块语言，它把功能块尽量划分，如PID、开方、乘、除等；另一种则称大功能块语言，它把功能块尽可能包含的功能增强，如包含报警的PID功能模块等。大功能块则因不同的集散控制系统而异。

采用小功能块语言组态，用户必须熟练掌握各功能块功能，并要掌握控制系统组合的各种技巧，例如手自动切换、显示等，只有这样，才能拼装出符合要求的控制系统和控制方案。在小型集散控制系统以及单回路控制器的组态时，常采用这种组态语言。通常这种组态工作由制造厂商的技术人员来完成，大功能块语言组态时，由于功能块已经对所含功能有较全面的考虑，因此，通常只要对功能块的输入输出特性有较清晰的认识就可以组态，它对组态人员的技术能力要求较低，但由于它功能全，虽然有时采用的功能仅是其中某一部分，或者只是几种运行方式中的一种，但是，所占用的内存较多。除了易操作外，还有扩展能力强等特点。

近期的集散控制系统采用功能参数的方法，当某一功能不需要时就置零，从而减小内存消耗，缩短运行时间。集散系统制造厂商对提供的各种功能块都有所占内存容量、执行时间等数据，为了比较各集散系统组态性能的优劣，可以对使用的部分系统（可按常规控制、顺序控制和批量控制，各取典型回路）进行组态，比较它们所占内存容量的大小、执行时间的长短。通常，整个组态的执行负荷应为CPU总负荷的60%～80%，而总的内存容量和执行时间应该小于系统的额定值。有些集散系统规定了一个过程控制装置所能执行的功能块的平均数，或者规定了一个控制回路允许的功能块的连接数，这时，组态时就应互相配置好，使多台过程控制装置的负荷能平均分摊。

在一些集散控制系统中，常采用固定槽（slot）的功能块语言，例如，TDC-3000的基本控制器，它有8个固定槽，用户可从它提供的功能块数据库中选择其中一种功能算法，填进每一个槽中，在一个槽内只能填一个功能模块，但功能运算可以是简单运算也可以是复杂运算。在控制器的随机存取存储器中，有8个存储块与相应的槽组成运算组合体，每一个组合体就相当于一个单回路控制器，如果每一组合体均是PID运算（编码01），则一个基本控制器相当于8个PID控制回路。据此可知，一个串级控制回路约占2～3个运算块，前馈控制和反馈控制相结合时要占4个运算块。这表明，实际的基本控制器所能组成的控制回路数是少于8个的。其原因是实际过程都会有一些复杂控制系统，尤其是像一些计算补偿运算，由于要占用多个运算块，从而使控制器的槽口被使用。但对于一些小型生产过程，大多采用简单控制回路，又较少采用其他运算块进行补偿时，由于固定槽式功能块语言的模块利用率高，组态方便，因此还是有一定应用价值的。

随着计算机内存容量的扩大，采用大功能块语言的方法已在集散控制系统中广泛使用。对于大功能块语言的组态语言，由于功能块具有综合功能，不能根据功能块（或算法）的数量来评价集散系统的组态语言的优劣，而必须深入了解各功能模块的功能、执行时间、总的负荷量等，尤其在一些系统中，有大功能块，也有小功能块时，最好的办法是比较典型控制回路的执行时间、内存容量等，以便具有可比性。功能块语言适用于常规控制，也适用于顺序控制和批量控制。有些系统对顺序控制和批量控制还提供梯形逻辑图或布尔代数表示等方法。对于所带的可编程逻辑控制器，也有专用的组态语言 。为了对集散控制系统的组态语言进行比较，通常可对典型过程进行评估。例如可以以一个简单回路控制，一个串级或前馈反馈回路控制，一个选择性控制，以及一个顺序控制来组成典型过程。而最好的过程是要使用的实际过程。

2．面向问题的语言

面向问题的语言（problem oriented language）是在集散控制系统软件中设计一系列的问题，用户根据生产过程的要求，对这些问题进行回答，并完成相应组态工作的语言。填表式语言是最常用的面向问题的语言。通常提供一系列工作单，用户根据工作单的内容填写，并输入到过程控制装置，就完成了组态工作。由于用户要完成较多的纸面工作，工作量随控制方案的复杂程度有很大变化。它的优点是对控制系统的结构和编程知识要求较低，容易掌握，而其缺点是工作量大，用户从工作单不能直观确定控制系统结构。各制造厂商的填表式语言通用性和标准性很差。

3．高级语言

高级语言作为组态语言，主要用于集散控制系统提供的组态语言不能实施某些功能的场合，例如需要对过程进行优化控制，为了计算模型在工况下的优化参数，常要用到一些优化计算。而一般集散控制系统不提供优化软件，为此，使用者必须根据功能的要求，用高级语言编制程序。

早期的集散系统大多只能提供低级的编程语言，随着计算机技术的发展，结构化程序语言得到广泛应用，为了让第三方的软件能在其产品中得到应用，使系统真正开放，也都完成了高级语言的接口软件。因此，采用成熟的软件来开发用户的应用软件也越来越多。由于高级语言具有易于理解和掌握、移植性好等优点，被广泛用于集散系统的组态和编程。早期的高级语言有BASIC、FORTRAN语言，近期，大多采用结构化程序语言，如PASCAL、C语言等。从对集散控制系统的评估来看，是否具有高级语言编程是一个重要指标，但由于采用高级语言必须了解集散系统数据结构、语言接口的有关特性，对一般的用户来说也较少有必要采用，因此，从组态语言的角度来分析，通常应着眼于功能块语言的强弱，而把高级语言作为一项指标来比较。通常可了解设备中提供哪种高级语言，可以完成的语句行有何限制，有哪些库函数可以应用等。为了实现一些用户的程序，有些系统也提供采用类似助记符形式的编程语言供用户应用，通常，每个功能块有几十条语句可使用，又可重复使用用户编制模块，来实现长的程序，因此受到用户欢迎。

总之，组态语言、组态的先进性、灵活性和功能的完善性正受到用户的重视，并在选择集散控制系统时给予了相应的考虑。

五、JX-300XP 组态软件

JX-300XP 系统软件基于中文 Windows 2000/NT 开发，用户界面友好，所有的命令都化为形象直观的功能图标，只须用鼠标即可轻而易举地完成操作，使用更方便简捷；再加上 XP032 操作员键盘的配合，控制系统设计实现和生产过程实时监控快捷方便。JX-300XP 的组态工作通过组态软件 SCKey 来完成，该软件用户界面友好，操作方便，充分支持各种控制方案。SCKey 组态软件将帮助工程师有序地完成“系统组态”这一复杂的工作。

JX-300XP 系统组态软件包包括基本组态软件 SCKey、流程图制作软件 SCDraw、表制作软件 SCForm、用于控制站编程的编程语言 SCLang、图形化组态软件 SCContorl 等。图 1-15 表示 JX-300XP 系统组态软件，各功能软件之间通过对象链接与嵌入技术，动态地实现模块间各种数据、信息的通信。

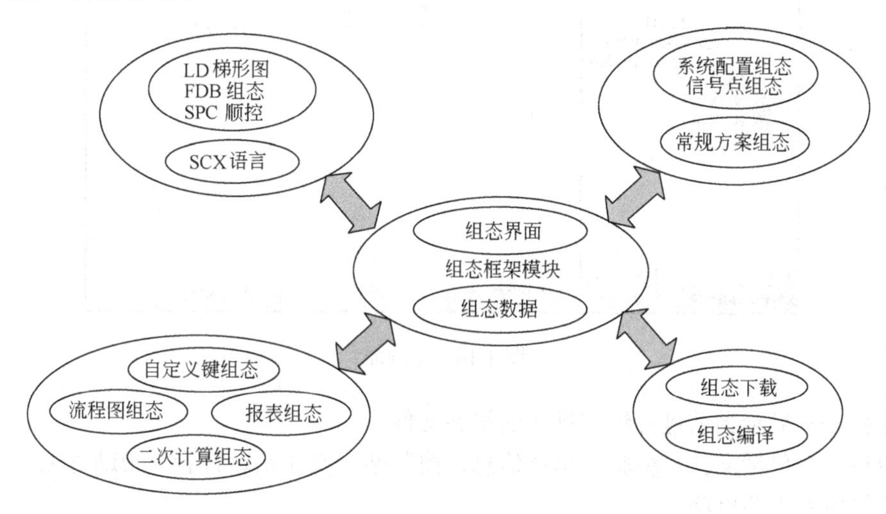

图 1-15　JX-300XP 系统组态软件

1. SCKey 组态软件特点

SUPCON DCS 系统的 SCKey 组态软件是一个全面支持该系统各类控制方案的组态软件平台。该软件是运用面向对象（OOP）技术和对象链接与嵌入（OLE2）技术，基于中文 Windows 系列操作系统开发的 32 位应用软件。SCKey 组态软件通过简明的下拉菜单和弹出式对话框建立友好的人机对话界面，并大量采用 Windows 的标准控件，使操作保持了一致性，易学易用。

该软件采用分类的树状结构管理组态信息，使用户能清晰把握系统的组态状况。同时，SCKey 组态软件还提供了强大的在线帮助功能，当用户在组态过程中遇到了问题，只需按 F1 键或选菜单中的帮助项，就可以随时得到帮助提示。基本组态软件 SCKey 用户界面友好，只需填表就可完成大部分的组态工作。软件提供专用控制站编程语言 SCX（类 C 语言）、功能强大的专用控制模块、超大编程空间，可方便实现各种理想的控制策略。

图形化控制组态软件 SCcontrol 集成了 LD 编辑器、FBD 编辑器、SFC 编辑器、数据类型编辑器、变量编辑器、DFB 编辑器。灵活的自动切换不同编辑器的特殊菜单和工具条。SCcontrol 在图形方式下组态十分容易。在各编辑器中，目标（功能块、线圈、触点、步、转换等）之间的连接在连接过程中进行语法检查，不同数据类型间的链路在编辑时就被禁止。SCcontrol 提供注释、目标对齐等功能改进图形程序的外观。SCcontrol 采用工程化的文档管理方法，通过导入导出功能，用户可以在工程间重用代码和数据。

2．SCKey组态软件的主画面及菜单介绍

软件启动后，首先出现的是组态环境的主画面，如图1-16所示，主画面由标题栏、工具栏、菜单条、操作显示区、状态栏五部分组成。

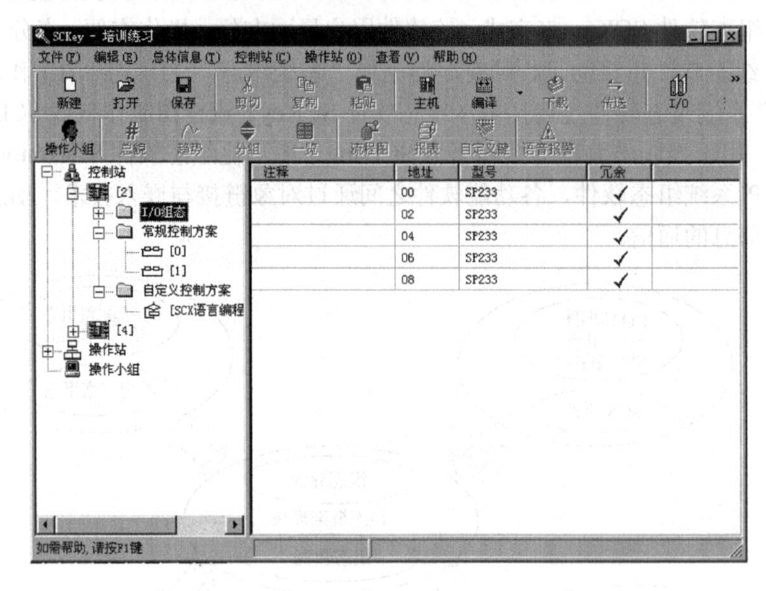

图1-16　主画面

标题栏——显示当前进行组态操作的组态文件。

菜单栏——包括文件、编辑、总体信息、控制站、操作站、查看、帮助等七栏菜单，各栏菜单又包括若干菜单项。

工具栏——将主菜单中一些常用菜单项以形象的图标形式排列，以便于用户操作。

六、MACSV系统组态

MACSV系统给用户提供的是一个通用的系统组态和运行控制平台，应用系统需要通过工程师站软件组态产生，即把通用系统提供的模块化的功能单元按一定的逻辑组合起来，形成一个能完成特定要求的应用系统。系统组态后将产生应用系统的数据库、控制运算程序、历史数据库、监控流程图以及各类生产管理报表。MACSV系统组态流程如图1-17所示。

实际上，应用系统组态，各子系统在编辑时是可以并行进行的，无明确的先后顺序。下面分别对每个主要步骤的内容及相关概念做进一步说明。

1．前期准备工作

前期准备工作是指在进入系统组态前，应首先确定测点清单、控制运算方案、系统硬件配置（包括系统的规模、各站IO单元的配置及测点的分配等），还要提出对流程图、报表、历史库、追忆库等的设计要求。

2．建立目标工程

在正式进行应用工程的组态前，必须针对该应用工程定义一个工程名，该目标工程建立后，便建立起了该工程的数据目录。

3．系统设备组态

应用系统的硬件配置通过系统配置组态软件完成。系统设备组态的任务是完成系统网和监控网上各网络设备的硬件配置；I/O设备组态是以现场控制站为单位来完成每个站的I/O单

元配置。软件采用从主画面进入各组态画面的方式，完成各部分的组态过程，操作简单易行。

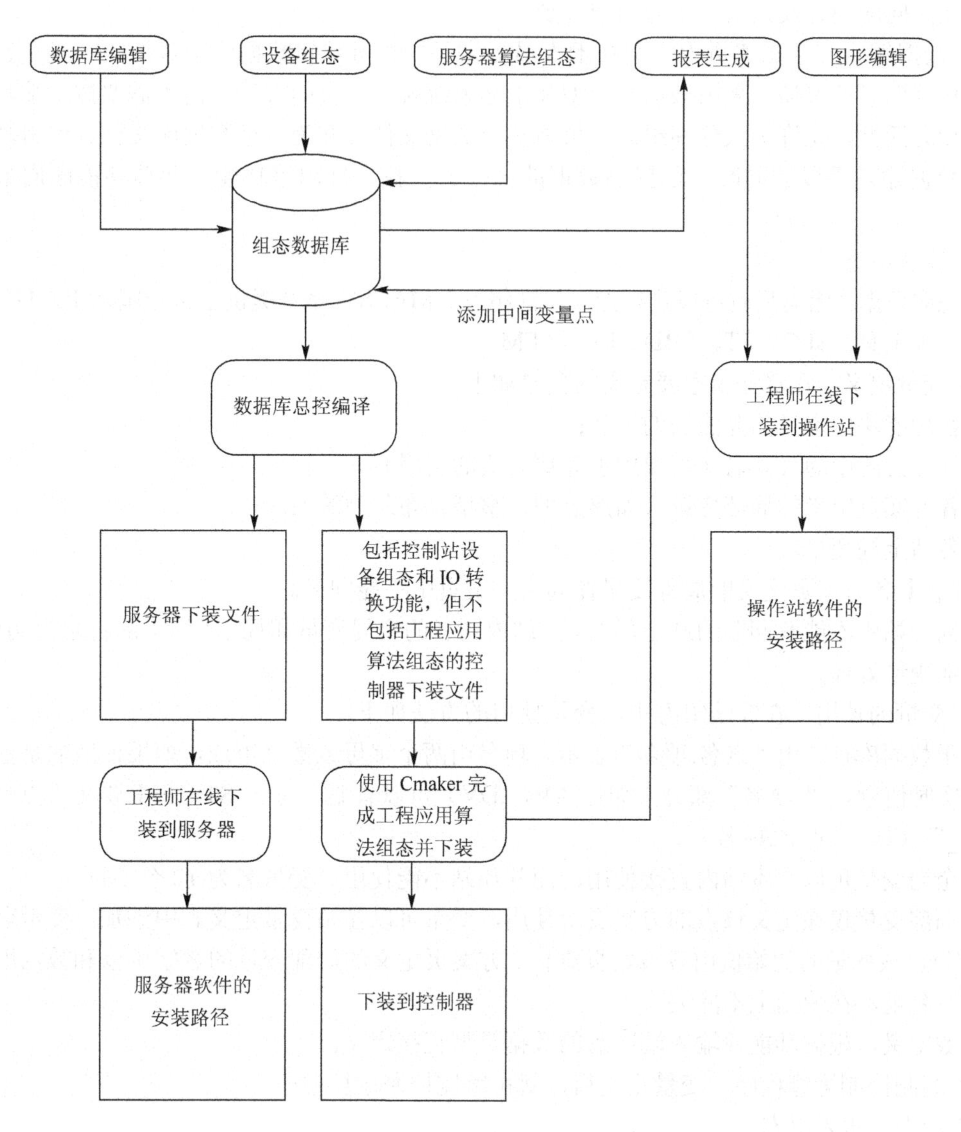

图 1-17　MACSV 系统组态流程

在进行系统设备组态之前必须在数据库总控中创建相应的工程。

4．数据库组态

数据库组态就是定义和编辑系统各站的点信息，这是形成整个应用系统的基础。

在 MACSV 系统中有两类点，一类是实际的物理测点，存在于现场控制站和通信站中，点中包含了测点类型、物理地址、信号处理和显示方式等信息；一类是虚拟量点，同实际物理测点相比，差别仅在于没有与物理位置相关的信息，可在控制算法组态和图形组态中使用。

数据库组态编辑功能包括数据结构编辑和数据编辑两个部分。

① 结构编辑　为了体现数据库组态方案的灵活性，数据库组态软件允许对数据库结构进行组态，包括添加自定义结构（对应数据库中的表）、添加数据项（对应数据库中的字段）、删除结构、删除项操作。但无论何种操作都不能破坏数据库中的数据，即保持数据的完整性。

修改表结构后，不需更改源程序就可动态地重组用户界面，增强数据库组态程序的通用性。此项功能面向应用开发人员，不对用户开放。

② 数据编辑　数据编辑为工程技术人员提供了一种可编辑数据库中数据的手段。数据库编辑按应用设计习惯，采用按信号类型和工艺系统统一编辑的方法，而不需要按站编辑。为了增加灵活性，允许多人分别组态，再将多个数据文件合并为一个数据库文件。编辑功能在提供数据输入手段的同时，还提供数据的修改、查找、打印等功能。此项功能面向最终用户。

5．算法组态

在完成数据库组态后就可以进行控制算法组态。MACSV 系统提供了符合国际 IEC1131-3 标准的五种工具：SFC、ST、FBD、LD 和 FM。

① 变量定义　在算法组态要定义的变量如下。

- 在功能块中定义的算法块的名字；
- 计算公式中的公式名（主要用于计算公式的引用）；
- 各方案页定义的局部变量（如浮点型、整型、布尔型等）；
- 各站全局变量。

【注意】各方案页定义的局部变量在同一方案页中不能同名。

在同一站中不能有同名的站全局变量；站内同名的全局变量和局部变量，除特别指明外，当作局部变量处理。

② 变量的使用　在算法组态中，变量使用的方法如下。

对于数据库点，用“点名.项名”表示。项名由两个字母或数字组成，如果使用的是数据库点的实时值项，“.项名”部分（如：.AV，.DV）可以省略。对于 ST、FM 要在“点名”前加“_”（如：_点名.项名）。

站全局变量可以在本站内直接使用，而其他站不能使用。变量名为 12 个字符。

站局部变量仅在定义该点的方案页中使用，变量可以在站变量定义表中添加，变量名为 12 个字符。该变量的初始值由各方案页维护。方案页定义的局部变量的名字可以和数据库点或功能块名重，在使用上不冲突。

常数定义，根据功能块输入端所需的数据类型直接定义。

③ 编制控制运算程序　变量定义后，就可编制控制运算程序。

6．图形、报表组态

图形组态包括背景图定义和动态点定义，其中动态点动态地显示其实时值或历史变化情况，因而要求动态点必须同已定义点相对应。通过把图形文件连入系统，就可实现图形的显示和切换。

【注意】图形组态时不需编译，相应点名的合法性不作检查，在线运行软件将忽略无定义的动态点。

报表组态包括表格定义和动态点定义。

【注意】报表中大量使用的是历史动态点，编辑后要进行合法性检查，因此这些点必须在简化历史库中有定义，这也规定了报表组态应在简化历史库生成后进行。

7．事故库组态

事故库实际上是将设备运行时可能出现的不正常工况下的运行状态汇集起来，综合成不同的故障，然后通过监测相关点的变化，快速而准确地自动判断出是哪种故障产生，并给出报警画面和相关的处理意见提示。

事故库组态是用于指明 BMS（Burner Management System，燃烧器管理系统）中所有可能发生的故障的事故性质、事故发生原因、事故发生前提条件、事故发生条件以及相关历史趋势显示的组态。

BMS 事故库组态软件采用填表的形式对事故库进行定义，用户的组态过程即对故障点的定义过程，要定义其类型、判断条件以及要显示的曲线、文字和数据等。

8．编译生成

系统联编功能连接形成系统库，成为操作员站、现场控制站上的在线运行软件运行的基础。

【注意】历史库、图形、追忆库和报表等软件涉及到的点只能是系统库中的点。

系统库包括实时库和参数库两个组成部分，系统把所有点中变化的数据项放在实时库中，而把所有点中不经常变化的数据项放在参数库中。服务器中包含了所有的数据库信息，而现场控制站上只包含该站相关的点和方案页信息，这是在系统生成后由系统管理中的下装功能自动完成的。

9．系统下装

应用系统生成完毕后，应用系统的系统库、图形和报表文件通过网络传输下装到服务器和操作员站。组态产生的文件也可以通过其他方式装到操作员站，这要求操作人员正确了解每个文件的用途。服务器到现场控制站的下装是在现场控制站启动时自动进行的。现场控制站启动时如果发现本地的数据库版本号与服务器不一致，便会向服务器请求下装数据库和方案页。

在实际应用中为保证系统库的数据一致性，使用时必须注意：服务器下装后必须重新启动。

至此离线组态工作完成，可让应用系统投入在线运行。

【实施步骤】

一、系统软件安装

① 将系统安装盘放入工程师站光驱中，Windows 系统自动运行安装程序，出现如图 1-18 所示对话框。

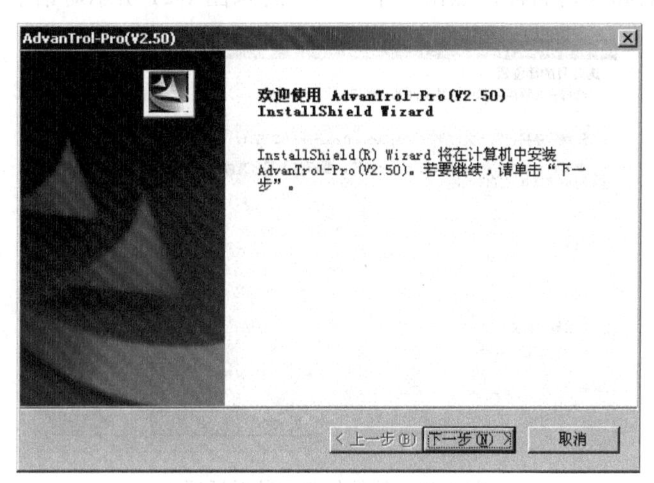

图 1-18　系统软件安装对话框 1

② 点击“下一步”，进入图 1-19 所示对话框。

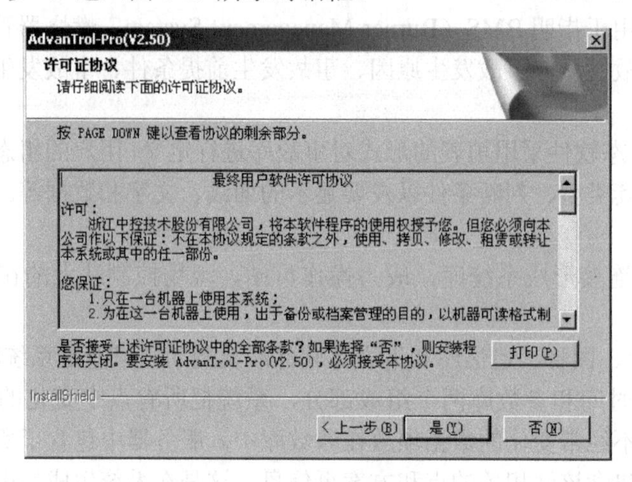

图 1-19　系统软件安装对话框 2

③ 点击“是”进入图 1-20 所示对话框。

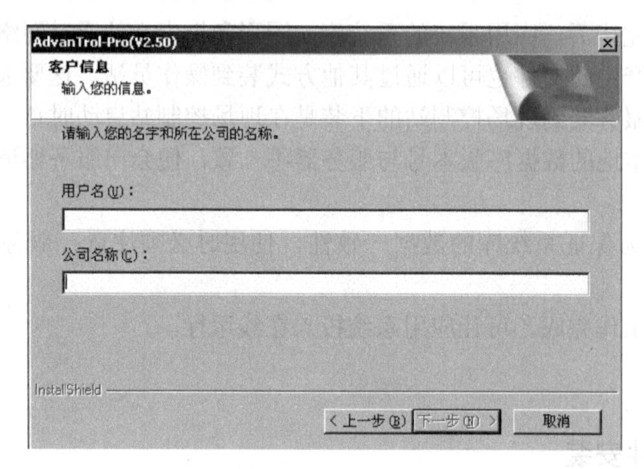

图 1-20　系统软件安装对话框 3

④ 输入用户名和公司名称，点击“下一步”进入图 1-21 所示对话框。

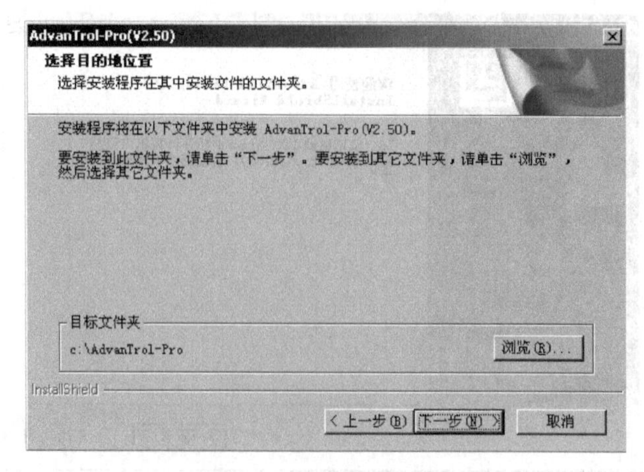

图 1-21　系统软件安装对话框 4

⑤ 点击“下一步”进入图 1-22 所示对话框。

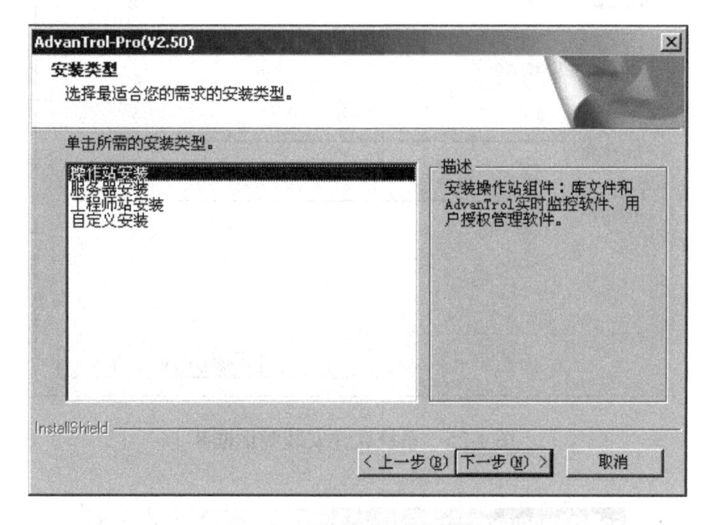

图 1-22　系统软件安装对话框 5

⑥ 选择“工程师站安装”，点击“下一步”进入图 1-23 所示对话框。

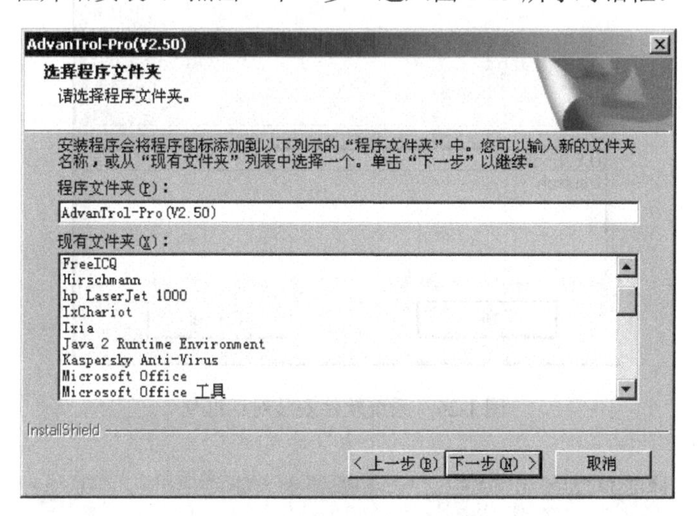

图 1-23　系统软件安装对话框 6

⑦ 点击“下一步”进入图 1-24 所示对话框。

⑧ 指示安装进度，不作任何操作，等待进入图 1-25 所示对话框。

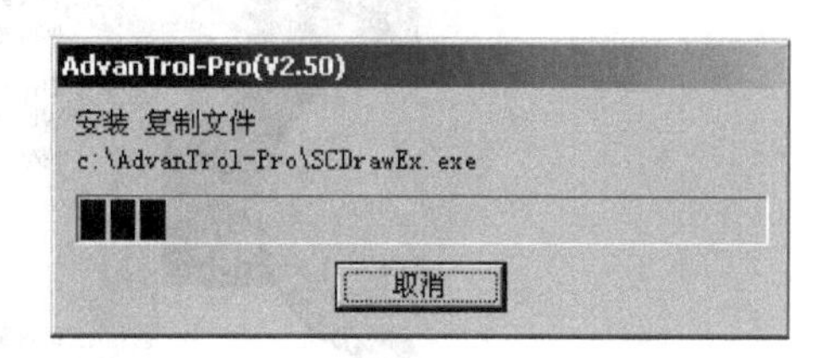

图 1-24　系统软件安装对话框 7

⑨ 输入用户名称和装置名称，点击“下一步”进入图 1-26 所示对话框。

⑩ 选择“U.S.English”，点击“OK”进入图 1-27 所示对话框。

⑪ 点击“Next”进入图 1-28 所示对话框。

⑫ 点击“Next”进入图 1-29 所示对话框。

⑬ 点击“Finish”进入图 1-30 所示对话框。

AdvanTrol-Pro(V2.50)

相关信息

请输入用户及装置名称:

用户名称:

装置名称:

InstallShield

< 上一步(B) 下一步(N) > 取消

图 1-25　系统软件安装对话框 8

Select Language

Please select the language that you would like to use during the installation.

U.S. English
Deutsch

OK　Cancel

图 1-26　系统软件安装对话框 9

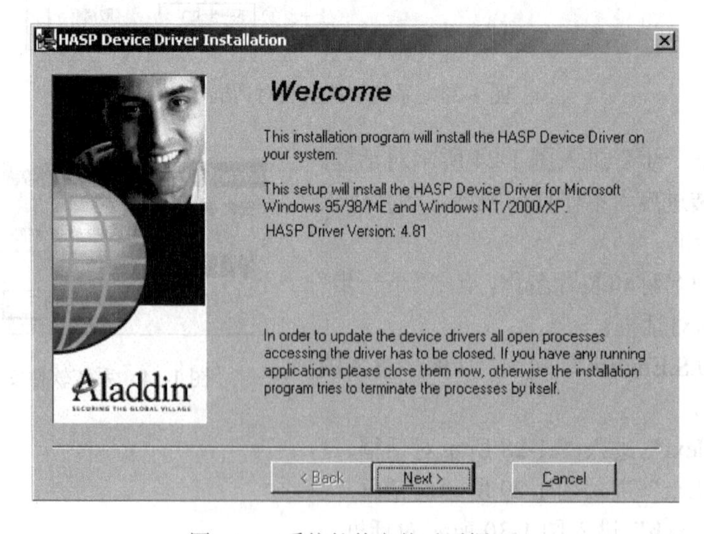

图 1-27　系统软件安装对话框 10

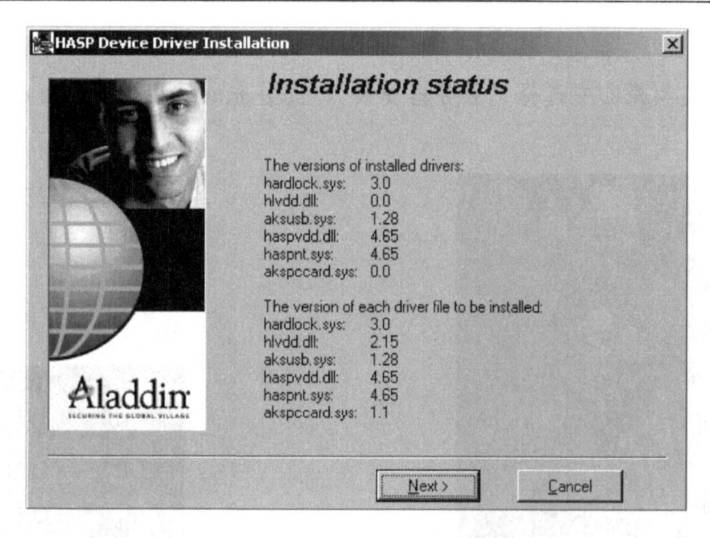

图 1-28　系统软件安装对话框 11

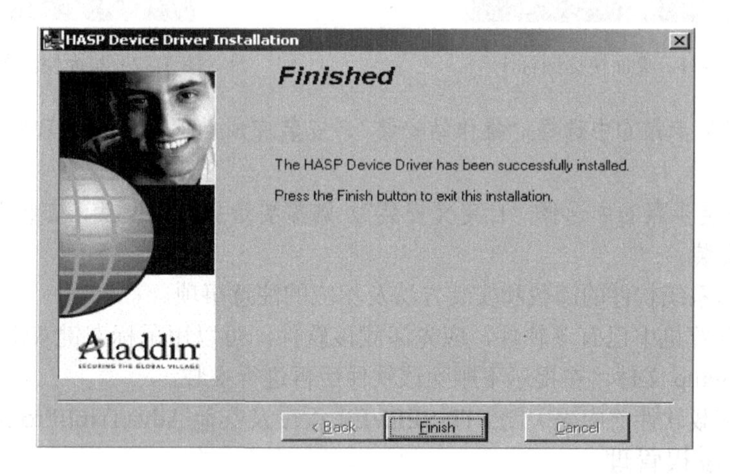

图 1-29　系统软件安装对话框 12

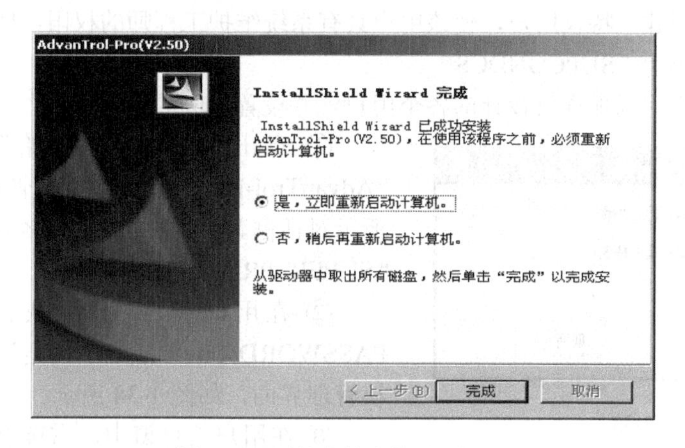

图 1-30　系统软件安装对话框 13

⑭ 点击“完成”，重新启动系统。

⑮ 重新启动系统后，在桌面上出现“系统组态”和“实时监控”的快捷启动图标，如

图 1-31 所示。

注 1：若安装步骤⑥中选择“服务器安装”，安装完成后在桌面上形成的快捷图标如图 1-32 所示。

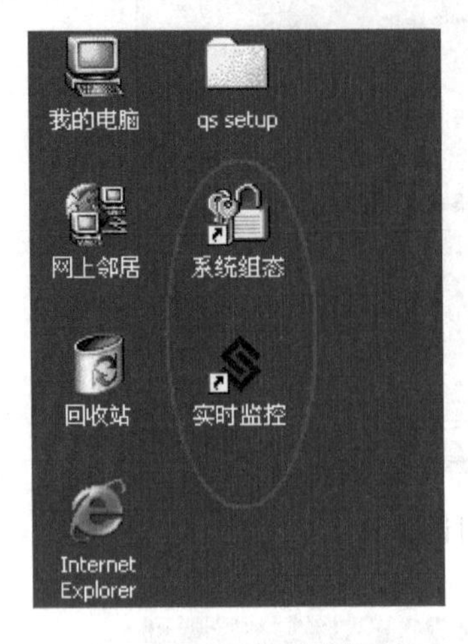

图 1-31 桌面快捷图标 1

图 1-32 桌面快捷图标 2

注 2：若安装步骤⑥中选择“操作站安装”，安装完成后，在桌面上只形成“实时监控”快捷图标。

注 3：若安装步骤⑥中选择“自定义安装”，则需要选择安装文件，安装引导将根据选择结果进行系统安装。

说明：掌握系统软件的卸载和安装方法及相应的注意事项。

如果原来计算机中已有该软件，应先卸载该软件。可以用鼠标左键双击 AdvanTrol-Pro 安装程序中的 Setup 文件，在提示下删除该软件后再进行安装。

【注意】 卸载软件前应先关闭 FTP-SERVER 程序及其他 AdvanTrol-Pro 组件。

二、用户授权管理

操作目的：确定系统操作和维护管理人员并赋以相应的操作权限。

操作要求：新建一特权用户，使该用户具有系统维护工程师的权限，用户名称为“系统维护”，用户密码为“SUPCONDCS”。

操作步骤如下（添加项目设计的各个用户，并设置相应的权限）。

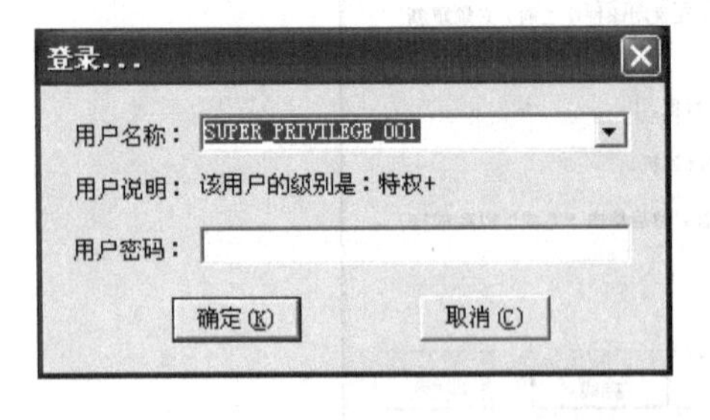

图 1-33

① 点击菜单命令“开始”→“程序”→“AdvanTrol-Pro”→“用户权限管理”，弹出图 1-33 所示对话框。对话框中的用户名为系统缺省用户名“SUPER_PRIVILEGE_001”。

② 在用户密码中输入缺省密码“SUPER_PASSWORD_001”点击“确定”，进入到用户授权管理界面，如图 1-34 所示。

③ 在用户信息窗中，右键点击“点击管理”下的“特权”一栏，出现右键菜单如图 1-35 所示。

④ 在右键菜单中点击“增加”命令，弹出用户设置对话框，如图 1-36 所示。

⑤ 在对话框中输入以下信息。

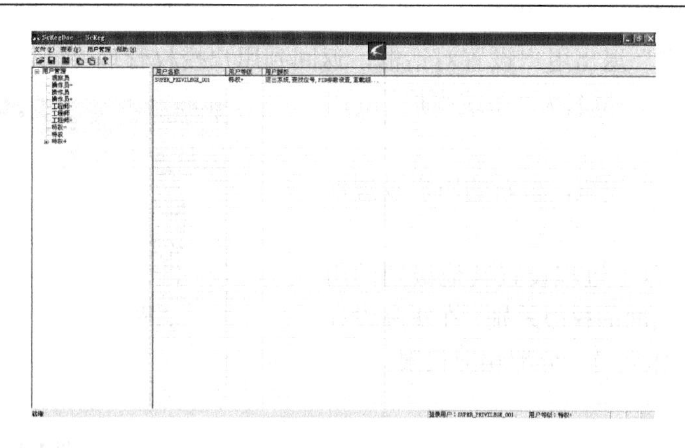

图 1-34

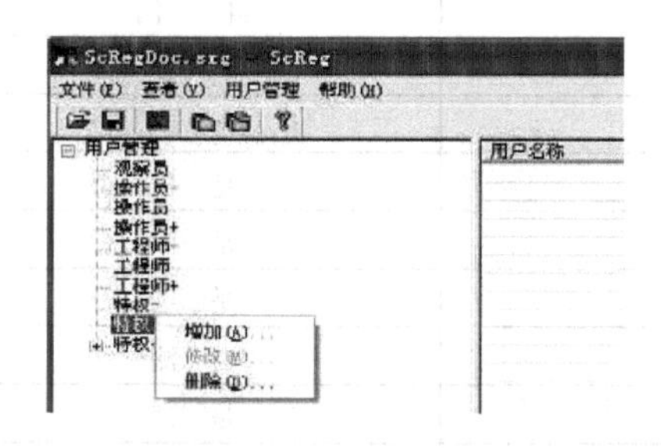

图 1-35

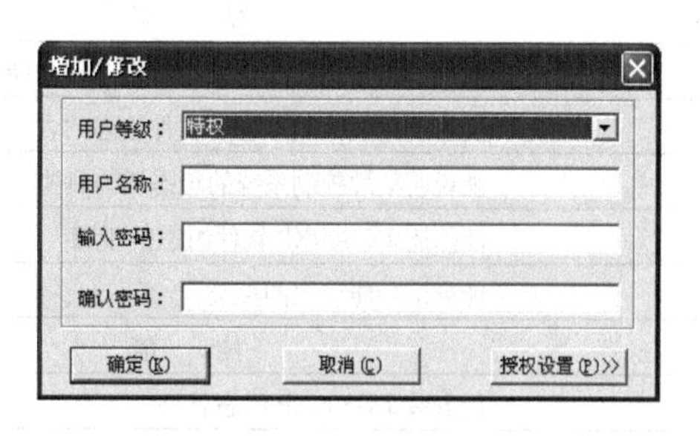

图 1-36

用户等级：特权

用户名称：系统维护

输入密码：SUPCONDCS

确认密码：SUPCONDCS

点击对话框中的命令按钮“授权设置”，用户设置对话框将改变，如图 1-37 所示。

⑥ 在对话框中点击命令按钮“全增加”，将“所有授权项”下的内容全部添加到“当前用户授权”下，如图 1-38 所示（也可选中某一授权项，通过“增加”按钮授权给当前用户）。

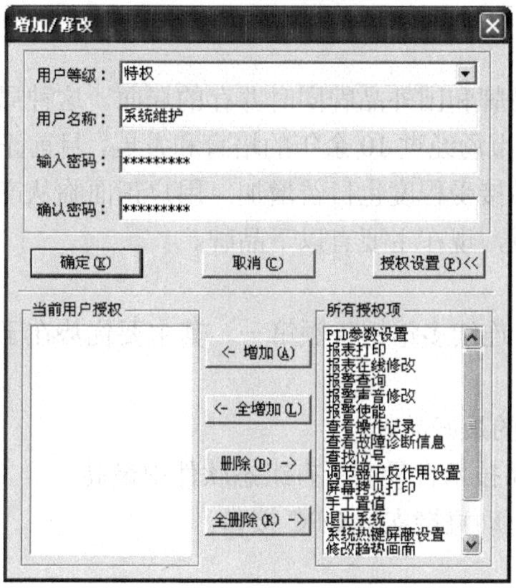

图 1-37　授权设置对话框

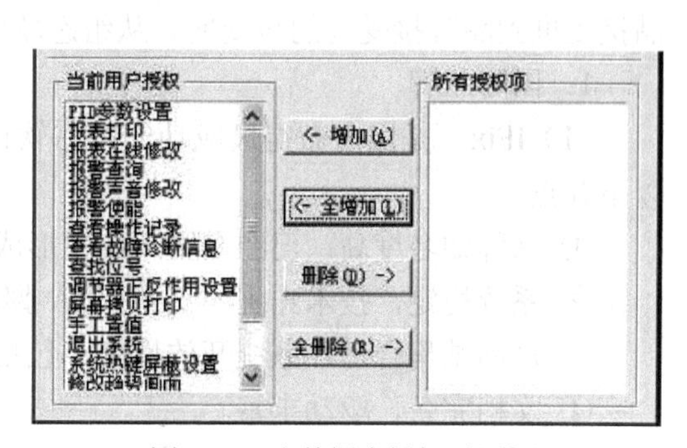

图 1-38　当前用户授权对话框

⑦ 点击“确定”退出用户设置对话框，返回到用户授权管理界面。可见在用户信息窗的特权用户下增加了一位名为“系统维护”的用户，如图 1-39 所示。

⑧ 点击“保存”按钮，将新的用户设置保存到系统中。

提示：可重复以上过程设置其他级别的用户，观察各个级别之间的权限差别，在实际设计中根据需求确定操作人员、分配相应权限。

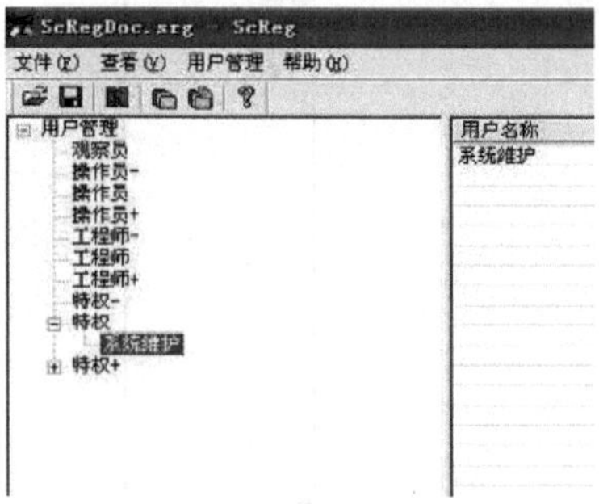

图 1-39

【考核自查】

知　识	自　测
能简述集散控制系统的软件组态的功能	□ 是 □ 否
能说明集散控制系统的软件组态的含义	□ 是 □ 否
能说明集散控制系统的组态语言种类	□ 是 □ 否
能陈述 JX-300XP 软件组态的步骤	□ 是 □ 否
能列出功能仪表的种类	□ 是 □ 否
技　能	自　测
能安装 JX-300XP 组态软件	□ 是 □ 否
能画出 MACSV 系统组态流程图	□ 是 □ 否
能对 JX-300XP DCS 用户权限组态	□ 是 □ 否
能说明国内外组态软件的应用特点	□ 是 □ 否
态　度	自　测
能进行熟练的工作沟通，能与团队协调合作	□ 是 □ 否
能自觉保持安全和节能作业及 6S 的工作要求	□ 是 □ 否
能遵守操作规程与劳动纪律	□ 是 □ 否
能自主、严谨完成工作任务	□ 是 □ 否
能积极在交流和反思中学习和提高	□ 是 □ 否

【拓展知识】 组态软件的比较

从目前国内组态软件市场看，是国内组态软件品牌和国外品牌同时并存的局面。这种局面，在今后相当长的一段时期内还要存在。组态软件市场经过 10 余年的培育和发展，目前正处在一个蓬勃发展的成长阶段，用户对组态软件产品接受程度也日益增加。用户正面临从产品接受度到品牌接受度的转变期。从组态软件市场看，现在主要有以下品牌。

1．国际品牌

（1）IFix　是国内做得最成功的组态软件品牌，连续多年销售额第一。其主要优势在于以下几点。

① 品牌知名度高，已经在用户心中形成事实上的最好品牌。

② 系统稳定，技术先进，支持 VBA 脚本，产品技术含量在所有组态软件中最高。

③ 产品结构合理，系统开放性强，包括其 IO 驱动直接支持 OPC 接口。

④ 文档完备，驱动丰富。

但是其产品也有几个明显缺点。

① 产品价格偏高，超出国内价格基本上在10倍左右。

② 主要是国内的一些代理做，技术支持和服务能力比较差。

（2）Intouch　最早进入国内的组态软件，销售额仅次于IFix。其主要优势集中在以下几点。

① 品牌知名度高，在用户心中对其认可度高。

② 系统稳定，使用方便，画面组态部分相对于IFix要方便一些。

③ 文档完备，驱动丰富。

缺点和IFix类似。

（3）WinCC　西门子的组态软件产品。主要优势如下。

① 对西门子本身支持完善，多数时候与西门子硬件设备配套一起提供。

② 大部分工程师对其掌握熟练。但是在非西门子设备中使用量较少。

（4）其他品牌　如俄罗斯的Trace Mode，澳大利亚的西亚特、AB的RSView，GE的Cimplicity，以色列的WinzCon，中国台湾的柏元等，这些产品各有自己的特点，但是在国内推广做得还是很不够。

国际品牌在用户心中一般代表高端产品，但是从用户实际使用的情况看，这些软件产品虽然从质量上要比国内组态软件好，但是也有一些小问题，而且一般出现问题，这些软件都无法及时响应，这也影响了其在国内的推广。还有，各品牌对国内仪表和板卡一般不能直接支持，因此也影响了销售。

2．国内品牌

（1）组态王　是国内使用最早、装机量最多的组态软件。主要优势如下。

① 品牌知名度高，在许多项目中，其往往是国外组态软件的替代品，而且只要是接触过组态软件的工程师，基本上都知道组态王。

② 本地化服务能力强。

③ 驱动丰富而且一般都比较可靠。

其缺点是：现在因为处于国内第一的位置，重点放在大客户上，对一般小客户的服务态度和服务能力较差，而且价格控制比较严。

（2）MCGS　国内组态软件第二的品牌。主要优势如下。

① 在市场的宣传、推广方面做的比较好。

② 对销售队伍的管理和考核比较完善，销售人员的跟踪能力比较强。

③ 有嵌入式产品。

（3）力控　力控是最近两年发展起来的品牌，其主要优势如下。

① 市场推广在所有的组态软件中做的最好的厂家，包括杂志、网络上投入都很多，而且比较有效。

② 技术服务能力强，从用户反应看，力控售后技术支持做得很好。

③ 产品相对稳定。

④ 驱动比较完善。

【工作任务四】　集散控制系统整体信息组态

工作任务目的：根据工作任务二已经确定工程师站、操作员站、现场控制站以及其他附属单元规模，从组态软件设置系统的工程师站、操作员站、现场控制站参数，如IP地址、冗余参数等。

【课前知识】 集散控制系统的分层体系及冗余化结构

集散控制系统的功能分层是集散控制系统的体系特征，它充分反映了集散控制系统的分散控制、集中管理的特点。按照功能分层的方法，集散控制系统可以分为现场控制级、过程装置控制级、车间操作管理级、全厂优化和调度管理级等。信息一方面自下向上逐渐集中，同时，它又自上而下逐渐分散，这就构成了系统的基本结构。为了对各层功能作进一步了解，本节结合实际的硬、软件结构加以说明。

一、DCS 的分层体系

层次化是集散型控制系统的体系特征，使之体现集中操作管理、分散控制的思想。从生产过程角度出发，DCS 大致可分为过程控制级、控制管理级、生产管理级和经营管理级。其结构见图 1-40，下面介绍各级的功能。

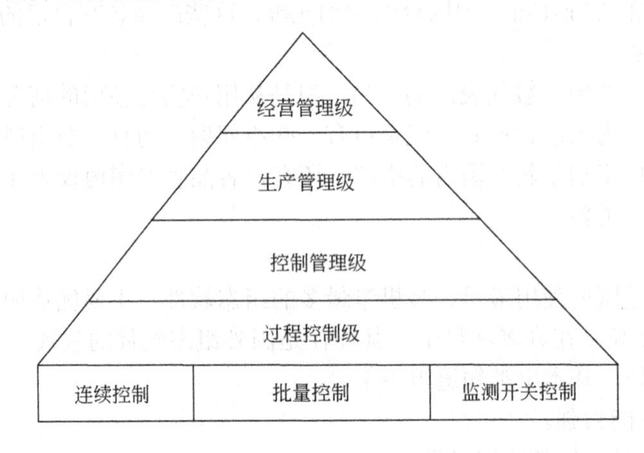

图 1-40 集散控制系统四层结构模式

1．过程控制级

过程控制级主要是现场控制站、数据采集站和过程管理计算机等，是直接与生产过程相连一级计算机系统，是集散控制系统的基础。过程控制级一方面与各类现场设备例如变送器、执行器相连，以实现装置的监测与控制；另一方面还向上与第二层计算机相连，接收上层的管理信息，传递装置的实时数据。

2．控制管理级

控制管理级主要有监控计算机、操作站和工程师站等，主要是实施生产过程的优化控制，根据产品原材料库以及能源的使用情况，采用优化准则来调整装置间的相互关系。另外，通过获取过程控制级的数据，进行生产过程的监视、故障检测和数据存档。

3．生产管理级

生产管理级又称产品管理级。这一级采用管理用计算机，主要是规划产品的结构和规模。根据用户订货情况、库存情况和能源情况来修订生产计划和改变产品结构。有了产品重新组织和柔性制造的功能，就可应付由于用户订单变化所造成的各种损失。

4．经营管理级

经营管理级是工厂自动化系统的最高一层，负责这一级管理用的计算机叫中央计算机。它管理的范围除了工程技术方面之外，还应包括经济、商业事物、人事组织以及其他方面的功能。把这些功能都集成到软件系统中，并与经理部、市场部、计划部以及办公自动化系统连接，采用优化策略来实现整个制造系统的最优化。在集散控制系统中，经营管理级的功能包括市场用户分析、订货，以及销售统计、销售计划、产品制造、合同事宜、期限监测和财政报告等。

对于某一具体应用的集散系统，并非都有四层功能体系。中小规模的控制系统只有一、二层，少数使用到第三层，在大规模的控制系统中才应用四层模式。

二、集散控制系统的各层功能

随着现场总线的使用，在集散控制系统的最底层是过程控制级。本书把它作为一个控制级进行介绍。

1．过程控制级的功能

微处理器进入现场变送器、传感器和执行器，以及现场总线的应用，形成了过程控制级。根据现场总线的网络结构，过程控制级可组成星形、树形和总线结构。过程控制级的特性与现场总线的特性、智能设备的特性有关。主要表现如下。

① 多信息系统。

② 双向的多变量通信。

③ 更高精确度和可靠性。

④ 系统的自诊断、自校正功能更强。

⑤ 维护、校验更方便。

⑥ 互操作性。

⑦ 多端存取。

⑧ 低的成本和安装费用。

随着控制器与变送器、传感器和执行机构的整体安装式智能仪表的问世，过程控制级可以部分或全部完成过程装置控制级的功能。过程控制级的功能如下。

① 采集过程数据，对数据进行转换。

② 输出过程操纵命令。

③ 进行直接数字控制。

④ 完成与过程装置控制级的数据通信。

⑤ 对过程控制级的设备进行监测与诊断。

2．控制管理级的功能

大多数集散控制系统采用过程装置控制设备和 I/O 卡件组成控制管理级，通过通信网络把过程信息传送到上、下级。控制管理级的特点如下。

① 高可靠性。

② 实时性。

③ 控制功能强。

④ 通信速度高、信息量大。

控制管理级是集散控制系统的关键部分。它的性能好坏极大地影响到信息的实时性、控制质量的好坏以及管理决策的正确性。控制管理级的功能主要如下。

① 采集过程数据，进行数据转换与处理。

② 数据的监视和存储。

③ 实施连续、批量或顺序控制的运算和输出控制作用。

④ 数据和设备的自诊断。

⑤ 数据通信。

3．生产管理级的功能

生产管理级以中央控制室操作站为中心，辅以打印机、拷贝机等外部设备组成。它是人机的界面，因此，它的质量与操作的效果有直接关系。该级的主要特征如下。

① 采用屏幕显示过程和数据。

② 操作应方便、简捷。

③ 存储数据量大，显示信息量大。

④ 报警和故障诊断的处理。

⑤ 数据通信。

在一些简单的优化控制系统中，生产管理级还需完成优化计算。

生产管理级的功能如下。

① 数据显示和记录。

② 过程操作（含组态操作、维护操作）。

③ 数据存储和压缩归档。

④ 报警、事件的诊断和处理。

⑤ 系统组态、维护和优化处理。

⑥ 数据通信。

⑦ 报表打印和画面硬拷贝。

4．经营管理级的功能

全厂的优化和调度管理是从系统观点出发，从原料到产品销售、从订货、库存到交货、生产计划，进行一系列的优化协调，使成本下降、产量和质量提高。该级的功能主要如下。

① 优化控制。

② 协调和调度各车间生产计划和各部门的关系。

③ 主要数据的显示、存储和打印。

④ 数据通信。

三、冗余化结构（Redundant Structure）

为了提高系统的可靠性，集散控制系统在重要设备、对全系统有影响的公共设备上常采用冗余结构。把所有设备都采用冗余结构是不必要也是不经济的。应对冗余增加的投资和系统故障停工造成的损失进行权衡比较，考虑合适的冗余结构方式。常采用的冗余方式如下。

1．同步运转方式

同步运转方式应用于要求可靠性极高的场合。它是让两台或两台以上的装置以相同的方式同步运转，输入相同的信号，进行相同的处理，然后对输出进行比较，如果输出保持一致则系统是正常运行的。两台同步运转方式运行的系统称为双重（Dual）系统。这种冗余方式常用于信号联锁系统。一些重要的联锁系统常采用“三中取二”的方式来提高系统可靠性。

2．待机运转方式

待机运转方式的冗余结构采用 N 台同类设备，备用一台后备设备，平时后备设备处于准备状态，N 台设备中某一台设备发生故障，能启动后备设备使其运转。当一台设备工作，一台设备后备时，称该系统为双工系统（Duplex System），或 1∶1 备用系统。N 台设备工作，备用 1 台后备的系统为 N∶1 备用系统。由于备用设备处于待机工作状态，故又称热后备系统。在这种方式中，需要有一个指挥装置处理故障发生时软件、数据的转移等操作，还需相应程序自动切入备用设备，使之运转。集散控制系统中，根据装置的重要性，采用了两种待机运转方式。通信系统为了保证高的可靠性，通常采用 1∶1 备用方式。当发送站发出信息后的规定时间内未收到接收站的响应时，除了采用重发等差错控制外，也采用立即切入备用通信系统的方法。多回路控制器常采用 *N*∶1 备用方式，*N* 的数值与制造厂产品特性有关。

3. 后退运转方式

正常时，*N* 台设备各自分担各自功能以进行运转，当其中一台设备损坏时，其余设备放弃部分不重要功能，以此来完成损坏设备的功能，这种方式称为后退备用方式。这种方式的应用例子是 CRT 和操作站。通常，采用 2 台或 3 台操作站。通过分工，可以让第一台用于监视，第二台用于操作，第三台用于报警。当任一台故障时，监视和操作功能在正常操作台上完成。而当系统开、停车或在紧急事故状态，这三台操作站都可用于监视或操作。

4. 多级操作方式

多级操作方式是一种纵向冗余的方法。正常操作是从最高一层进行的。如该层故障则由下一层完成，这样逐步向下形成对最终元件执行器的控制。集散控制系统中的有关功能模块都设有手、自动切换开关。自动时由该功能模块自动操作输出信号，手动时，由人工操作输出信号。通常一个控制回路的最高层操作是在操作站的自动状态（其设定值也可由更高一层的优化层给出）。当它失效时，切入手动，通过键盘输入，对执行器手动操作。如该模块失效，可通过输出模块的手动，在通信失效时由分散控制装置的编程器转入自动或手动，一旦集散系统全部出现故障，可通过仪表面板的手操器，最终还可用执行器的手轮机构实施现场手动控制。

【课堂知识】　集散控制系统网络结构

一、DCS 网络体系的主要特点

DCS 是以微型机为核心的 4C 技术（即计算机技术、自动控制技术、通信技术和 CRT 显示技术）竞相发展并紧密结合的产物，而通信技术在 DCS 中占有重要的地位。所谓 DCS，即分散过程控制单元以达到对过程对象加以控制，而集中监视和操作管理单元以达到综合信息全局管理的目的。计算机网络连接了这些过程控制单元（也称 I/O 站）、监视操作单元（也称操作员站）和系统的管理单元。当 I/O 站、操作员站和工程师站分布在一个局部区域时，连接它们的网络称为局部网络。计算机局部网络技术的迅速发展，极大地促进了 DCS 的发展。然而 DCS 所完成的是工业控制。因此其通信系统与一般办公室用局部网络有所不同，集散控制系统的应用范围还只在一个较小的地域。因此，对集散控制系统网络的研究仅限于局域网。

常用的局域网络的网络拓扑结构有总线网、星形网和环形网。树形网是总线网的一般化形式，它是在总线网上引入分支构成，树形网不存在闭合回路。总线网是最常用的一种网络拓扑形式。在集散控制系统的通信网络中也最常见。它的网络拓扑最简单。所有通信站经过网络适配器直接挂在总线上。数据传送采用广播方式，即任何一个通信站发出的信号到达适配器后沿总线向两个相反方向传输，可以为所有通信站接收到。收信站从总线得到的数据中，挑检出目的地址为本站的正确的数据。总线网的灵活性较好，可连接多种不同传输速度、不同数据类型的设备，也易获得较高的传输频带。它的传输线是无源的，有良好的响应性。对于一些有快速响应要求的开关、阀门或电机，其运转都在毫秒级。工业控制用通信系统应有如下几个特点。

1. 快速实时响应能力

DCS 的通信网络是工业计算机局部网络，它应能及时地传输现场过程信息和操作管理信息，因此网络必须具有很好的实时性，一般办公室自动化计算机局部网响应时间可在几秒范围内，而 DCS 网络的响应时间应在 0.01～0.5s，高优先级信息对网络存取时间则应不超过 10ms。

2．具有极高的可靠性

DCS 的通信系统必须连续运行，通信系统的任何中断和故障都可能造成停产，甚至引起设备和人身事故。因此通信系统必须具有极高的可靠性。一般通信系统采用双网备份方式，以提高可靠性。

3．适应恶劣的工业现场环境

DCS 的通信系统必须在恶劣的工业环境中正常工作。工业现场存在各种干扰，这些干扰一般可分为四类。

① 电源干扰　由电源系统窜入网络的上升时间约 1μs 和 2.5 kV 峰值的脉冲。

② 雷击干扰　雷击时，靠近传输线任意一点的干扰电位基本上是 10μs 上升到 5000V，20μs 下降到 2500V 的脉冲，俗称 10/20μs 脉冲。

③ 电磁干扰　在 10～30kHz 之间 2V/m 的电磁场干扰，以及在 30M～1GHz 之间的 5V/m 的电磁场干扰。

④ 地电位差干扰　在化工企业环境中，地电位差的典型值达 1000V 峰-峰值。为克服各种干扰，现场通信系统采用了种种措施。例如对通信信号采用调制技术，以减少低频干扰；采用光隔离技术，以避免雷击或地电位差干扰对通信设备的损坏。因此，集散通信网络应该有强抗扰性并采用差错控制，降低数据传输的误码率。

4．开放系统互联和互操作性

为了使不同制造厂商生产的集散控制系统能够互相连接，进行通信，集散控制系统采用的通信网络应该符合开放系统互联的标准。这样，才能使异种计算机之间能够互相连接。同样，随着现场总线的应用，各制造厂商生产的集散控制系统，它的现场总线应该能与不同厂商的符合现场总线标准的智能变送器、执行器和其他智能仪表进行通信，实现互操作（interoperable）。

5．分层结构

DCS 是分层结构的，因此其通信网络也具有分层结构。可将工厂分布式管理和控制系统分为三层，分别为现场总线、车间级网络系统和工厂级网络系统。

二、JX-300XP 的通信系统

由于集散控制系统中的通信网络担负着传递过程变量、控制命令、组态信息以及报警信息等任务，所以网络的结构形式、层次以及组成网络后所表现的灵活性、开放性、传输方式等方面的性能十分重要。其网络系统结构如图 1-41 所示。

JX-300XP 系统为适应各种过程控制规模和现场要求，其通信系统对于不同结构层次分别采用了信息管理网、SCnet Ⅱ网络和 SBUS 总线。

1．信息管理网

信息管理网采用以太网用于工厂级的信息传送和管理，是实现全厂综合管理的信息通道。该网络通过在多功能 MFS 上安装双重网络接口（信息管理和过程控制网络）转接的方法，获取集散控制系统中过程参数和系统运行信息，同时向下传送上层管理计算机的调度指令和生产指导信息。管理网采用大型网络数据库实现信息共享，并可将各种装置的控制系统连入企业信息管理网，实现工厂级的综合管理、调度、统计和决策等。信息管理网的基本特性如下。

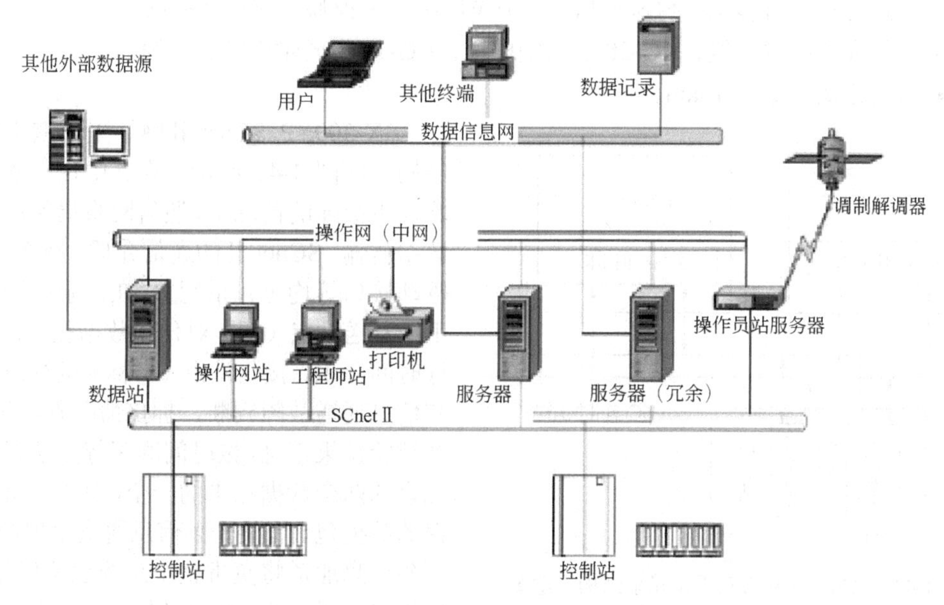

图 1-41　JX-300XP 网络系统结构图

- 拓扑规范（一）总线（无根树）结构或星形结构。
- 传输方式：曼彻斯特编码方式。
- 通信控制：符合 IEEE802.3 标准协议和 TCP/IP 标准协议。
- 通信速率：10Mbps、100Mbps、1Gbps 等。
- 网上站数：最大 1024 个。
- 通信介质：双绞线（星形连接）、50Ω细同轴电缆、50Ω粗同轴电缆（总线形连接，带终端匹配器）、光纤等。
- 通信距离：最大 10km。

浙大中控的 PIMS（Process Information Management Systems）软件是自动控制系统监控层一级的软件平台和开发环境，能以灵活多样的组态方式为用户提供良好的开发环境和简捷的使用方法，其预设的各种软件模块可以方便地实现和完成监控层的需要，并能支持各种硬件厂商的计算机和 I/O 设备，是理想的信息管理网开发平台。

2．过程控制网络 SCnet Ⅱ

（1）SCnet Ⅱ概述　JX-300XP 系统采用了双高速冗余工业以太网 SCnet Ⅱ作为其过程控制网络。它直接连接了系统的控制站、操作站、工程师站、通信接口单元等，是传送过程控制实时信息的通道，具有很高的实时性和可靠性。通过挂接网桥，SCnet Ⅱ可以与上层的信息管理网或其他厂家设备连接。过程控制网络 SCnet Ⅱ是在 10base Ethernet 基础上开发的网络系统，各节点的通信接口均采用了专用的以太网控制器，数据传输遵循 TCP/IP 和 UDP/IP 协议。根据过程控制系统的要求和以太网的负载特性，网络规模受到一定的限制，基本性能指标如下。

- 拓扑规范：总线结构或星形结构。
- 传输方式：曼彻斯特编码方式。
- 通信控制：符合 TCP/IP 和 IEEE802.3 标准协议。

- 通信速率：10Mbps、100Mbps 等。
- 节点容量：最多 15 个控制站，32 个操作站、工程师站或多功能站。
- 通信介质：双绞线、RG-58 细同轴电缆、RG-11 粗同轴电缆、光缆。
- 通信距离：最大 10km。

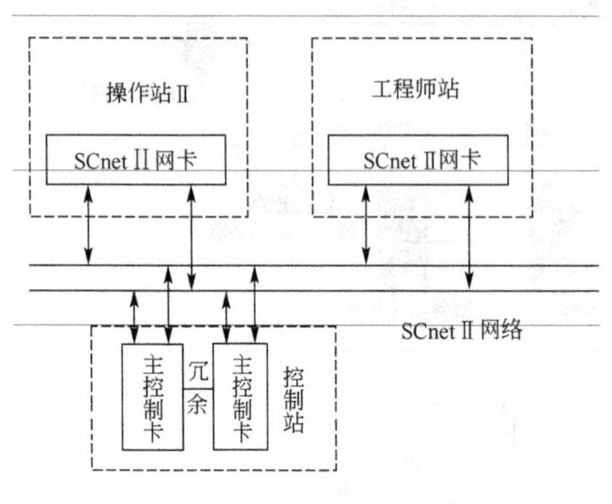

图 1-42　SCnet Ⅱ网络双重化冗余结构示意图

JX-300XP SCnet Ⅱ网络采用双重化冗余结构，如图 1-42 所示。在其中任一条通信线路发生故障的情况下，通信网络仍保持正常的数据传输。SCnet Ⅱ的通信介质、网络控制器、驱动接口等均可冗余配置，在冗余配置的情况下，发送站点（源）对传输数据包（报文）进行时间标识，接收站点（目标）进行出错检验和信息通道故障判断、拥挤情况判断等处理；若校验结果正确，按时间顺序等方法择优获取冗余的两个数据包中的一个，而滤去重复和错误的数据包。当某一条信息通道出现故障，另一条信息通道将负责整个系统通信任务，使通信仍然畅通。对于数据传输，除专用控制器所具有的循环冗余校验、命令/响应超时检查、载波丢失检查、冲突检测及自动重发等功能外，应用层软件还提供路由控制、流量控制、差错控制、自动重发（对于物理层无检测的数据丢失）、报文传输时间顺序检查等功能，保证了网络的响应特性，使响应时间小于 1s。

在保证高速可靠传输过程数据的基础上，SCnet Ⅱ还具有完善的在线实时诊断、查错、纠错等手段。系统配有 SCnet Ⅱ网络诊断软件，内容覆盖了每一个站点（操作站、数据服务器、工程师站、控制站、数据采集站等）、每个冗余端口（0#和 1#）、每个部件（Hub、网络控制器、传输介质等），网络各组成部分的故障状态实时显示在操作站上以提醒用户及时维护。

（2）典型的网络结构　可选用双绞线作为引出电缆，对应的网卡具有 RJ45 接口，具体网络结构见图 1-43。

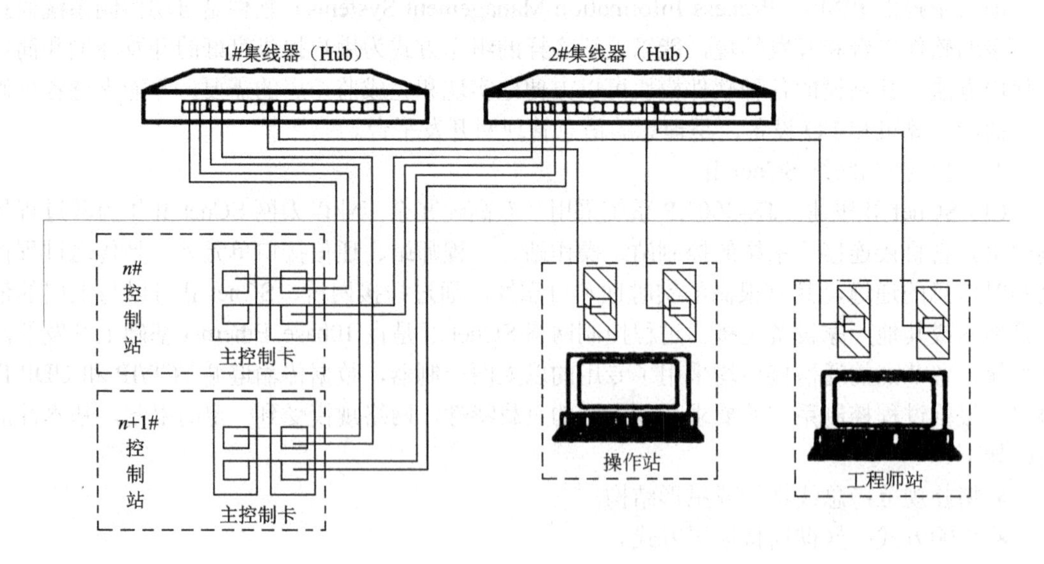

图 1-43　双绞线网络连接示意图

铺设要求如下。

① 选用 AMP5 类或超 5 类无屏蔽双绞线（UTP）或带屏蔽双绞线（STP）。

② 暴露在地面的双绞线必须使用保护套管；电气干扰较严重的场所，双绞线必须使用金属保护套管且可靠接地。

3．SBUS 总线

SBUS 总线分为两层。

第一层为双重化总线 SBUS-S2。SBUS-S2 总线是系统的现场总线，物理上位于控制站所管辖的 I/O 机笼之间，连接了主控制卡和数据转发卡，用于主控制卡与数据转发卡间的信息交换。

第二层为 SBUS-S1 网络。物理上位于各 I/O 机笼内，连接了数据转发卡和各块 I/O 卡件，用于数据转发卡与各块 I/O 卡件间的信息交换。

SBUS-S1 和 SBUS-S2 合起来称为 JX-300XP DCS 的 SBUS 总线，主控制卡通过它们来管理分散于各个机笼内的 I/O 卡件。SBUS-S2 级和 SBUS-S1 级之间为数据存储转发关系，按 SBUS 总线的 S2 级和 S1 级进行分层寻址。

① SBUS-S2 总线性能指标如下。

- 用途：主控制卡与数据转发卡之间进行信息交换的通道。
- 电气标准：EIA 的 RS-485 标准。
- 通信介质：特性阻抗为 120Ω的八芯屏蔽双绞线。
- 拓扑规范：总线结构，节点可组态。
- 传输方式：二进制码。
- 通信协议：采用主控制卡指挥式令牌的存储转发通信协议。
- 通信速率：1Mbps（MAX）。
- 节点数目：最多可带载 16 块（8 对）数据转发卡。
- 通信距离：最远 1.2km（使用中继情况下）。
- 冗余度：1∶1 热冗余。

② SBUS-S 1 总线性能指标如下。

- 通信控制：采用数据转发卡指挥式的存储转发通信协议。
- 传输速率：156kbps。
- 电气标准：TTL 标准。
- 通信介质：印刷电路板连线。
- 网上节点数目：最多可带载 16 块智能 I/O 卡件。

SBUS-S 1 属于系统内局部总线，采用非冗余的循环寻址方式。

【实施步骤】

一、新建组态文件

① 点击启动系统组态软件，出现如图 1-44 所示登录提示框，输入用户名称和用户密码进行登录。登录以后会出现如图 1-45 所示提示框。

② 点击“新建组态”，指定新建组态的存放位置。在这里将这个组态命名为“CS2000 对象.SCK”，存放在 D 盘根目录下。保存好文件以后，进入主界面，如图 1-46 所示。

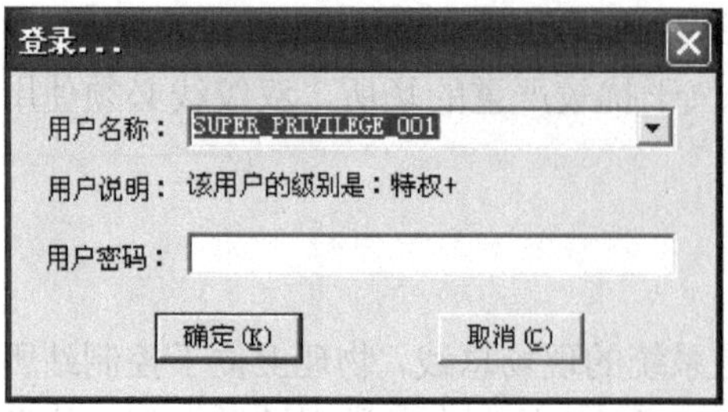

登录...
用户名称： SUPER_PRIVILEGE_001
用户说明： 该用户的级别是：特权+
用户密码：
确定(K) 取消(C)

图 1-44

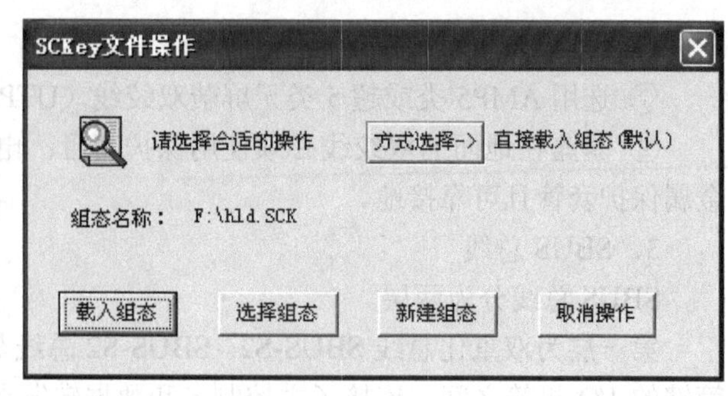

图 1-45

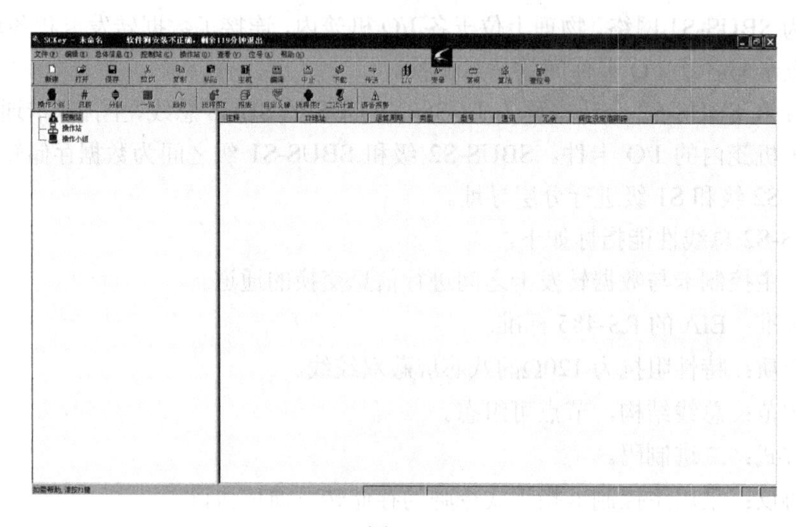

图 1-46

二、主机设置

① 点击组态软件界面上的“主机”按钮 （或点击菜单命令[总体信息]/<主机设置>)，在弹出的对话框（图 1-47）中选择主控卡选项。

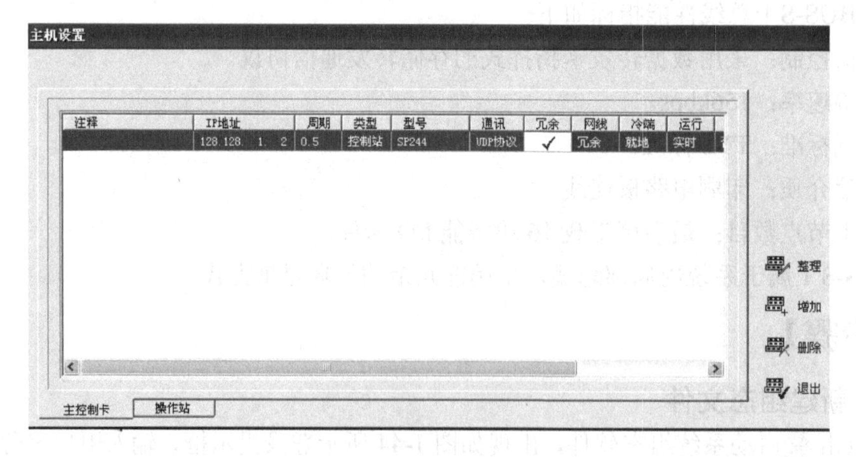

图 1-47

② 点击“增加”按钮，增加控制站。注意将主控卡“冗余”选项上“✓”，表示主控卡是冗余工作的。注意系统型号为“XP243”。如图 1-48 所示。

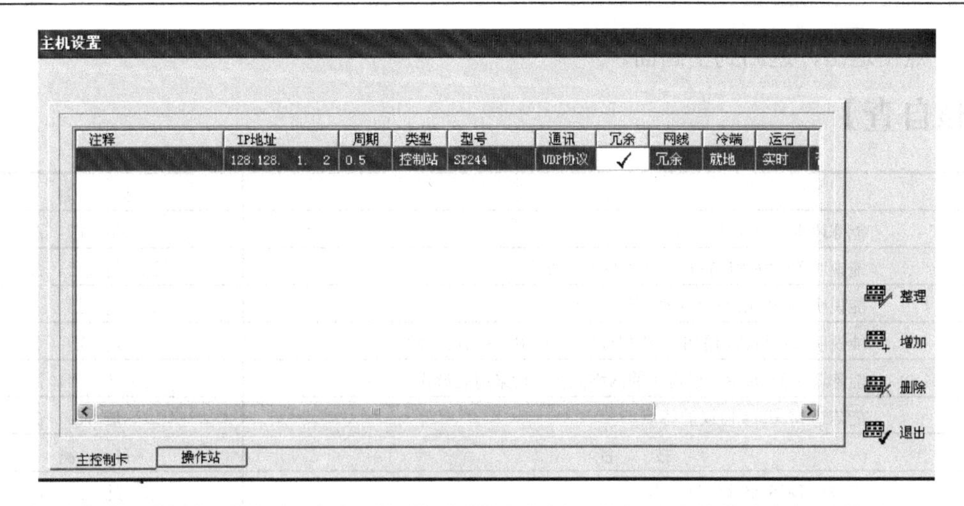

图 1-48

③ 选择操作站选项，点击增加，设置工程师站参数如下：注释——工程师站；类型——工程师站；IP 地址——128.128.1.130。如图 1-49 所示。

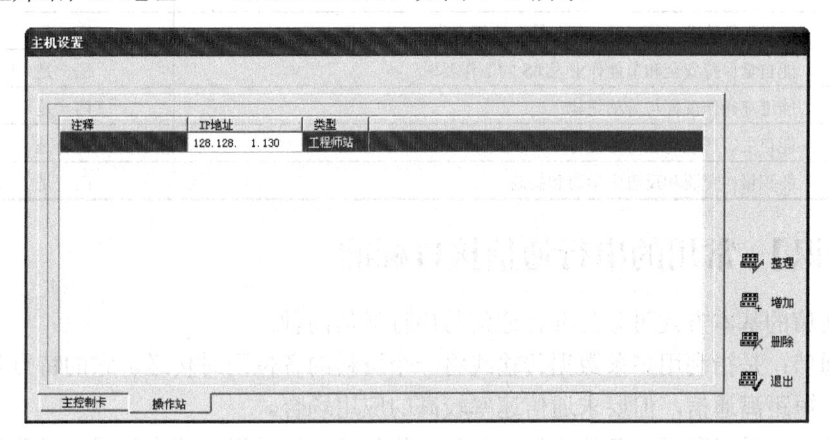

图 1-49

④ 继续点击增加，设置操作站参数如下：注释——原料加热炉，反应物加热炉；IP 地址——128.128.1.131，128.128.1.132；类型——操作站。如图 1-50 所示。

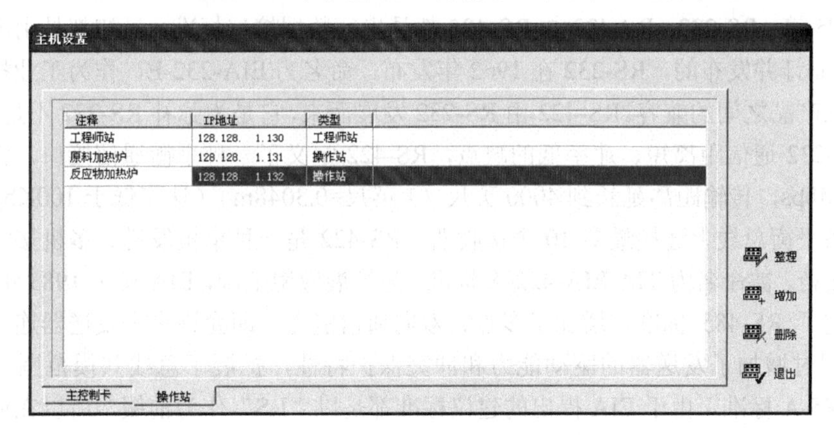

图 1-50

⑤ 点击退出，返回到主画面。

【考核自查】

知　识	自　测
能陈述集散控制系统网络特点	□ 是 □ 否
能说明 JX-300XP 的通信网络基本组成	□ 是 □ 否
能说明 DCS 冗余结构的特点	□ 是 □ 否
能说明计算机常用的串行接口标准，并指出各自的优缺点	□ 是 □ 否
能陈述在 DCS 中，最常用的网络拓扑结构采用的形式	□ 是 □ 否
能陈述 Modbus 协议的特点	□ 是 □ 否
技　能	自　测
能进行 DCS 整体信息组态	□ 是 □ 否
能对 PC 机进行 IP 地址设置	□ 是 □ 否
能画出 DCS 的四层系统结构图	□ 是 □ 否
能画出 JX300XP DCS 的三层通信系统图	□ 是 □ 否
态　度	自　测
能进行熟练的工作沟通，能与团队协调合作	□ 是 □ 否
能自觉保持安全和节能作业及 6S 的工作要求	□ 是 □ 否
能遵守操作规程与劳动纪律	□ 是 □ 否
能自主、严谨完成工作任务	□ 是 □ 否
能积极在交流和反思中学习和提高	□ 是 □ 否

【拓展知识】 常用的串行通信接口标准

数据通信的基本方式可分为并行通信与串行通信两种。

并行通信：是指利用多条数据传输线将一个资料的各位同时传送。它的特点是传输速度快，适用于短距离通信，但要求通信速率较高的应用场合。

串行通信：是指利用一条传输线将资料一位位地顺序传送。特点是通信线路简单，利用简单的线缆就可实现通信，降低成本，适用于远距离通信，但传输速度慢的应用场合。

串行接口标准：指的是计算机或终端（资料终端设备 DTE）的串行接口电路与调制解调器 Modem 等（数据通信设备 DCE）之间的连接标准。常用的有 RS-232、RS-422、RS-423 以及 RS-485 等。RS-232、RS-422 与 RS-485 都是串行数据接口标准，最初都是由电子工业协会（EIA）制订并发布的，RS-232 在 1962 年发布，命名为 EIA-232-E，作为工业标准，以保证不同厂家产品之间的兼容。RS-422 由 RS-232 发展而来，它是为弥补 RS-232 不足而提出的。为改进 RS-232 通信距离短、速率低的缺点，RS-422 定义了一种平衡通信接口，将传输速率提高到 10Mbps，传输距离延长到 4000 英尺（1 英尺=0.3048m）（速率低于 100Kbps 时），并允许在一条平衡总线上连接最多 10 个接收器。RS-422 是一种单机发送、多机接收的单向、平衡传输规范，被命名为 TIA/EIA-422-A 标准。为扩展应用范围，EIA 又于 1983 年在 RS-422 基础上制定了 RS-485 标准，增加了多点、双向通信能力，即允许多个发送器连接到同一条总线上，同时增加了发送器的驱动能力和冲突保护特性，扩展了总线共模范围，后命名为 TIA/EIA-485-A 标准。由于 EIA 提出的建议标准都是以“RS”作为前缀，所以在通信工业领域，仍然习惯将上述标准以 RS 作前缀称谓。

RS-232、RS-422 与 RS-485 标准只对接口的电气特性做出规定，而不涉及接插件、电缆或协议，在此基础上用户可以建立自己的高层通信协议。因此在实际的应用中，许多厂家都建立了一套高层通信协议，或公开、或厂家独家使用。

一、RS-232 串行接口

目前 RS-232 是 PC 机与通信工业中应用最广泛的一种串行接口。RS-232 被定义为一种在低速率串行通信中增加通信距离的单端标准。RS-232 采取不平衡传输方式，即所谓单端通信。RS-232C 是一种标准接口，D 型插座，采用 25 芯端子或 9 芯端子的连接器，如图 1-51 所示。

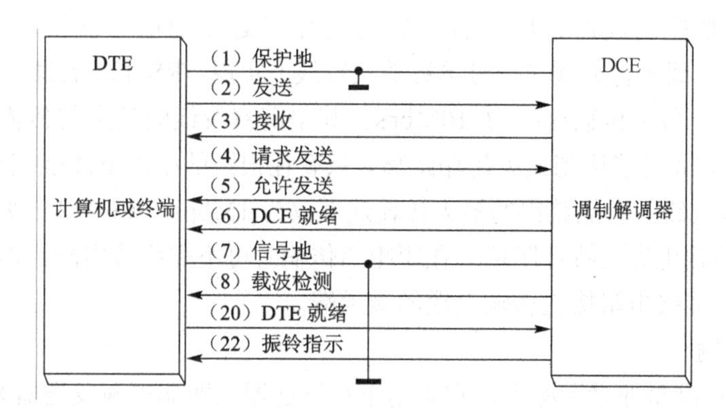

图 1-51　RS-232C 标准接口

微型计算机之间的串行通信就是按照 RS-232C 标准设计的接口电路实现的。如果使用一根电话线进行通信，那么计算机和 Modem 之间的联机就是根据 RS-232C 标准连接的。其连接及通信原理如图 1-52 所示。

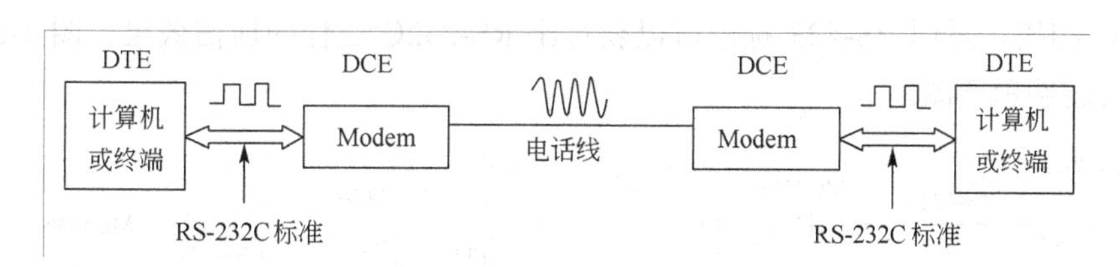

图 1-52　Modem 连接及通信原理

二、RS-449 串行接口标准

由于 RS-232C 标准信号电平过高、采用非平衡发送和接收方式，所以存在传输速率低（≤20Kbps）、传输距离短（<15m）、串扰信号较大等缺点。1977 年底，EIA 颁布了一个新标准 RS-449，次年，这个接口标准的两个电气子标准——RS-423（采用差动接收器的非平衡方式）和 RS-422（平衡方式）也相继问世。这些标准在保持与 RS-232C 兼容的前提下重新定义了信号电平，并改进了电路方式，以达到较高的传输速率和较大的传输距离。

RS-449 标准的电器特性有两个标准，即平衡式的 RS-422 标准和非平衡式的 RS-423 标准。

1. 平衡传输

RS-422 电气标准是平衡方式标准，它的发送器、接收器分别采用平衡发送器和差动接收器，由于采用完全独立的双线平衡传输，抗串扰能力大大增强。又由于信号电平定义为±6V

（±2V 为过度区域）的负逻辑，故当传输距离为 10m 时，速率可达 10Mbps；而距离增长至 1000m 时，速率可达到 100kbps 时，性能远远优于 RS-232C 标准。RS-422 总线采用平衡输出的发送器，差分输入的接收器。图 1-53 是 RS-422A 的连接示意图。

RS-422 标准全称是“平衡电压数字接口电路的电气特性”，它定义了接口电路的特性。由于接收器采用高输入阻抗和发送驱动器比 RS-232 有更强的驱动能力，故允许在相同传输线上连接多个接收节点，最多可接 10 个节点。即一个主设备（Master），其余为从设备（Salve），从设备之间不能通信，所以 RS-422 支持点对多的双向通信。接收器输入阻抗为 4kΩ，故发送端最大负载能力是 10×4kΩ+100Ω（终接电阻）。RS-422 四线接口由于采用单独的发送和接收通道，因此不必控制数据方向，各装置之间任何必需的信号交换均可以按软件方式（XON/XOFF 握手）或硬件方式（一对单独的双绞线）实现。RS-422 的最大传输距离为 4000 英尺（约 1219m），最大传输速率为 10Mbps。其平衡双绞线的长度与传输速率成反比，在 100kbps 速率以下，才可能达到最大传输距离。只有在很短的距离下才能获得最高速率传输。一般 100m 长的双绞线上所能获得的最大传输速率仅为 1Mbps。RS-422 需要一终接电阻，要求其阻值约等于传输电缆的特性阻抗。在短距离传输时可不需终接电阻，即一般在 300m 以下不需终接电阻。终接电阻接在传输电缆的最远端。

2．非平衡传输

RS-423 电气标准是非平衡标准，它采用单端发送器（即非平衡发送器）和差动接收器。虽然发送器与 RS-232C 标准相同，但由于接收器采用差动方式，所以传输距离和速度仍比 RS-232C 有较大的提高。当传输距离为 10m 时，速度可达成 100kbps；距离增至 100m 时，速度仍有 10kbps。RS-423 的信号电平定义为±6V（其中±4V 为过渡区域）的负逻辑。RS-423 标准的主要优点是在接收端采用了差分输入。而差分输入对共模干扰信号有较高的抑制作用，这样就提高了通信的可靠性。RS-423 用–6V 表示逻辑“1”，用+6V 表示逻辑“0”，可以直接与 RS-232C 相接。采用 RS-423 标准可以获得比 RS-232C 更佳的通信效果。图 1-54 所示是 RS-423A 的连接示意图。

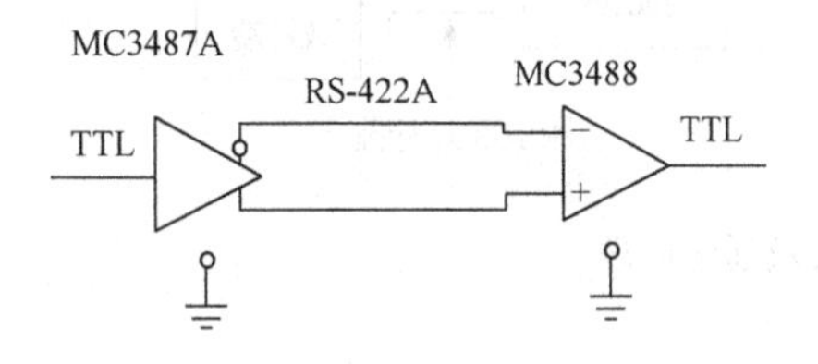

图 1-53　RS-422A 平衡输出差分输示意图

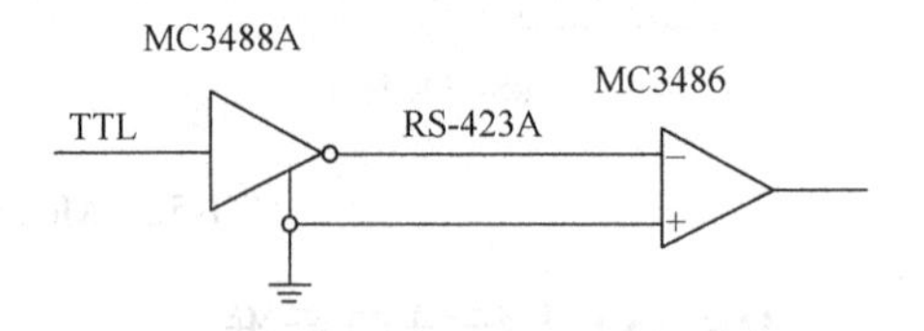

图 1-54　RS-423A 的连接示意图

三、RS-485 串行接口标准

由于 RS-485 是从 RS-422 基础上发展而来的，所以 RS-485 许多电气规定与 RS-422 相仿。如都采用平衡传输方式、都需要在传输线上接终接电阻等。RS-485 可以采用二线与四线方式。二线制可实现真正的多点双向通信；而采用四线连接时，与 RS-422 一样只能实现点对多的通信，即只能有一个主（Master）设备，其余为从设备，但它比 RS-422 有改进。无论是四线还是二线连接方式，总线上最多可接到 32 个设备。RS-485 适用于收发双方共享一对线路进行通信，也适用于多个点之间共享一对线路进行总线方式联网，但通信只能是半双工的，线路如图 1-55 所示。

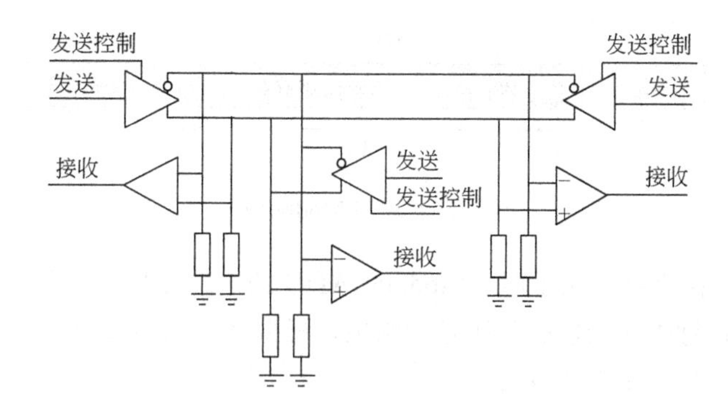

图 1-55　RS-485 总线标准互联方式

RS-485 与 RS-422 一样，其最大传输距离约为 1219m，最大传输速率为 10Mbps。平衡双绞线的长度与传输速率成反比，在 100kbps 速率以下，才可能使用规定最长的电缆长度。只有在很短的距离下才能获得最高速率传输。一般 100m 长双绞线最大传输速率仅为 1Mbps。RS-485 需要 2 个终接电阻，其阻值要求等于传输电缆的特性阻抗。在短距离传输时可不需终接电阻，即一般在 300m 以下不需终接电阻。终接电阻接在传输总线的两端。RS-485 串行接口被广泛应用于汽车电子设备、销售点终端（POS）、工业控制、仪器仪表、局域网、蜂窝基站及电信领域，较高的输入电阻允许多个节点连至总线上。RS-485 串行接口的电气标准实际上是 RS-422 的变型，它属于七层 OSI（Open System Interconnection，开放系统互连）模型物理层的协议标准。由于性能优异、结构简单、组网容易，RS-485 总线标准得到了越来越广泛的应用。

四、Modbus 协议

Modbus 应用层协议由美国 Modicon 公司（现为施耐德电气旗下品牌）于 1979 年开发，用于实现其 PLC 产品与上位机的通信。由于其简单易用，得到了广大工业自动化仪器仪表企业的采纳与支持，实际上已成为了业界标准。我国标准化委员会已将 Modbus 协议作为我国工业自动化的行业标准，分别制定了 GB/Z 19582.1—2004（Modbus 应用层协议）、G/BZ 19582.2—2004（串行链路上的 Modbus）和 GB/Z 19582.3—2004（Modbus-TCP）三个标准。Modbus 是 OSI 模型第 7 层上的应用层报文传输协议，它在连接至不同类型总线或网络的设备之间提供客户机/服务器通信。目前，可以通过下列三种方式实现 Modbus 通信。

① 以太网上的 TCP/IP。

② 各种介质（有线：EIA/TIA-232-F、EIA-422、EIA/TIA-485-A；光纤、无线等）上的异步串行传输。

③ Modbus PLUS，一种高速令牌传递网络。

作为中国国家标准的“基于 Modbus 协议的工业自动化网络规范”在描述 Modbus 应用协议的基础上，提供了 Modbus 应用协议在串行链路和 TCP/IP 上的实现指南。

1．Modbus 数据单元

Modbus 协议定义了一个与基础通信层无关的简单协议数据单元（PDU），特定总线或网络上的 Modbus 协议映射能够在应用数据单元（ADU）上引入一些附加域。启动 Modbus 事务处理的客户机创建 Modbus PDU，其中的功能码向服务器指示将执行哪种操作，功能码后面是含有请求和响应参数的数据域。如图 1-56 所示。

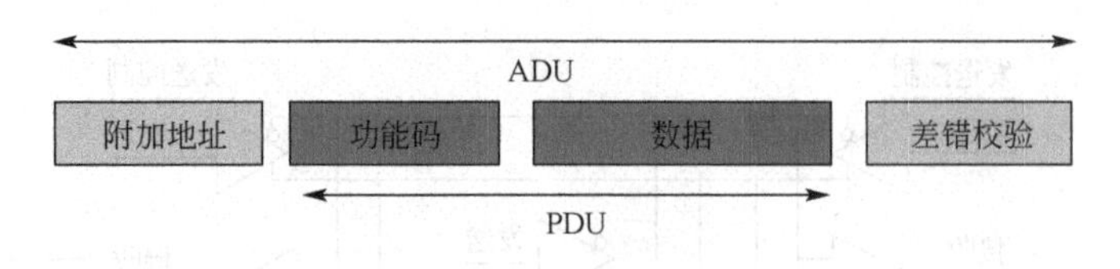

图 1-56　通用 Modbus 帧

当 Modbus 应用在串行链路上时，Modbus ADU 的地址域只含有从站地址，而差错校验码是根据报文内容执行“冗余校验”计算的结果，根据使用的传输模式（RTU 或 ASCⅡ）采用不同的计算方法。如图 1-57 所示。

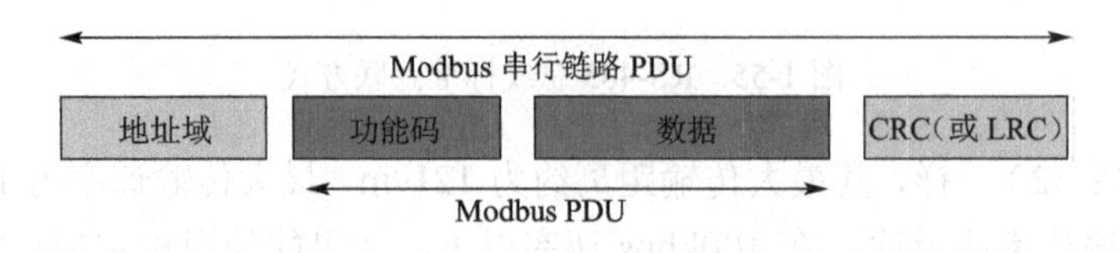

图 1-57　串行链路上的 Modbus 帧

当 Modbus 应用在 TCP/IP 上时，将使用一种专用报文头——MBAP 报文头（Modbus 应用协议报文头）来识别 Modbus 应用数据单元。如图 1-58 所示。

图 1-58　TCP/IP 上的 Modbus 帧

2．Modbus 通信原理

Modbus 是一种简单的客户机/服务器型应用协议，其通信遵循以下的过程。

① 客户端准备请求并向服务器发送请求。

② 服务器分析并处理客户端的请求，然后向客户端发送结果。

③ 如果出现任何差错，服务器将返回一个异常功能码。

【工作任务五】 集散控制系统控制组态

工作任务目的：依据项目 I/O 点总数画出“I/O 卡件布置图”，并按照“I/O 清单”的设计要求完成 I/O 卡件及 I/O 点的组态。

【课前知识】 现场控制站功能

在不同的 DCS 中，过程控制单元所采用的结构形式大致相同，由安装在控制柜内的一些标准化模件组装而成，但名称各异，例如：过程接口单元（Process Interface Unit）、基本控制器（Basic Controller）、多功能控制器（Multifunction Controller）等。从其具有的功能方面来划分，又可细分为功能齐全的现场控制站、仅具有数据采集功能的监测站或仅具有顺序控制功能的顺序控制站等。

各种现场检测仪表（如各种传感器、变送器等）送来的过程信号均由过程控制级各单元进行实时的数据采集，滤除噪声信号，进行非线性校正及各种补偿运算，折算成相应的工程量。根据组态要求还可进行上下限报警及累积量计算。所有测量值和报警值经通信网络传送到操作站数据库，供实时显示、优化计算、报警打印等。通常DCS的显示与操作功能集中于操作站，正常运行过程中，根据过程控制组态还可进行各种闭环反馈控制、批量控制与顺序控制等，并可接受操作站发来的各种手动操作命令进行手动控制，从而提供了对生产过程的直接调节控制功能。

在过程控制单元一般不设置 CRT 显示路和操作键盘，但有的系统备有袖珍型现场操作器，在开停工或检修时可直接连接过程控制单元进行操作，也有的系统在前面板上有小型按钮与数字显示器的智能模件，可进行一些简单的操作。

过程控制单元具有高度模块化的结构，可以根据过程监测和控制的需要灵活配置规模从几个监控点到数百个监控点不等。模块化的结构还允许在上述各种过程站（统称为现场控制站）中根据不同的可靠性指标采用冗余结构。现场控制站与操作站仅需通过一条通信电缆（或光缆）相连接，而输入、输出信号线却可能有数百条之多，因此为减少信号电缆长度，以减少长距离传输的干扰，提高可靠性，并降低系统造价，现场控制站一般均放置在靠近过程装置的地方。为适应工业生产环境，其产品均进行了特殊处理，使其具有防尘、防潮、防电磁干扰、抗冲击、抗振动及耐高低温等恶劣环境的能力。

一、DCS现场控制站的信号处理功能

1．输入数据处理

对模拟量来说，一般要进行采样、增益最佳化、A/D转换、规格化、合理性检查、零偏校正、热电偶冷端补偿、线性化处理、超限制判断、工程量变换、数字滤波、温度和压力校正、开方处理及上、下限报警等处理，对脉冲序列进行瞬时值变换及累积计算。

① 数据的采样速率按系统不同的需要、组态不同的扫描采样频率。流量、压力、液位、温度与成分采样频率的经验数据是1/5～1Hz、1/10～1/3Hz、1/8～1/5Hz和1/20～1/15 Hz。

② 增益最佳化模拟量信号在A/D转换之前要进行前置放大，以期被转换量能落在A/D转换线性范围之内（通常在50%～100%刻度范围内），提高通道的相对测量精度。因此要选择合适的量程/增益最佳化，即能自动挑选最佳增益。

③ 模拟量信号的规格化是指1～5 V的模拟信号经A/D转换电路变成规格化的数字量。

④ 合理性检查。如果A/D变换超出限定时间，则“A/D卡故障”置位，而给出不合理标志；如果是A/D超量程或欠量程（小于下限值），则该数将进一步处理，给出读数不合理标志。

⑤ 零偏校正由温度、电压等环境因素变化引起的放大器零点漂移，可通过软件进行校正，通常是把输入短路时采样的放大器零漂读取平均值存入内存，然后在当前测量结果中扣除此零漂值。这种方法常用于零漂不超过通道模拟输出动态范围1∶10的场合。零漂严重时也能使系统发生饱和，因此在零偏校正时常设定一漂移限值，超过该码，则状态字中“零偏超限故障”置位，并发出报警。

⑥ 工程量变换。当上位机或操作站需显示或打印时，还应将规格化的数据转换成工程量单位值。

⑦ 超限判断。当参数超限时，一般均需进行报警。通常分为绝对值报警、偏差报警、速度量报警以及累计值报警。

⑧ 热电偶冷端补偿对于安装在现场多路切换箱中的热电偶，其冷端温度自动补偿通常采用一支专用的冷端温度检测热电偶进行的。输入处理时先接通一次，测量工作电势；再短路，测量短路电势。这两者相减即可消除外线路影响。

⑨ 非线性校正对于温度与热电势（mV）数值或热电阻 R 数值间的非线性关系，可通过折线近似或曲线拟合的方法加以校正。采用曲线拟合法时，多采用高次方程。

⑩ 开方处理。对于平方特性的数据（例如节流式流量计的差压信号与流量成平方关系）进行开方处理，才能使信号与流量成线性关系。当用孔板测量气体或蒸汽流量时，因测得的差压值偏离孔板设计时标准温度、标准压力，计算将有误差，因此需要将此值校正到标准条件下的差压。

2. 输出处理

集散系统的输出一般分模拟量输出和开关量输出。模拟量输出时，CPU 算出的数字结果经 D/A 转换成 4～20mA 的信号送端子板输出；在输出需限幅信号时可经限幅处理。在 D/A 转换之前，数据先与限幅信号作比较，正常时将输出送 D/A，反之将限幅值送 D/A。在开关量输出时，由主机电路送出数字信号，先存输出锁存器，再经驱动电路进行功率放大，去控制现场执行机构。通过组态，数字输出可有以下三种不同的形式。

① 瞬时输出式。信号一消失，触点就断开。

② 延时输出式。信号消失，延时一段时间后触点才断开。

③ 锁定输出式。触点闭合后，待下次信号来时才断开。

二、DCS 现场控制站的反馈控制功能

从 DCS 体系分级结构可以得知，在一个 DCS 中，现场控制站一级直接完成现场数据的采集、输出和 DDC（直接数字控制）反馈控制功能，所以，现场控制站一般装有一个控制算法模块库。和以往的计算机系统不同，DCS 的控制功能一般由组态工具软件生成，现场控制站则根据组态生成的控制要求进行控制运算和实施。

在 DCS 中，各个控制算法是以控制模块的形式提供给用户，而用户可以利用系统所提供的模块，用组态软件生成自己所需的控制规律，该控制规律再装到现场控制站去运算并执行。多数的 DCS 都提供下表所示的控制算法模块。

算　法	模　块	功　能	算　法	模　块	功　能
加法	A, B — ADD — C	C=A+B	开方根	A — SQRT — C	$C=\sqrt{A}$
减法	A, B — SUB — C	C=A–B	比例调节器	A, B — P — C	$C=K_p(A-B)$
乘法	A, B — MUL — C	C=A*B	比例积分调节器	A, B — PI — C	$C=K_p(A-B)+\int_0^t K_i(A-B)\mathrm{d}t$
除法	A, B — DIV — C	C=A/B	比例积分微分调节器	A, B — PID — C	$C=K_p(A-B)$ $1/T_i\int_0^t e\,\mathrm{d}t+T_d\,\mathrm{d}e/\mathrm{d}t$

目前国际上流行的 DCS 中，控制算法的组态生成在软件上可以分为两种实现方式：一种方式是采用模块宏的方式，即与一个控制规律模块（如 PID 运算）对应一个宏命令（子程序）。在组态生成时，每到一个控制模块，则生成完毕，产生的执行文件中就将该宏所对应的算法换入执行文件。另一种常用的方式是将各控制算法编成各个独立的可以反复调用的功能模块，对应每一模块有一个数据结构，该数据结构定义了该控制算法所需的各个参数。因此，只要这些参数定了，控制规律就定了。有了这些算法模块，可以生成绝大多数的控制功能。例如，

可以用一个PI、一个PID和一个限幅算法形成下列一个控制组态的例子（图1-59）。将此控制规律画成大家较熟悉的结构(图1-60)，便可看出它可以代表一个带有限幅保护的串级调节框图。

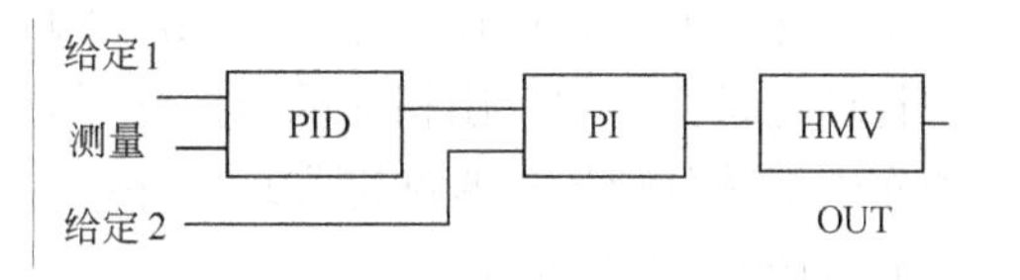

图1-59 控制组态的例子

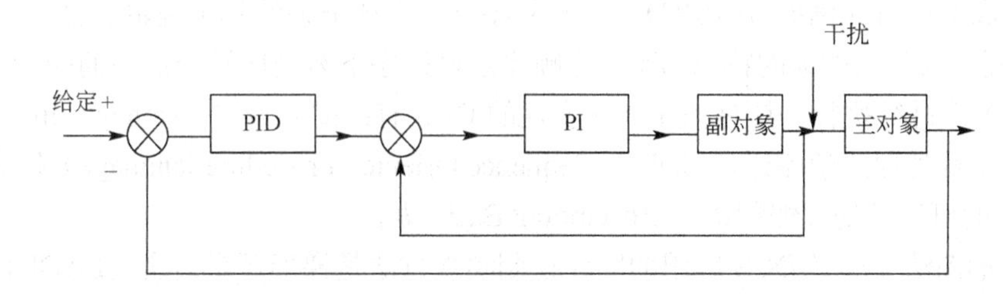

图1-60 串级调节方框图

三、DCS现场控制站的顺序控制功能

1．顺序控制的概念

顺序控制是采用二值信息数字技术的自动控制方式。其定义可以简单地说明为：根据预定顺序逐步进行各阶段信息处理的控制方法。连续调节控制（包括各种控制算法，如PID串级、超前-滞后补偿等）是根据输入给定与反馈信息的信号大小差别（连续量）来进行调节的，而且控制输出执行机构也多为连续调整的。而顺序控制则突出顺序（或逻辑）的作用，即控制执行是根据预先规定的顺序（或逻辑关系）进行信息处理而产生控制输出。顺序控制在各厂家DCS中有着不同的叫法（如顺序控制、批量控制、逻辑控制、梯形图控制等），而且它们所实现的功能及实现的方法也差别很大。顺序控制的功能和应用大致可以分为以下几类。

① 在批量控制中，各工序的控制，全工序的管理，与其他工序的同步等。

② 在安全控制中，有联锁、紧急停车顺序，阀门的动作监视等。

③ 在电力系统（电网调度和变电站控制）中，可以用来监视电网和各变电站的运行情况，以及控制负荷切换和安全互锁等。

④ 实现自动计数功能。

⑤ 实现步进电动机等的控制功能。

⑥ 与连续控制（DDC算法）结合起来，形成功能极强的组合控制功能。

2．顺序控制的构成元素

在以前的控制系统中，顺序控制功能是采用电磁继电器、计数器、阀门等机械设备来实现的。计算机（特别是分布式计算机系统）应用于工业过程控制之后，应用处理机的逻辑元素和逻辑运算，可以很方便地实现顺序控制的各种功能。

3．DCS顺序控制功能的实现

DCS的顺序控制功能的组态通常在工程师站上进行，生成一个下装的目标文件，该目标文件装到现场控制站，由现场控制站的微处理器（或微控制器）执行。目前，世界各种DCS实现顺序控制具有代表性的实现方法有三种：顺序表法、表达式法和梯形图法。

（1）顺序表法　利用顺序表实现顺序控制（批量控制）的DCS的工作基于一个顺序表。在生成（组态）时，预先将批处理的控制顺序（各种控制逻辑关系和时间关系）编写成顺序记录，这些顺序记录存储在一个顺序管理文件中。系统执行时，现场控制站的处理机，从顺序管理记录文件中取出相应的顺序记录，并执行这些顺序记录，完成顺序控制的功能。利用顺序表下装到现场控制站来实现顺序控制的DCS有多种，例如横河的CENTOM系统和日立的EX-1000/32系统等。

（2）表达式法　有些DCS是利用程序语言的方式来实现顺序控制的。实用顺序控制的编程语言类似高级语言（例如 BASIC），这些程序可以实现很强的基本逻辑运算和算术运算功能，具有编程灵活和功能强的特点。DCS将顺序语言程序下装到现场控制站的控制文件夹（智能控制模块）中进行执行。具有程序式代表性的DCS有：霍尼韦尔（Honey well）TDC-3000系统的面向过程处理的顺序语言SOPL（Sequence Oriented Procedure language）和Rosemount的RS3系统的可选批处理编程语言Rosemount Basic语言。

（3）梯形图法　广义DCS应用的顺序控制实现方法是梯形逻辑语言（LADDER LOGIC LANGUAGE），又称梯形逻辑图（LADDERLOGIC DIAGRAM）的方法。梯形逻辑图是随着继电器控制系统的“软件”而产生的一种解释执行程序设计语言。它最初是在可编程序控制器（PLC）上得到广泛应用。用这种方法对各种输入状态（如限位开关、按钮等）监视，进行逻辑运算，得到相应控制输出，从而实现各种逻辑控制。第二代的DCS产品中，有些系统将梯形逻辑图纳入系统，实现顺序逻辑控制功能。如西屋的WDPF系统中的梯形顺序控制功能很完善，它和FOXBORO的I/A系统不仅包含了基本的触点线圈以及逻辑与（或非）关系，而且还包括了如定时器、计数器、数学算法（如加、减、来、除、开方等）、寄存器运算、数据转换、存储器块操作、移位寄存器等特殊函数功能。此外，它还可以将梯形逻辑控制回路和连续调节控制算法结合起来，以实现更复杂的控制功能。与顺序表法和程序方法相比，梯形顺序控制方法更易被控制工程师理解和接受，实现起来也更方便，它越来越多地被新推出的DCS所采用。信息产业部六所的DCS-2000系统也是采用梯形逻辑图来实现顺序逻辑控制的。

梯形逻辑控制语言是由继电器逻辑电路图演变而来的，其书写格式也类似于继电器梯形逻辑电路图，甚至其逻辑元素的名称也沿用了继电器梯形逻辑电路的名称（如触点、线圈等）。梯形逻辑控制语言以回路为控制单元进行编程（组态），每个回路可以有一定数目的线路（LINE），每条线路可以有向下的几个分支。每行（线路）上可以编排一定数目的逻辑符号（触点、线圈或特殊函数），这些符号不一定占满一行。每个回路的第一条线路必须用线圈结束。

【课堂知识】 现场控制站的硬件结构

DCS的一个突出优点是系统的硬件和软件都具有灵活的组态和配置能力。DCS的硬件系统是通过网络系统将不同数目的现场控制站、操作员站和工程师站连接起来，共同完成各种采集、控制、显示、操作和管理功能。I/O 通道在过程控制计算机中，种类最多、数量最大的就是各种I/O接口模板，从广义上讲，现场控制站计算机的I/O接口，也应包括它与高速数据公路的网络接口以及它与现场总线（Fieldbus）网的接口，高速数据公路连接着系统内各个操作站与现场控制站，是DCS的中枢，而现场总线则把现场控制站与各种智能化调节器、变送器等在线仪表以及可编程序控制器（PLC）连接在一起，对这两部分，各DCS生产厂家正致力于开放式标准化的设计工作，这里专门介绍现场控制站中用于过程量直接输入与输出的通道。现场控制站是一个可独立运行的计算机监测与控制系统，由于它是专为过程测控而设计的通用型设备，所以其机柜、电源、输入输出通道和主控卡等与一般的计算机系统相比又有所不同。分述如下。

一、机柜

现场控制站的机柜内部均装有多层机架，以供安装电源及各种模件之用。机柜要可靠接地，接地电阻应小于 4Ω。一般柜内装有风扇，作为散热降温用。如果柜内温度超过正常范围时，现场控制站机柜会自动发出报警信号。

二、电源

① 应具有效率高、稳定性好、无干扰的交流供电系统。每一个现场控制站采用交流双电源供电。柜内直流稳压电源一般有+5V、+15V（或±12V）、±24V 等。有的采用冗余的双电源供电方式。

② 在石油、化工等对控制连续性要求特别高的场合，要装设不间断供电电源（UPS）。UPS 是不间断电源的简称，要求连续供电的场所和长期运转的设备一般都采用 UPS 电源供电，在正常市电突然中断的紧急情况下，由 UPS 电池为系统提供电源，保证运行正常，在故障处理完毕后再切至市电正常供电。SH 3082—1997 行业标准明确指出：工业控制计算机、DCS 控制系统、PLC 控制系统供电系统应采用 UPS 供电方式。

三、主控卡

现场控制站是一个智能化的可独立运行的数据采集与控制系统，作为其核心的主控卡必须由 CPU、存储器、总线、I/O 通道等基本部分组成。

① CPU　目前各厂家生产的 DCS 现场控制站已普遍采用了高性能的 16 位的微处理器，有的已使用准 32 或 32 位的微处理器，大多为美国 MOTOROLA 公司生产的 6800 系列 CPU 和美国 Intel 公司生产的 80x8CPU 系列产品，时钟频率已达 25~33MHz，很多系统还配有浮点运算协处理器，因此数据处理能力大大提高，工作周期可缩短到 0.1~0.2s，并且可执行更为复杂先进的控制算法，如自整定、预测控制、模糊控制等。

② 存储器　一般分为只读存储器（ROM）和随机存储器（RAM）两大部分，由于控制计算机在正常工作中运行的是一套固定的程序，为了工作的安全可靠，大多采用了程序固化的办法，不仅将系统启动、自检及基本的 I/O 驱动程序写入 ROM 中，而且将各种控制、检测功能模块，所有固定参数和系统通信、系统管理模块全部固化，因此在控制计算机的存储器中，ROM 占有较大的比例，一般有数百千字节。有的系统将用户组态的应用程序也固化在 ROM 中，只要一加电，控制站就可正常运行，使用更加方便、可靠，但修改组态时要复杂一些。RAM 为程序运行提供了存储实时数据与计算中间变量的空间，用户在线操作时需修改的参数（如设定值、手动操作值、PID 参数、报警界限等）也须存入 RAM 中。当前一些较为先进的 DCS 为用户提供了在线修改组态的功能，这一部分用户组态应用程序也必须存入 RAM 中运行。由于在现场控制站一般不设磁盘机、磁带机，上述后两部分内容一般存入具有电池后备的 SRAM 中，系统掉电时，可保持其中的数据、程序数十天以上不被破坏，这对于事故的查询及快速恢复正常运行是很重要的。RAM 空间一般为数百千字节至数兆字节。

在一些采用了冗余 CPU 的系统中，还特别设有一种双端口随机存储器，其中存放有过程输入输出数据及设定值、PID 参数等；两块 CPU 板可分别对其进行读写，从而实现了双 CPU 间运行数据的同步，当原在线主 CPU 出现故障时，原离线 CPU 可接替工作，而对生产过程不产生任何扰动。

③ 总线　自 1970 年美国 DEC 公司在其 PDP11/20 小型计算机上采用 Unibus 总线以来，随着计算机技术的迅速发展，推出了各种标准的、非标准的总线。总线技术之所以能够得到迅速发展，是由于采用总线结构在系统设计、生产、使用和维护上有很多优越性。概括起来

有以下几点。

- 便于采用模块结构设计方法，简化了系统设计。
- 标准总线可以得到多个厂商的广泛支持，便于生产与之兼容的硬件板卡和软件。
- 模块结构方式便于系统的扩充和升级。
- 便于故障诊断和维修，同时也降低了成本。

PC 机从其诞生以来就采用了总线结构方式。先进的总线技术对于解决系统瓶颈、提高整个微机系统的性能有着十分重要的影响，因此在 PC 机二十多年的发展过程中，总线结构也不断地发展变化。当前总线结构方式已经成为微机性能的重要指标之一。

DCS 是在微处理器技术的基础上发展起来的，因此其过程控制计算机中所使用的总线自然也就采用了最流行的几种微机总线。常见的有 Intel 公司的多总线 MUILT1BUS、EOROCARD 标准的 VME 总线（IEEE1014 标准）。VME 总线支持多处理器系统，最多可以容纳 21 块插件。地址总线 32 位，数据总线 32 位，数据传输速率可以达到 80Mbps。VME 总线能处理 7 级中断，具备高速的实时响应能力。VME 总线采用主-从结构，主功能模块传输数据之间必须先使用中央仲裁器，也称为系统控制器，具有总线仲裁功能。VME 数据传输总线是高速异步并行的，模块间数据传输是通过连锁的握手信号实现的，具有高可靠性，同时其模板结构具有良好的抗震性，适应较为恶劣的工作环境。

20 世纪 80 年代以来，由于个人计算机（PC）的广泛流行，积累了极丰富的软件资源，因此 PC 在过程控制领域得到了较广泛的使用，PC 总线（ISA 总线）在中规模 DCS 的过程站中也得到应用。由于现场控制站中的控制计算机最多要连接数百个过程量输入点与控制量输出点，其模板个数可能多达数十个，而单一机架内一般只能插入十几块模板，因此必须将总线扩展，连接到数个机架。在这扩展机架内，只插入 I/O 模板，所使用的总线信号比主机总线要少，因此有些厂家的产品中，I/O 扩展总线采用了非标准的简化的形式，仅提供了 I/O 模板所必需的数据线、地址线与控制线。

四、I/O 通道

（1）模拟量输入通道（AI） 生产过程中各种连续性的物理量（如温度、压力、压差、应力、位移、速度、加速度以及电流、电压等）和化学量（如 pH 值、浓度等），只要由在线检测仪表将其转变为相应的电信号，均可送入模拟量输入通道进行处理。一般输入的电信号有以下几种。

① 毫伏级电压信号　这一般是由热电偶及应变式传感器产生的。

② 电流信号　由各种温度、压力、位移或各种电量、化学量变送器产生的，一般均采用 4～20mA 标准范围。一些老式的变送器（如 DDZ-Ⅱ系列）也有用 0～10mA 标准范围的。另外，在一些信号传送距离短、损耗小的场合，也有采用 0～5V 或 0～10V 电压信号的。模拟量输入通道，一般均由端子板、信号调理器、A/D 模板及柜内连接电缆等几部分构成。

- 端子板：用于连接现场信号电缆，对每一路信号线提供+、－极两个接线端子及屏蔽层的接地端子。有的厂家的产品上还设有保护及滤波电路，也有的产品将端子板与信号调理器做在一起。
- 柜内电缆：用于端子板、信号调理器与 A/D 模板之间的信号连接，为防止干扰，多采用双绞多芯屏蔽电缆。
- 信号调理器：用于将各种范围的模拟量输入信号统一转变成 0～5V 或 0～10V 的电压信号送入 A/D 模板。为了使 DCS 有较高的抗干扰能力，一般都是采用差动放大器，并且每一路都串接了多级有源和无源滤波器；在环境噪声较强，且各测点间可能存在有较大共模电压的情况下，应使用具有隔离放大器的信号调理器，使现场信号线与DCS系统及各路信号线之间有良好绝缘，一般耐压在500V以上。各厂家生产的信号调理器的共模抑制比（CMRR）一般为100～130dB，串模抑制比（NMRR）（对50Hz工频信号）一般为30～60dB。非线性为0.01%左右。对于专用于热电偶的信号调理器，有的还设有冷端补偿与开路检测电路。目前最新型的信号调理器，由于采用了带有微处理器的专用集成电路，使用便携式编程器，可在现场改变测量范围和非线性补偿方式（如进行开平方运算）。因此，可以处理紧急的测量条件变更，并且可大幅度减少备品的种类与数量。

• A/D模板：用于将信号调理器输入的多路模拟信号，按CPU的指令逐一转变为数字量送给CPU。A/D精度有8位、10位、12位、16位等多种，但在DCS中使用较多的是12位的A/D转换器，转换时间一般在100μs左右。每块A/D模板一般可直接输入8～64路模拟信号，由多路切换开关选择某一路接入。有的系统提供模拟子模板，用以将A/D模板的输入路数进一步扩展。A/D模板的隔离方式有两种：一为采用隔离输入放大器；二为采用光耦合器在A/D模板与机架总线之间数字量传输通道上，进行电气上的隔离。采用第二种方式时应注意A/D模板模拟电路的电源应是浮置的，最好采用板内DC/DC变换器供电，以保证板内电路对大地的绝缘。有的产品还将A/D转换电路置于一金属屏蔽罩中，以进一步提高它与大地之间的绝缘阻抗和防止外界的电磁干扰。

（2）模拟量输出通道（AO） 模拟量输出通道一般是输出连续的4～20mA直流电流信号，用来控制各种直行程或角行程电动执行机构的行程，或通过调速装置（如各种交流变频调速器）控制各种电动机的转速；亦可通过电气转换器或电液转换器来控制各种气动或液压执行机构，例如控制气动阀门的开度等。根据执行机构的需要，亦有输出0～10mA电流与1～5V电压的AO模板。在现场控制站中，模拟量输出通道一般由D/A模板、输出端子板与柜内电缆等几部分构成。

① 输出端子板 用以提供AO通道与现场控制电缆之间的连接，并通过柜内电缆与AO模板相连。

② D/A模板 随着大规模集成电路的发展，当前，现场控制站的模拟量输出通道一般都是采用每路安装单独的一套D/A转换器与*V/I*变换集成电路，来输出4～20mA模拟控制信号。也有使用单一的D/A转换器，然后通过多路模拟开关周期性地向多个保持电容器充电来获得多路模拟量输出的形式。采用数字锁存的方式来保持输出值，不存在输出值随时间而衰减的现象，而与早期在计算机控制系统中曾使用过的步进电动机带动电位器的输出方式相比，更有体积小巧、电路简单、可靠、功耗小、价格低等优点。常用的D/A转换器精度有8位、10位、12位三种，输出负载能力一般要求不小于500Ω。根据使用要求，亦可通过板内开关或跳线的设置改用1～5V电压输出。与现场连接的电路与主机在电气上是隔离的。各厂家的D/A模板一般每板可提供4～8路模拟输出。

（3）开关量输入通道（DI） 用来输入各种限位（限值）开关、继电器或电磁阀门连动触点的开关状态；输入信号可能是交流电压信号、直流电压信号或干触点。开关量输入通道亦由端子板、模板及柜内电缆几部分组成。

① 端子板 除用于连接信号电缆外，一般还设有过电压、过电流等保护电路，与DI模板通过柜内电缆相连接。

② DI模板 各种开关量输入信号在DI模板内经电平转换、光隔离并去除触点抖动噪声

后，存入板内数字寄存器中。外接每一路开关的状态，相应地由二进制寄存器中的一位数字的0或1来表示。CPU可周期性地读取各板内寄存器的状态来获取系统中各个输入开关的值。有的SI模板上设有中断申请电路，当外部某些电路的开关状态变化时，即向CPU发出中断申请，提请CPU及时处理。每块SI模板输入的开关量数目一般为字节位数8的倍数，8～64路不等。

（4）开关量输出通道（DO） 用于控制电磁阀门、继电器、指示灯、报警器等只具有开、关两种状态的设备，它是由端子板、DO模板及机柜内电缆构成。

① 端子板 用于连接现场控制电缆。一般还设有过电压、过电流等保护电路，与DO模板通过柜内电缆相连接。

② DO模板 用于锁存CPU输出的开关状态数据，这些二进制数据每一位的0、1值，分别对应一路输出的开、关状态，经光隔离后可通过OC门去控制直流电路中的设备，亦可通过双向晶闸管（或固态继电器）去控制交流电路中的设备，还有装有小型继电器用于控制交直流设备的。在DO模板上一般装有输出值回检电路，以备CPU检查开关量输出状态正确与否。

（5）脉冲量输入通道（PI） 现场仪表中转速表、涡轮流量计、涡街流量计、罗茨式流量计及一些机械计数装置等输出的测量信号均为脉冲信号，脉冲量输入通道就是为输入这一类测量信号而设置的。它由端子板、PI板及机柜内电缆组成。

① 端子板 脉冲量输入端子板与开关量输入端子板相似。

② PI板 一般板上均设有多个可编程定时计数器（如8253和8254等16位的定时计数器）及标准时钟电路，输入的脉冲信号经幅度变换、整形、隔离后输入计数器，根据不同的电路连接与编程方式可计算累积值、脉冲间隔时间及脉冲频率等，CPU读入这些数值，根据用户定义的各种仪表常数，便可计算出相应的工程量。一般每块PI板可接入4～8路脉冲信号。

上述各种I/O通道模板在设计时，为保证其通用性和系统组态的灵活性，其板上均设有一些用于改变信号量程与种类的跳线或开关，并有一组基地址符合开关，用于本板地址的确定，这些在系统安装时必须按组态数据仔细设定。

五、JX-300XP现场控制站

控制站是JX-300XP系统实现过程控制的主要设备之一，其核心是主控制卡。主控制卡安装在机笼的控制器槽位中（机笼左部），通过系统内高速数据网络SBUS扩充各种功能，实现现场信号的输入输出，同时完成过程控制中的数据采集、回路控制、顺序控制，以及包括优化控制等各种控制算法。控制站特点如下。

1．全智能化设计

系统所有的卡件均按智能化要求设计，微控制器采用专用的工业级、低功耗、低噪声芯片，保障卡件在控制、检测、运算、处理以及故障诊断等方面的高效与稳定。系统内部采用全数字化的数据传输和信息处理机制。同时，智能调理硬件和先进信号前端处理技术的运用，降低了信号调理的复杂性，减轻了主控制卡CPU的负荷，提高了系统信号处理能力，增强了卡件在系统中的自治性，提高了整个系统的可靠性。智能化卡件具有A/D、D/A信号的自动调校和故障自诊断能力，使卡件调试简单化并都具有LED工作状态和故障指示功能，如电源指示、运行指示、故障指示、通信指示等。如图1-61所示为系统卡件基本结构图。

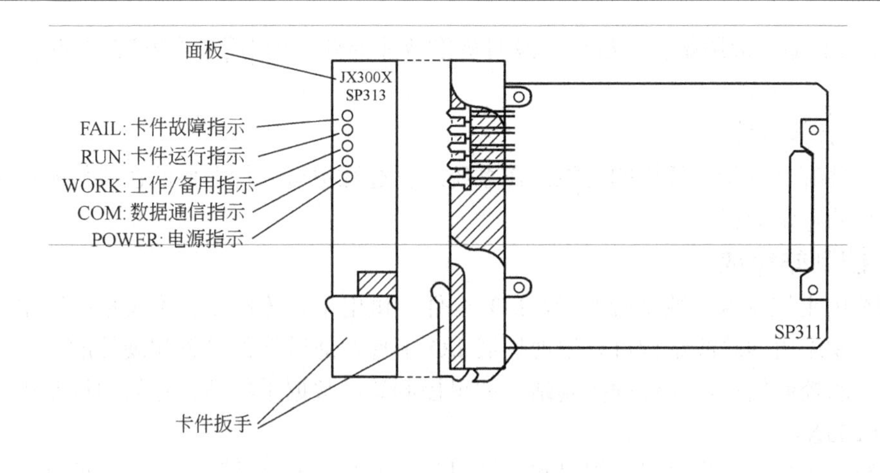

图 1-61　系统卡件基本结构图

2．卡件可以任意冗余配置

JX-300XP 集散控制系统控制站的主控制卡、数据转发卡和模拟量卡，均可以不冗余或冗余方式配置（开关量卡不能冗余），从而在保证系统可靠性、灵活性的基础上，降低使用费用。系统中的关键部件建议用户按 1∶1 冗余要求配置，如主控制卡、电源、通信网络、数据转发卡、SBUS 总线等。

3．采用开放性网络通信协议

JX-300XP 的过程控制网 SCent Ⅱ采用 IEEE802．3 标准，符合 TCP/IP 传输协议，使系统具有良好的开放性，且在实时性和可靠性方面都达到了 DCS 的现场应用要求。

4．与其他系统互连

JX-300XP 通信管理站（包括数据公路接口、网间连接器等）可将其他公司生产的系统或智能设备接入 SCent Ⅱ，成为 JX-300XP 系统的子系统或网络站点，使系统的资源得到最大限度的利用。通信管理站具有数据缓冲功能，完成不同网络之间物理层连接、通信协议转换、流量控制、信息缓冲等功能。子系统或其他智能设备的参数设置（包括协议、缓冲区、通信速率、数据格式等）在工程师站上完成。

5．回路控制和逻辑控制

JX-300XP 系统结合了 DCS 控制运算功能和 PLC 联锁逻辑控制功能，不仅适用于连续过程控制，在顺序过程控制和批量过程控制方面也完全可以满足各种逻辑控制的需要。对于回路控制和模拟量信号输入输出，信号处理的周期为 100ms～5s（可选），而对逻辑控制和数字量输入输出，处理的周期为 50ms～5s（可选）。

6．信号隔离

I/O 信号处理方面采用磁隔离或光电隔离等技术，实现了信号的对地隔离，对交流电源隔离和相互之间隔离，将干扰拒之于系统之外，有效地消除了信号之间的共模干扰和串模干扰的影响，提高了信号采样处理的可靠性。

7．控制站冗余电源供电

JX-300XP 控制站中，AC 和 DC 的配电部分都采用冗余设计，安装有双路低通滤波器净化电源，配置双路 AC/DC 的隔离转换器。所有模件均设计有电源冗余逻辑电路、故障自动切换和故障报警电路，保证在任何一路 AC 或 DC 电源出现故障的情况下，均不会影响控制站的运行，并且通过故障报警提醒用户及时更换故障部件。建议用户在安装时应提供双路AC电源进线。

8．带电插拔卡件

所有卡件都具有带电插拔的功能，在系统运行过程中可进行卡件的在线修理或更换，而不影响系统的正常运行。

六、控制站组成

控制站由主控制卡、数据转发卡、I/O 卡件、供电单元等构成。不仅系统网络节点可扩充变动，控制站内的总线结构可方便地扩展 I/O 卡件。通过软件设置和硬件的不同配置可构成不同功能的控制结构，如过程控制站、逻辑控制站、数据采集站。它们的核心单元都是主控制卡 XP243X。

（1）数据采集站　提供对模拟量和开关量信号的基本监视功能，一个数据采集站最多可处理 384 点模拟量信号（AI/AO）或 1024 点开关量信号（DI/DO），768KB 数据运算程序代码及 768KB 数据存储器。

（2）逻辑控制站　提供马达控制和继电器类型的离散逻辑功能。特点是信号处理和控制响应快，控制周期最小可达 50ms。逻辑站侧重于完成联锁逻辑功能，回路控制功能受到相应的限制。逻辑控制站最大负荷 64 个模拟量输入、1024 个开关量，768KB 控制程序代码，768KB 数据存储器。

（3）过程控制站　简称控制站，是传统意义上集散控制系统的控制站，它提供常规回路控制的所有功能和顺序控制方案，控制周期最小可达 0.1s。过程控制站最大负荷 128 个控制回路（AO）、256 个模拟量输入（AI）、1024 个开关量（DI/DO），768KB 控制程序代码，768KB 数据存储器。

上述各种类型的控制站都支持以 SCLang 语言、SCControl 等软件构造的控制程序代码。

七、卡件类型

1．卡件命名原则

卡件命名原则如下所示。

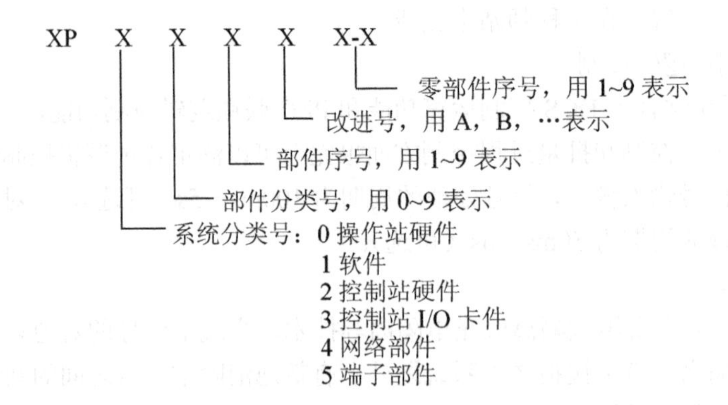

2．主控制卡（XP243）

主控制卡（又称主控卡）是控制站的软硬件核心，它总协调控制站内的软硬件关系和各项控制任务。它是一个智能化的独立运行的计算机系统，可以自动完成数据采集、信息处理、控制运算等各项功能。它通过过程控制网络与过程控制级（操作站）相连，接收上层的管理信息，并向上传递工艺装置的特性数据和采集到的实时数据；向下通过 SBUS 和数据转发卡的程控交换与智能 I/O 卡件实时通信，实现与 I/O 卡件的信息交换（现场信号的输入采样和输出控制）。XP243 采用双微处理器结构，即两片 Philips XA-G3 16 位微处理器：主 CPU 和从 CPU，主频 24MHz。它们协同处理控制站的任务，功能更强，速度更快。

（1）工作原理　XP243 具有 Watchdog 复位和冷热启动判断电路。Watchdog 能使系统在受到干扰或用户程序（系统定义的组态或 SC 语言）出错而造成程序执行混乱或跳飞后自动对卡内 CPU 及各功能部件进行有效的复位；而冷热启动判断电路能使系统正确判断系统复位状态，以进行合理初始化。

主控制卡的启动模式有三种：热启动、冷启动、组态混乱清除组态。

① 热启动模式　在断电时间小于 3s 的情况下，而且保证原卡件中组态信息是正确的，则该卡件监控软件将判定为热启动模式。这种启动模式一般是由以下情况引起：WDT 动作而引起的热复位；卡件被从槽位中拔出并快速插入，系统瞬间断电并恢复。对于系统热启动后的控制状态（控制回路、输出等）都应保持在复位前状态，保证控制的连续性和安全性。

② 冷启动模式　在断电时间大于 10s 的情况下，而且保证原卡件中组态信息是正确的，则该卡件监控软件将判定为冷启动模式。对于断电较长时间后上电的主控制卡启动模式都为冷启动。由于主控卡具有断电保护功能，冷启动模式下的卡件的组态信息、控制参数都能保持断电前下装的内容和数值，不会丢失。但是，为保证现场工艺过程的安全，冷启动模式下的主控卡监控软件将对内部控制状态和 I/O 卡件输出状态进行初始化，恢复到安全的状态上，如开关量输出卡处于 OFF 状态、阀位输出处于关闭状态、控制回路都处于手动状态等。

③ 组态混乱清除组态　监控软件复位启动（系统上电或 WDT 动作）后对组态信息、保护进行自检（合法性和有效性），如发现信息混乱，不是有效的组态信息，则清除（初始化）内存中组态、控制参数、SC 语言程序等内容，并产生“组态出错”报警（诊断画面中），主控制卡的 FAIL 灯常亮。这种系统启动模式将被判定为组态混乱清除组态。对于新生产的卡件（从未对它下载过组态）或断电保护被中断过的（如更换主控制卡上断电保护的电池）主控制卡的启动模式都为组态混乱清除组态。在这种启动模式下，卡件内组态信息、控制参数、输出状态等缓冲区都将被初始化在一合适的数值上，控制运算、采样、输出等监控动作都被停止，等待工程师站下装组态，这种状态也就是我们所说的主控卡“组态丢失”。在系统控制方案调试过程中，可能会发生由于 SC 语言出错而导致主控制卡资源被破坏，或者系统配置和算法容量超出系统规定的限制，有可能出现这种组态丢失（组态出错）的报警现象。在这种情形下，必须改正组态或程序中问题并下装组态信息，报警现象就会消失。

（2）使用说明　后备电池：3.0V 锂电池。用于保护主机断电情况下 SRAM 的数据（包括组态信息、控制算法等）。系统断电后，能保证 SRAM 数据不丢失的最长时间为 5 年。

SCnet Ⅱ网络采用 IEEE802.3 标准协议。使用前，必须设置好本主控制卡的网络地址和操作站地址，方可联网工作。

卡件背板上拨号开关 SW2 用于设定 SCnet Ⅱ网络地址。具体使用方法如下。

① 地址设置开关　拨号开关 SW2 拨在“ON”一侧时，表示“1”；反之，表示“0”。

拨号开关 SW2 左侧为高位，右侧为低位，卡件结构如图 1-62 所示。

② 地址设置范围　JX-300XP 系统中：最多 15 个控制站，对 TCP/IP 协议地址采用如下表所示系统约定。在控制站表现为两个冗余的通信口，上为 128.128.1，下为 128.128.2。

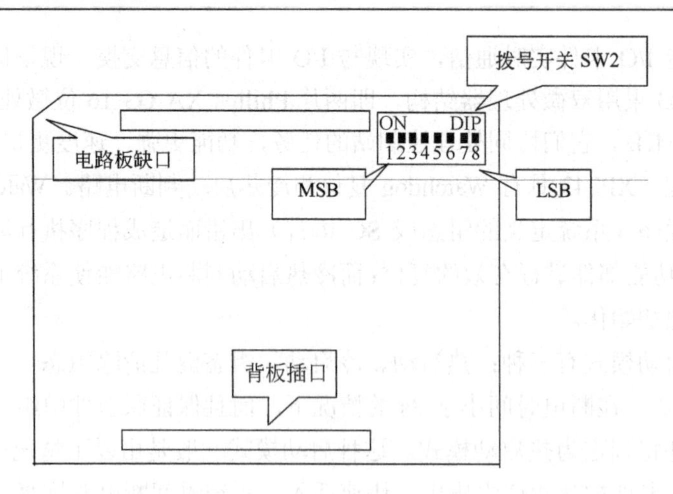

图 1-62　XP243 背板结构图

类　别	地 址 范 围		备　注
	网络码	IP 地址	
操作站地址	128.128.1	2～33	每个控制站包括两块互为冗余的主控制卡。每块主控制卡享用不同的 IP 地址，两个网络码
	128.128.2	2～33	

③ 指示灯状态说明　主控制卡具有自身运行状态的 LED 指示：运行（RUN）、就绪（STDBY）、故障（FAIL）、SCnet Ⅱ通信（LED-A，LED-B），如下表所示。通过卡件上的 LED 指示可以确定主控制卡的运行状态和一些简单的故障情况，以及时发现故障并进行维修。LED 显示如下：工作机的 RUN 将按采样周期两倍的周期闪烁，而备用机的 STDBY 将按采样周期两倍的周期闪烁；当主控制卡的组态、下装的 SC 语言用户程序、网络接口、网络控制器出现故障时，该主控制卡的 FAIL 将以不同的方式闪烁。

XP243 卡 LED		名称	指示灯颜色	单卡上电启动	备用卡上电启动	正常运行	
						工作卡	备用卡
FAIL		故障报警或复位指示	红色	亮→暗→闪一下→暗	亮→暗	暗（无故障情况下）	暗（无故障情况下）
RUN		从 CPU 运行指示	绿	暗→亮	与 STDBY 配合交替闪	闪（频率为采样周期的两倍）	暗
WORK		工作/备用指示	绿	亮	暗	亮	暗
STDBY		准备就绪	绿	亮→暗	与 RUN 配合交替闪（状态拷贝）	暗	闪（频率为采样周期的两倍）
COM	LED-A	0#网络通信指示	绿	暗	暗	闪	闪
	LED-B	1#网络通信指示	绿	暗	暗	闪	闪
SLAVE		从 CPU 的运行指示	绿	暗	暗	闪	闪

3．数据转发卡（XP233）

数据转发卡（XP233）是系统 I/O 机笼的核心单元，作为主控制卡连接 I/O 卡件的中间环节，起到驱动 SBUS 总线，管理本机笼的 I/O 卡件的作用。通过数据转发卡，系统可扩展 1～6 个 I/O 机笼，即可以扩展 16～128 块不同功能的 I/O 卡件。图 1-63 所示为 SBUS 的结构图。

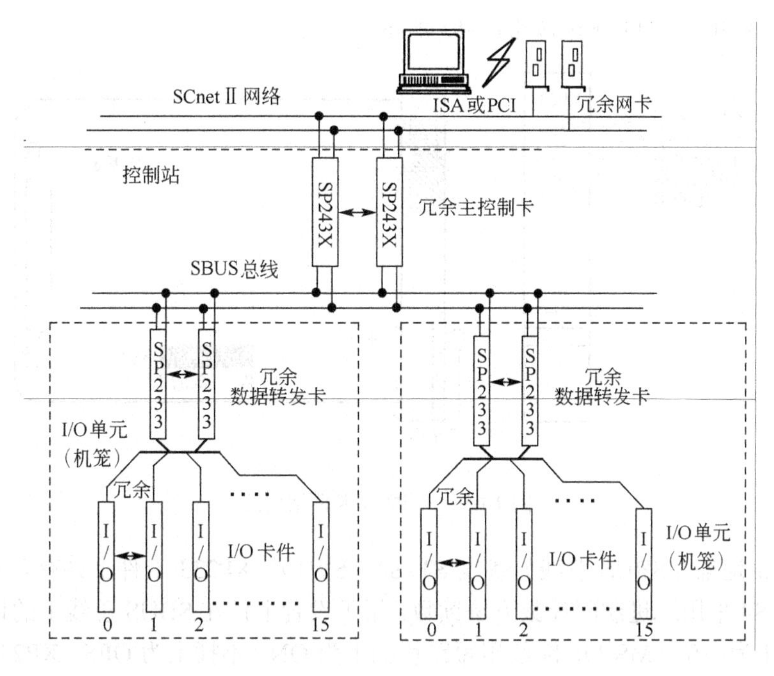

图 1-63 SBUS 的结构图

（1）工作原理 XP233 数据转发卡的工作原理框图如图 1-64 所示。

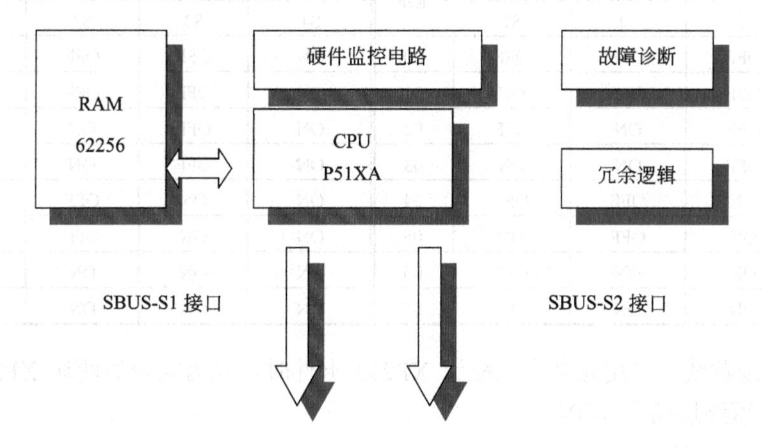

图 1-64 XP233 数据转发卡工作原理框图

控制站扩展 I/O 机笼必须配置 XP233 卡。XP233 卡向上与 SBUS 相连，向下通过机笼内母板与 I/O 卡件相连。XP233 卡件板上具有 WDT 功能，在卡件受到干扰而造成软件混乱时能自动复位 CPU，使系统恢复正常运行。每个数据转发卡具有完全独立的微处理器。与传统方式相比较，分散了主控制卡的任务，优化了控制系统的安全性与处理的高效性。其中包括 I/O 卡件信号采集、通信数据格式化、I/O 组态映像、信息处理和报警。所有内部功能如任务管理、存储器管理、I/O 服务和处理器的例行程序均在模块内部自动执行。

XP233卡支持冗余结构，可按1∶1热备用配置。每个机笼可配置双XP233卡，互为备份。当控制卡与数据转发卡位于同一机笼内时，SBUS总线不必外部连线；与扩展机笼的数据转发卡XP233卡连接时，SBUS总线需要通过机笼背面的“SBUS”插头来连线外部设备。

（2）使用说明　卡件结构图如图1-65所示。

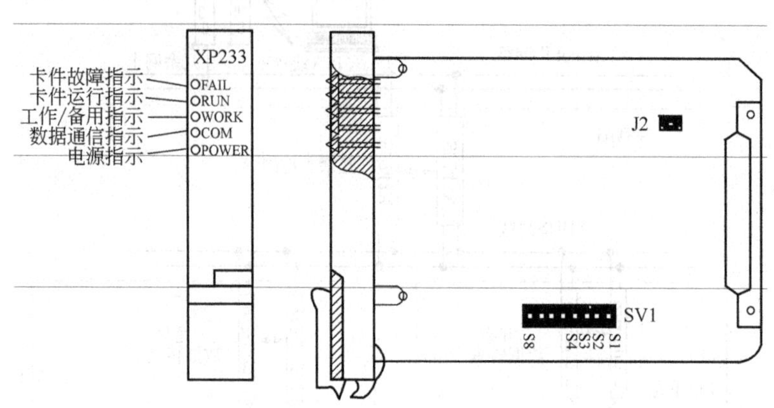

图1-65　XP233卡件结构图

① XP233地址（SBUS总线）跳线S1~S4（SW1）　XP233卡件上共有八对跳线，其中四对跳线S1~S4采用二进制码计数方法读数，用于设置卡件在SBUS总线中的地址，S1为低位（LSB），S4为高位（MSB）。跳线用短路块插上为ON，不插上为OFF。XP233跳线S1~S4与地址的关系如下表所示。

地址选择跳线				地址	地址选择跳线				地址
S4	S3	S2	S1		S4	S3	S2	S1	
OFF	OFF	OFF	OFF	00	ON	OFF	OFF	OFF	08
OFF	OFF	OFF	ON	01	ON	OFF	OFF	ON	09
OFF	OFF	ON	OFF	02	ON	OFF	ON	OFF	10
OFF	OFF	ON	ON	03	ON	OFF	ON	ON	11
OFF	ON	OFF	OFF	04	ON	ON	OFF	OFF	12
OFF	ON	OFF	ON	05	ON	ON	OFF	ON	13
OFF	ON	ON	OFF	06	ON	ON	ON	OFF	14
OFF	ON	ON	ON	07	ON	ON	ON	ON	15

② J2冗余跳线　采用冗余方式配置XP233卡件时，互为冗余的两块XP233卡件的J2跳线必须都用短路块插上（ON）。

4．系统I/O卡件

（1）电流信号输入卡（XP313）

- 输入点数：4点，分组隔离（两点为一组）。
- 分 辨 率：15bit，带极性。
- 输入阻抗：200Ω。
- 隔离电压：现场与系统之间500V AC。
- 共模抑制比：≥120dB。
- 卡件供电：+5 V，<35mA；

+24V，四路均配电，<160mA（MAX）;
四路均不配电：<30mA（MAX）。

- 配电方式：+24VDC。
- 短路保护电流（配电情况下）：<30 mA。

（2）电压信号输入卡（XP314）

- 输入点数：4 点，分组隔离。
- 分辨率：15bit，带极性。
- 输入阻抗：>1MΩ。
- 隔离电压：现场与系统之间 500 VAC，通道间 500 VAC。
- 共模抑制比：≥120dB。

（3）热电阻信号输入卡（XP316）

- 输入点数：2 点（点点隔离）。
- 分辨率：15bit，带极性。
- 输入阻抗：>1MΩ。
- 隔离电压：现场与系统之间 500VAC;
  两组通道间 500VAC。
- 共模抑制比：≥120dB。
- 卡件供电：+5V，<35mA。

5．电源系统

JX-300XP 电源系统具有供电可靠，安装、维护方便等特点。通过电源系统内部的设计，还可限制系统对交流电源的污染，并使系统不受交流电源波动和外部干扰的影响。电源还具有过流保护、低电压报警等功能，可按照系统容量及对安全性的要求灵活选用单电源供电、冗余双电源供电或冗余四电源供电等配置模式。

（1）总体特点

- 双路 AC 输入，开关电源分 75W、100W、150W。
- 5VDC 或 24VDC 输出，具有电压正常指示、过流保护和报警功能。
- 220VAC、24VDC、5VDC 都冗余设计，其中任一部分出现故障都能报警。
- 内置低通 AC 滤波与功率因数校正。
- 以 AC/DC 开关电源为基本单元，总计 600W，可构成二重/四重冗余结构，以确保控制站电源具有 30%～50%的余量。
- AC/DC 电源基本单元采用导轨式的插接方式安装在控制站的电源机箱，方便维护和扩展。
- 根据 I/O 机笼数量及配置不同，可选择 75W、100W 和 150W 电源。

（2）电源结构　电源配置可按照系统容量及对安全性的要求灵活选用单电源供电、冗余双电源供电、冗余四电源供电等配置模式。

控制站 DC 配电：系统卡件要求供电电压为+5V±0.1V 与+24V±0.3V；总电流+5V、3A，+24V、10A。为了减少 DC 电源线路的压降影响，JX-300XP 控制站机柜内部 DC 配电采用汇流铜棒连接电源箱与 I/O 机笼。

为了提高 DCS 系统供电的安全性和可靠性，在现场控制站中，其交流电源与直流稳压电源一般均采用了 1∶1 冗余方式，以在线并联方式工作，保证发生故障切换时干扰最小。系统交流配电要求如下图 1-66 所示。

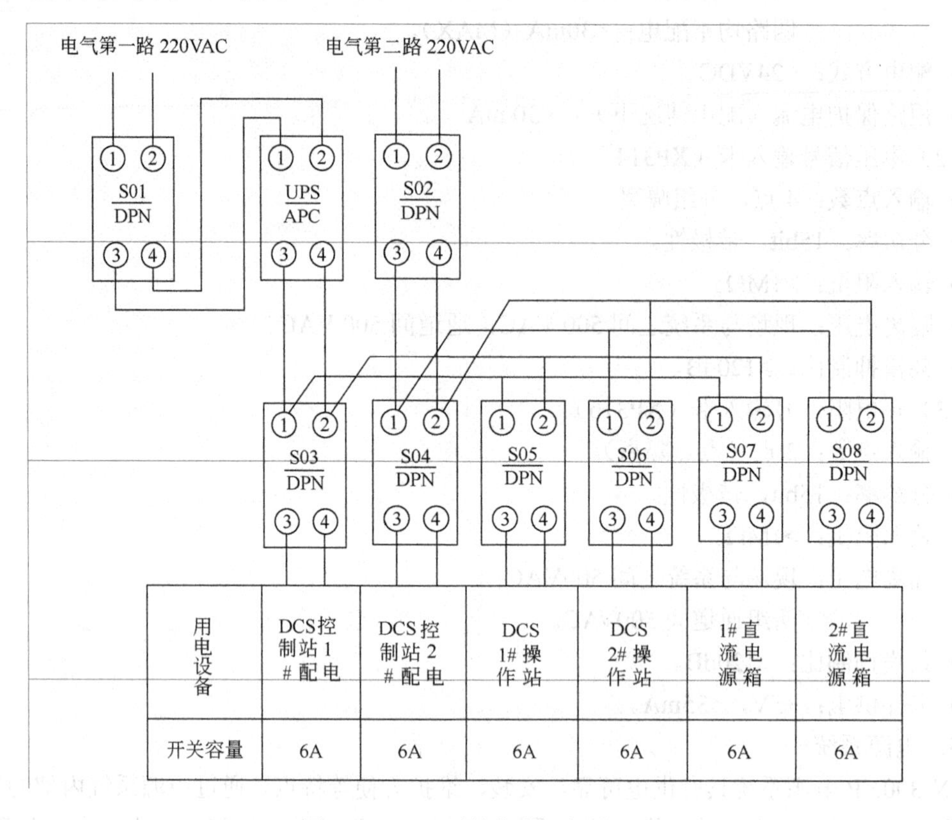

图 1-66　DCS 系统交流配电原理图

6．机笼和卡件的结构

控制站所有卡件采用标准尺寸和简易可靠的安装方法，都以导轨方式插卡安装（固定）在控制站机笼（一个机笼构成一个 I/O 单元）内，并通过机笼内欧式接插件和母板（印刷电路板）上的电器连接，实现对卡件的供电和卡件之间的总线通信。如图 1-67 所示为机笼结构示意图。

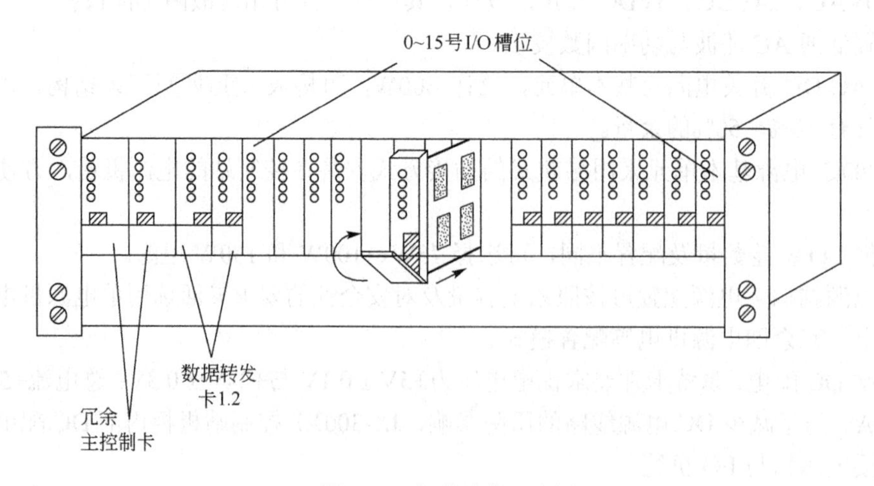

图 1-67　机笼结构示意图

【实施步骤】

控制站组态是指对系统硬件和控制方案的组态，主要包括I/O组态、自定义变量、常规控制方案、自定义控制方案和折线表定义等五个部分。图1-68为控制站的组态流程。主机设置完毕后就可进行控制组态了。选中“控制站”→“I/O组态”，即启动系统的I/O组态环境。系统I/O组态分层进行，从挂接在主控制卡上的数据转发卡组态开始，然后I/O卡件组态、信号点组态，最后为信号点设置组态（包括模入AI、模出AO、开入DI、开出DO、脉冲量输入PI、位置信号输入PAT、SOE输入组态），共四层。将在以下各节作逐层说明。

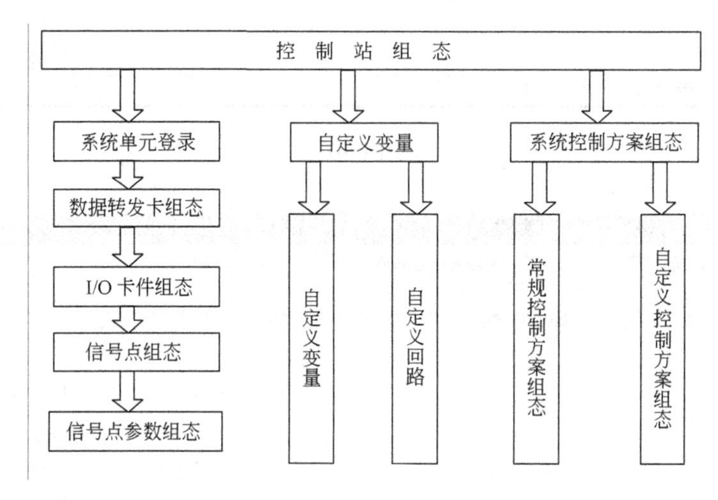

图1-68　控制站的组态流程

一、数据转发卡组态

① 点击 “I/O”工具按钮，或点击“控制站”→“I/O组态”菜单项，弹出“I/O输入”对话框，选中数据转发卡选项。如图1-69所示。

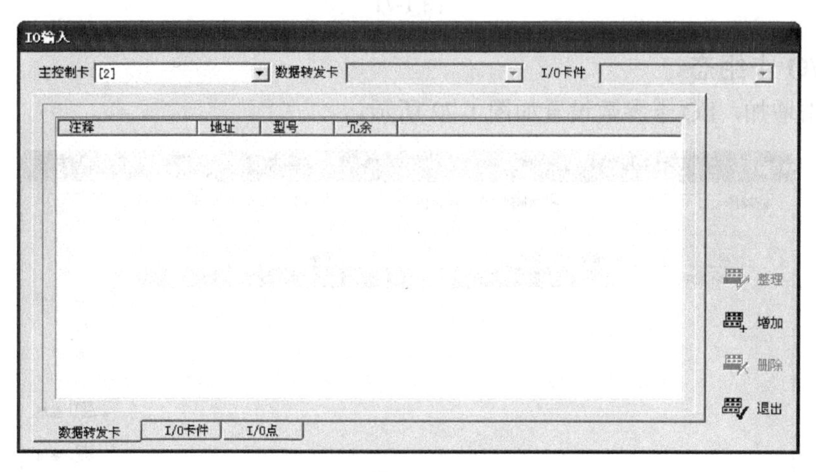

图1-69

② 点击增加，设置数据转发卡参数如图1-70所示。

③ 选中“I/O卡件”选项，其对应主控卡为“[2]”，数据转发卡为“[0]1#机笼”。如图1-71所示。

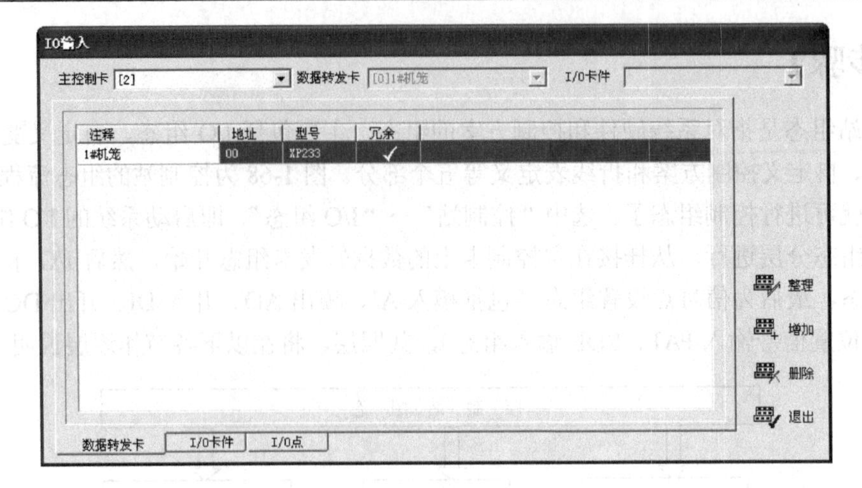

图 1-70

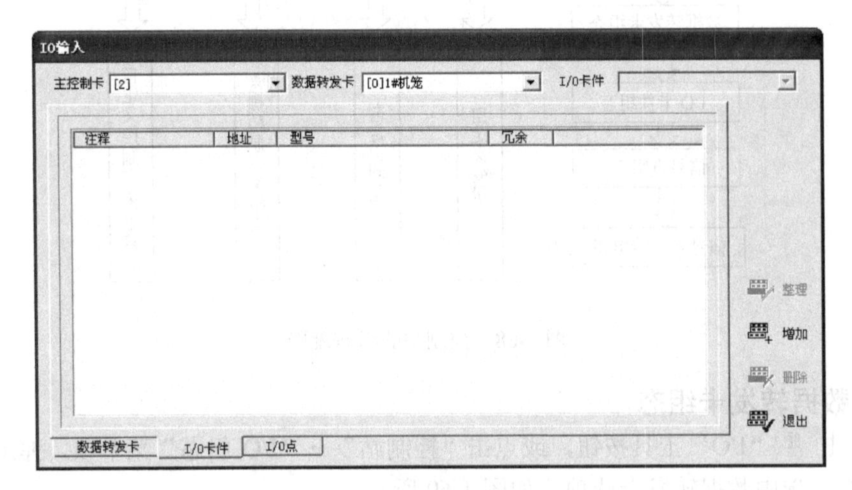

图 1-71

二、I/O 卡组态

① 点击增加，I/O 卡参数设置如图 1-72 所示。

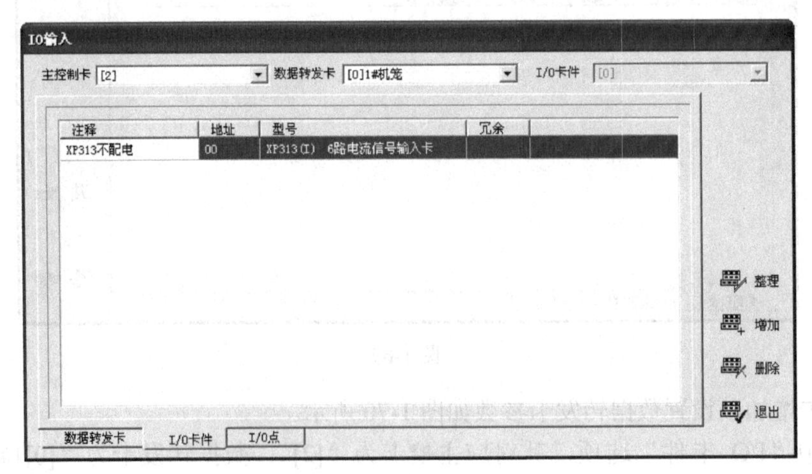

图 1-72

② 按卡件布置图要求，配置其他卡件如图 1-73 所示。

IO输入

主控制卡 [2]　数据转发卡 [0]　I/O卡件 [4]XP322

注释	地址	型号	冗余
XP313不配电	00	XP313(I) 6路电流信号输入卡	
XP314	01	XP314(I) 6路电压信号输入卡	
XP314	02	XP314(I) 6路电压信号输入卡	
XP316	03	XP316(I) 4路热电阻信号输入卡	
XP322	04	XP322 4路模拟信号输出卡	
XP363	05	XP363 8路触点型开关量输入卡	
XP362	06	XP362 8路晶体管触点开关量输...	

整理　增加　删除　退出

数据转发卡　I/O卡件　I/O点

图 1-73

③ I/O 点组态。选中“I/O 点”选项，其对应主控卡为“[2]”，数据转发卡为“[0]1#机笼”，I/O 卡件为“[0]”。如图 1-74 所示。

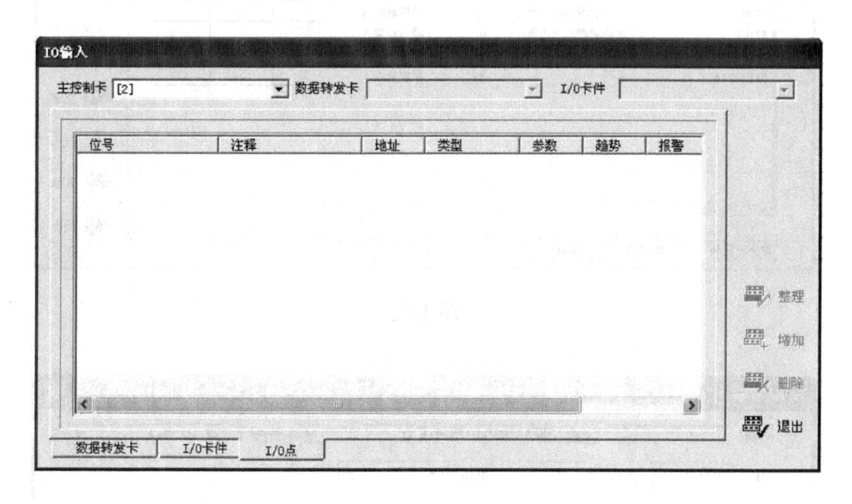

图 1-74

三、信号点组态

① 点击增加，各栏设置如下（图 1-75）。

- 位号：PI102。
- 注释：原料加热炉烟气压力。
- 地址：00。
- 类型：模拟量输入。

② 点击位号的“参数”项，进入具体参数设置。如图 1-76 所示。

③ 以“PI102”为例，进入参数设置。如图 1-77 所示。

④ 点击位号的“趋势”项，进入具体趋势设置。如图 1-78 所示。

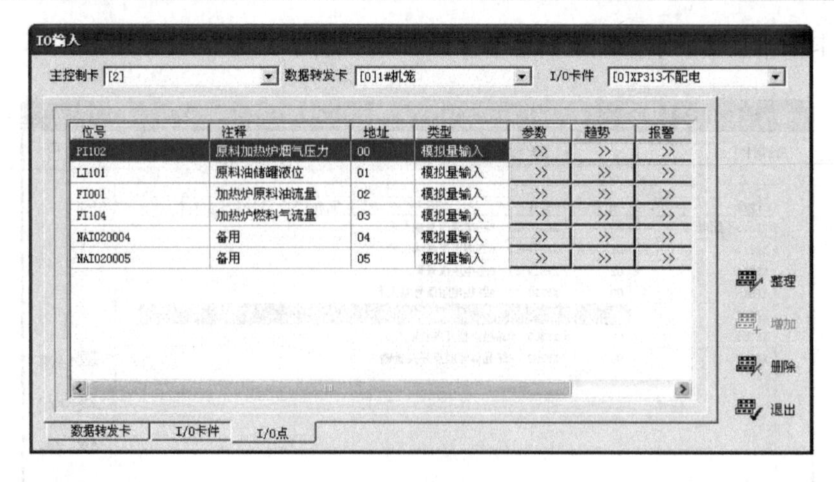

图 1-75

图 1-76

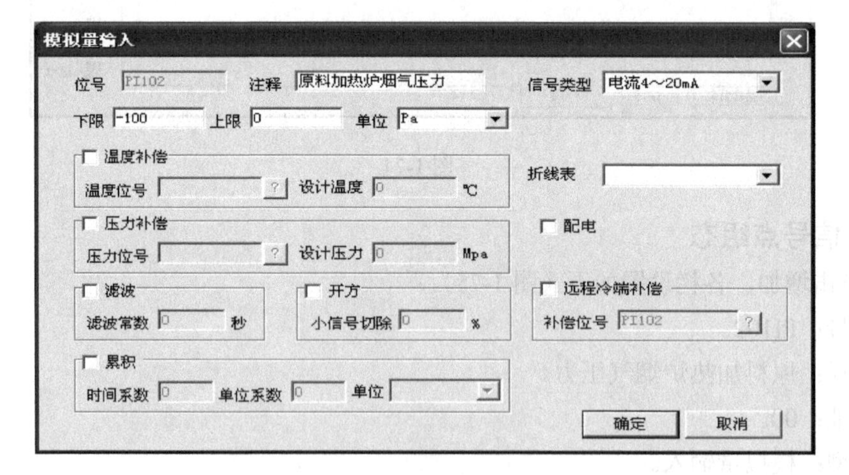

图 1-77

⑤ 以“PI102”为例，进入趋势设置。如图 1-79 所示。

⑥ 按照“I/O 测点配置清单”的要求，设置各信号的参数（包括量程上下限，信号类型，

报警、描述、信号处理等）。重复上述I/O点组态过程。所有I/O点组态完毕后，点击退出，返回到硬件组态主画面。点击保存命令，保存组态文件。

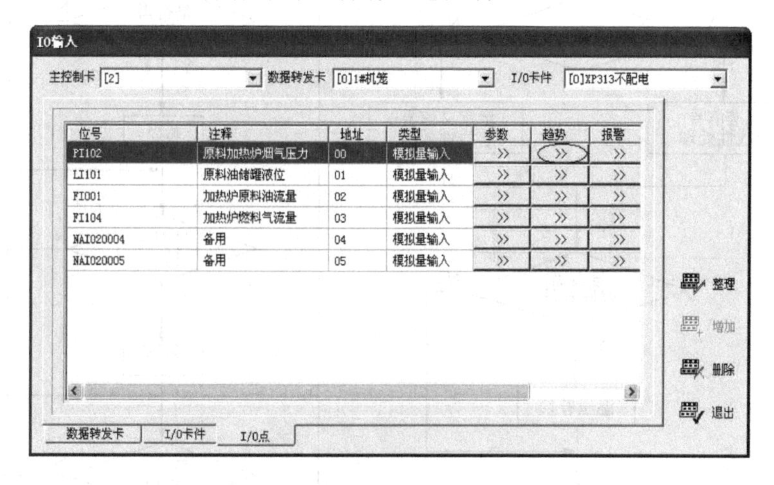

图 1-78

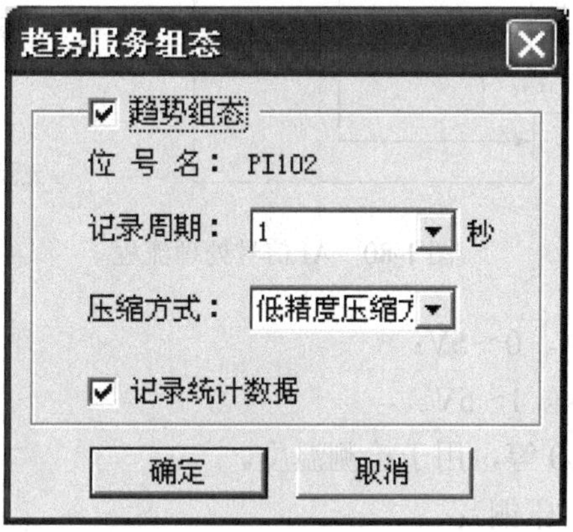

图 1-79

对于模拟输入信号，控制站根据信号特征及用户设定的要求做一定的输入处理，处理流程框图如图1-80所示。

系统首先判断采集到的原始信号是不是标准信号，如果是则根据信号类型调用相应的内置标准非线性处理方案，此外对某些标准温度信号，还加入了冷端补偿的处理；如果信号类型为自定义，则调用用户设定的非线性处理方案（即调用用户为该信号定义的折线表处理方案）。接着，系统依据用户的设定要求，逐次进行温压补偿、滤波、开方、报警、累积等处理。经过输入处理的信号已经转化为一个无单位的百分型信号量，即无因次信号。

下面对模拟量输入信号点设置组态窗口中各输入项进行说明。

① 位号：此项自动填入当前信号点在系统中的位号。此框消隐不可改。

② 注释：此项自动填入对当前信号点的描述。此框消隐不可改。

③ 信号类型：此项中列出了SUPCON DCS系统支持的17种模拟量输入信号类型，不同的模拟量输入卡件可支持不同的信号类型。模拟量输入（AI）信号类型总的可分为以下三类。

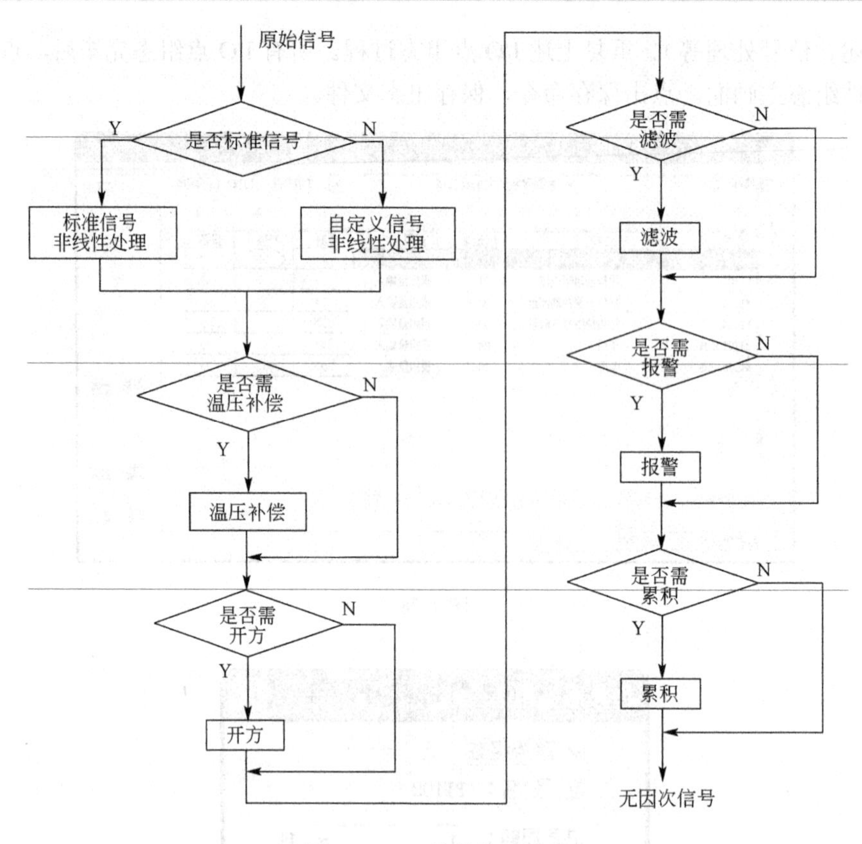

图 1-80 AI 信号处理流程

- 标准：Ⅱ型 0～10mA、0～5V；

  Ⅲ型 4～20mA、1～5V。

- 热电阻：Pt100、Cu50 等，用于检测温度。
- 热电偶：E 型（镍铬-康铜）；

  K 型（镍铬-镍硅）；

  S 型（铂铑 10-铂）；

  B 型（铂铑 30-铂铑 6）；

  J 型（铁，康铜）；

  T 型（铜，铜镍）等，用于检测温度。

四、常规控制方案组态

完成系统 I/O 组态后，可开始进行系统控制方案的组态。控制方案组态分为常规控制方案组态和自定义控制方案组态两部分。所谓常规控制方案是指过程控制中常用的对对象的调节控制方法。对一般要求的常规调节控制，这里提供的控制方案基本都能满足要求。这些控制方案易于组态，操作方便，且实际运用中控制运行可靠、稳定。因此，对于无特殊要求的常规控制，建议采用系统提供的控制方案：手操器、单回路 PID、串级 PID、单回路前馈（二冲量）、串级前馈（三冲量）、单回路比值、串级变比值、乘法器、采样控制。对一些有特殊要求的控制，必须根据实际需要，自己定义控制方案，通过控制站编程的 SCX 编程语言和图形化编程语言来实现。

操作要求：根据项目要求，实现1个常规控制方案，具体要求见项目要求的工艺常规控制方案。

操作步骤如下。

① 点击工具栏中的命令按钮 常规 或是点击菜单命令“控制站”→“常规控制方案”，如图1-81所示。

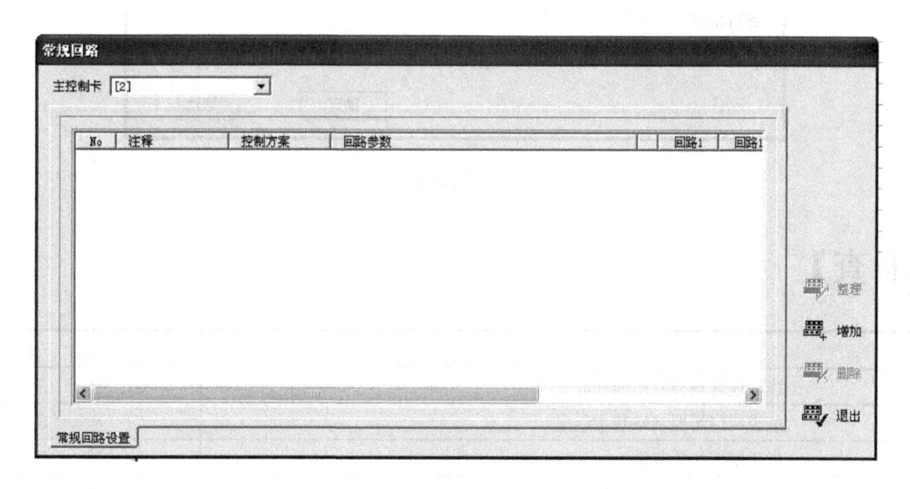

图 1-81

② 点击增加，选择内容如下（图1-82）。

- No：00。
- 注释：原料油罐液位控制。
- 控制方案：单回路。

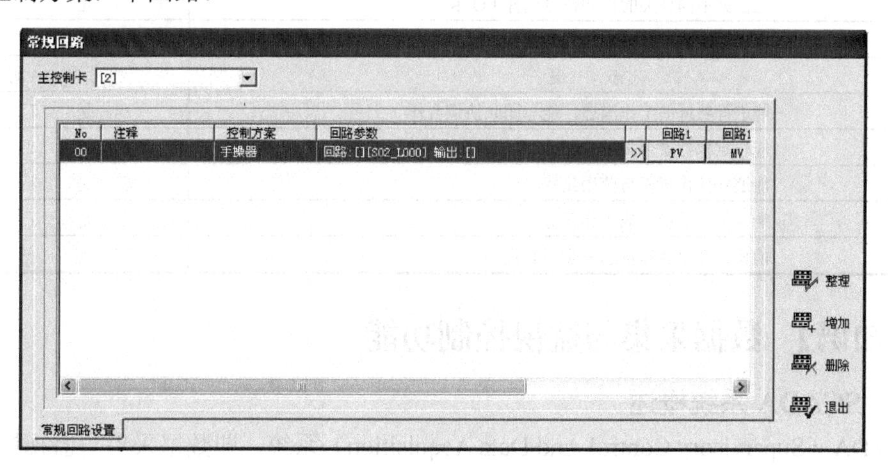

图 1-82

③ 点击 >> 进行设置，设置参数如图1-83所示。

④ 点击确定，回到常规回路对话框。

⑤ 重复上述常规控制回路组态过程。

⑥ 所有常规回路组态完毕后，点击退出，返回到硬件组态主画面。

⑦ 点击保存。

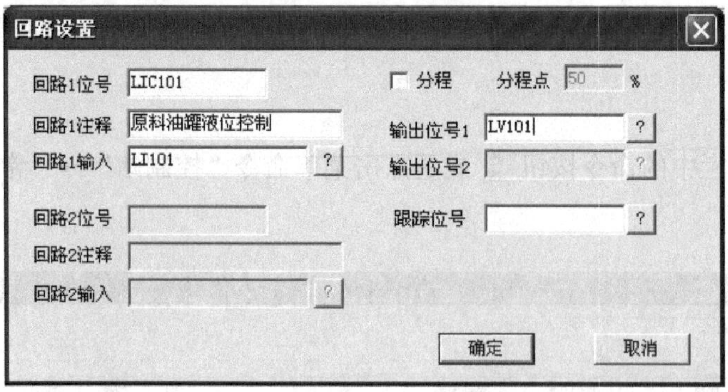

回路设置

回路1位号 LIC101　　分程　分程点 50 %

回路1注释 原料油罐液位控制　　输出位号1 LV101

回路1输入 LI101　　输出位号2

回路2位号　　跟踪位号

回路2注释

回路2输入

确定　取消

图 1-83

【考核自查】

知　识	自　测
能陈述现场控制站的功能	□ 是　□ 否
能说明现场控制站基本组成	□ 是　□ 否
能说明现场控制站 I/O 组态步骤	□ 是　□ 否
能简述控制卡的工作原理	□ 是　□ 否
能简述数据转发卡的工作原理	□ 是　□ 否
能陈述常规控制方案的组态步骤	□ 是　□ 否
技　能	自　测
能依据项目的需求设置控制卡参数	□ 是　□ 否
能依据项目的需求设置数据转发卡参数	□ 是　□ 否
能依据不同种类的检测信号选择 I/O 卡	□ 是　□ 否
能依据检测信号参数设置 I/O 卡参数	□ 是　□ 否
态　度	自　测
能进行熟练的工作沟通，能与团队协调合作	□ 是　□ 否
能自觉保持安全和节能作业及 6S 的工作要求	□ 是　□ 否
能遵守操作规程与劳动纪律	□ 是　□ 否
能自主、严谨完成工作任务	□ 是　□ 否
能积极在交流和反思中学习和提高	□ 是　□ 否

【拓展知识】 数据采集与监视控制功能

一、SCADA 系统概述

SCADA（Supervisory Control And Data Acquisition）系统，即数据采集与监视控制系统。SCADA 系统的应用领域很广，它可以应用于电力系统、给水系统、石油、化工等领域的数据采集与监视控制以及过程控制等诸多领域。在电力系统以及电气化铁道上又称远动系统。SCADA 系统是以计算机为基础的生产过程控制与调度自动化系统。它可以对现场的运行设备进行监视和控制，以实现数据采集、设备控制、测量、参数调节以及各类信号报警等各项功能。

SCADA 系统作为生产过程和事务管理自动化最为有效的计算机软硬件系统之一，它包含两个层次的含义：一是分步式的数据采集系统，即智能数据采集系统，也就是通常所说的下位机；另一个是数据处理和显示系统，即上位机 HMI（Human Machine Interface）系统。

下位机一般意义上通常指硬件层上的，即各种数据采集设备，如各种 RTU、FTU、PLC 及各种智能控制设备等。这些智能采集设备与生产过程和事务管理的设备或仪表相结合，实时感知设备各种参数的状态，并将这些状态信号转换成数字信号，并通过特定数字通信网络传递到 HMI 系统中。必要的时候，这些智能系统也可以向设备发送控制信号。上位机 HMI 系统在接受这些信息后，以适当的形式如声音、图形、图像等方式显示给用户，以达到监视的目的，同时数据经过处理后，告知用户设备各种参数的状态（报警、正常或报警恢复），这些处理后的数据可能会保存到数据库中，也可能通过网络系统传输到不同的监控平台上，还可能与别的系统（如 MIS，GIS）结合形成功能更加强大的系统；HMI 还可以接受操作人员的指示，将控制信号发送到下位机中，以达到控制的目的。上位机与下位机结合的 SCADA 系统，作为操作员平台和中央监控系统，已经广泛地应用到工业生产和事务管理的各个领域。主要有以下应用。

① 楼宇自动化　开放性能良好的 SCADA 系统可作为楼宇设备运行与管理子系统，监控房屋设施的各项设备事务，如门警、电梯运营、消防系统、照明系统、空调系统、水工、备用电力系统等的自动化管理。

② 生产线管理　用于监控和协调生产线上各种设备正常有序的运营和产品数据的配方管理。

③ 无人工作站系统　用于集中监控无人看守系统的正常运行，这种无人值班系统广泛分布在以下行业：铁路系统、电力系统调度网；铁路系统道口、信号管理系统；坝体、隧道、桥梁、机场和码头等安全监控网；石油和天然气等各种管道监控管理系统；地铁、铁路自动收费系统；交通安全监测；城市供热、供水系统监控和调度；钢铁工业高炉安全监控系统；环境、天文和气象无人检测网络的管理；各种工业锅炉监控保护系统。

二、SCADA 系统的功能要求

SCADA 系统，从传统用户的角度来讲主要解决以下三个问题。

① 设备各种参数状态数据的采集和控制信息的发送。

这部分涉及两个含义。一是怎样采集设备参数状态数据。它通常由智能设备生产厂家解决，及作为下位机在市场中出售，并提供可编程的通信协议和协议处理芯片。二是设备生产状态数据如何传递到上位机系统处理。目前上位机通常通过标准串口或 IO 卡运行专用的上层采集模块，从下位机中实时地采集设备各种参数和发送控制信息；解决问题效率的高低表现在采集周期的长短上，这也是衡量一个系统是否适合于某个行业的一个重要指标。目前，上位机可达到平均毫秒级的采集周期。

② 监控参数的图形动画表达和报警处理。

报警作为监控的一个重要目的，是所有上位机系统必须解决的问题。如果说各种图形、图像、动画、声音等方式用于表达设备的各种参数运行状态是必不可少的话，那么若上位机系统不能有效地处理设备的报警状态，所有的表现形式都是多余的。评价上位机系统可靠性和高效性的一个重要指标是看它能否不遗漏地处理多点同时报警。

③ 事故追忆和趋势分析。

监控的另外一个目的是评价生产设备的运转情况和预测系统可能发生的事故。在发生事故时能快速地找到事故的原因，并找到恢复生产的最佳方法。从这个意义出发，实时历史数据的保留和系统操作情况记录变得非常重要。因而评价一个 SCADA 系统，其功能强弱最为重要的指标之一就是对实时历史数据记录和查询的准确和高效。

现代计算机软硬件技术的发展和应用的需要，又使得 SCADA 系统还要能解决以下一些问题。

① 与管理信息系统（MIS）的结合。

在现代企业中，生产过程管理和企业日常事务管理的结合是不可分割的，信息流的分层次流动适合于不同的管理需要，而且地域和行政部门的分布，在企业集团化管理的趋势下变得越来越明显，因此现代 SCADA 系统除了生产设备的分步式管理之外，上位机系统的分布式要求变得越来越重要。评价一个 SCADA 系统功能的强弱，其网络数据库功能将是一个不可缺少的评价指标。

② 与地理信息系统（GIS）的结合。

SCADA 系统应用面临的众多领域中，对地理信息系统的要求越来越高。从这种角度上说，将一个适合于工业和事务管理的地理信息系统嵌套于 SCADA 系统中，将带来不可估量的效益，从而也是评价 SCADA 系统的一个重要指标。

为了满足以上要求，从计算机软硬件技术要求来看，SCADA 系统作为一个应用软件系统，它涉及到 IT 技术的方方面面，集中强调以下几种技术的综合利用。

• 通信技术：面临多种通信协议模式，如 ASCII、RTU 等，通信方式表现为同步、异步和主被动结合等，通信媒体包括有线和无线方式。

• 计算机网络技术：应用表现为标准局域网、广域网、拨号网络、串口组网等，协议包括 TCP/IP、专用协议等，系统结构囊括点对点、客户/服务器等方式。

• 分布式数据库技术：强调实时高性能数据库的应用和与通用数据库的开放接口等。

• 编译技术：由于 SCADA 系统应用领域的特殊性，不同的应用对监控各方面的要求均不一样，因而，SCADA 系统通常提供可编程功能，由于效率要求和保护二次开发知识产权的关系，设计一个好的专用语言并提供一个好的编译系统将是至关重要的。

• 操作系统技术：SCADA 系统面临的应用需要一个多任务、并发控制的系统结构，因此在开发系统时需要引入先进的调度算法和运行机制。

• 可靠性保障技术：由于 SCADA 系统应用的特殊性，系统通常需要提供多种可靠性保障技术，包含硬件的如备用网络技术、备用数据采集设备和软件（如备用运行系统）等，以及软件的多机热备用技术。

• 多媒体技术：需要结合动画、声音、图形、图像等多媒体技术的综合应用，以便真实客观地反映设备生产过程的状态和方便事务管理的要求。

• 图形用户界面技术：由于 SCADA 系统面临用户的计算机应用能力参差不齐的问题，因而方便易学的图形用户界面是极为必要的。

三、SCADA 系统现状和主要问题

基于 PC 机 Windows 平台的 SCADA 上位机系统是目前发展的趋势，特别是基于 Windows 95/98/NT 平台的 SCADA 系统。目前，国际和国内市场上基于以上两种平台、应用比较广泛的 SCADA 上位机系统有：WondWare 的 InTouch、西门子公司的 WinCC、澳大利亚的 CiTech、美国 Interlution 公司的 Fix、意大利 LogoSystem 的 LogView 等。这些系统较好地解决了传统 SCADA 上位机系统的功能，其主要方面如下。

• 数据采集与控制信息发送：提供基于进程间通信的数据采集方法（主要表现为开发 DDE 服务程序），并且已开发了常用的多种智能数据采集设备的服务程序。

• 报警处理：具有多点同时报警处理功能，提供报警信息的显示、登录，部分提供用户应答功能。

• 历史趋势显示与记录 ：提供基于专用实时数据库的监控点数据的记录、查询和图形曲线显示。

针对管理和控制的需要，这些系统还提供以下工业过程控制和管理中相当有帮助的功能。

• 配方管理功能：控制系统按一定的配方完成生产管理。

• 网络通信功能：提供非透明网络通信机制，可以构筑上位机的分布式监控处理功能。

• 开放系统功能：提供基于 DDE 数据交换机制与其他应用程序交换数据，部分提供 ODBC 与其他系统数据库系统连接。

但是这些系统在完成以下功能时具有明显的缺陷。

• 与企业 MIS 系统的结合性能差。

• 不具备 GIS 功能。

• 网络通信不透明，不适合开发现代企业基于局域网或专线网的网状层次结构监控管理系统。

• 数据采集速度有待进一步提高。

• 系统事故追忆能力差。

• 缺乏高效能的控制任务调度算法的支持。

针对国内的需要，这些系统有以下明显的弱点。

• 本地化差：虽然部分系统已经汉化，但是中国市场中某些行业规范使它们很难满足。

• 价格昂贵：这些系统，动辄上万美元，很难为国内一般应用所接受。

同国外系统相比，大部分国产通用系统主要是模仿国外系统开发的，具有较高的性能价格比，本地化能力较强，但是仍然具有诸如与 MIS 集成能力差、GIS 功能薄弱、多任务调度能力差、事故追忆和诊断能力缺乏等致命的弱点，要满足企业级和行业部门级大型集中监控管理 GIS 系统的要求，还需要相当的时间。而且人力资源以及资金限制使得它们可能在很长时间内只能维持对现有系统功能的维护和补充。在这种情况下，国内对于大型监控项目的开发还需要系统集成公司开发专用的结合 MIS、GIS 和 SCADA 的系统来满足需要。

四、SCADA 系统发展展望

SCADA 系统在不断完善、不断发展，其技术进步一刻也没有停止过。当今，随着电力系统以及铁道电气化系统对 SCADA 系统需求的提高以及计算机技术的发展，为 SCADA 系统提出了新的要求。概括地说，有以下几点。SCADA/EMS 系统与其他系统的广泛集成。SCADA 系统是电力系统自动化的实时数据源，为 EMS 系统提供大量的实时数据，同时在模拟培训系统、MIS 系统等系统中都需要用到电网实时数据，而没有这个电网实时数据信息，所有其他系统都成为“无源之水”。所以近十年来，SCADA 系统如何与其他非实时系统的连接成为 SCADA 研究的重要课题。现在 SCADA 系统已经成功地实现与 DTS（调度员模拟培训系统）、企业 MIS 系统的连接。SCADA 系统与电能量计量系统、地理信息系统、水调度自动化系统、调度生产自动化系统以及办公自动化系统的集成成为 SCADA 系统的一个发展方向。

【工作任务六】 集散控制系统操作标准画面组态

【课前知识】 集散控制系统的操作员站和工程师站

DCS具有分散控制、集中管理的特点，因此又称为分布式控制系统。DCS的操作员站和工程师站提供了集中显示，对现场直接操作，系统组态、生成以及诊断等功能。它通过数据网络与其他各站连在一起。

通常操作员站由一个大屏幕显示器（CRT）、一台控制计算机以及一个操作员键盘组成。一个DCS中通常可以配置几个操作员站，而且一般这些操作员站是相互冗余的。例如，浙大中控JX-300XP可以最多配置8～10个相互独立、相互备份的操作员站。此外，中央计算机站还有一个网关（Gateway），并通过它与一个功能更强的计算机系统相连，以便实现高级的控制和管理功能。有些系统还配备一个专用的工程师站（Engineer Station），用来生成目标系统的参数等。当然，为了节省投资，很多系统的工程师站可以用一个操作员站来代替。中央计算机站应该完成以下基本功能。

- 过程显示和控制。
- 现场数据的收集和恢复显示。
- 级间通信。
- 系统诊断。
- 系统配置和参数生成。
- 仿真调试等。
- 为了实现这些功能，它必须配备以下工具软件。

① 操作系统：通常是一个驻留内存的实时多任务操作系统。它支持优先级中断式和/或时间片进程调度，以及硬件资源的管理，如外设、实时时钟、电源故障等。

② 系统工具软件，如编辑器、调试程序、连接器、装载程序等。

③ 高级语言（实时的），如FORTRAN、BASIC、C语言等。

④ 通信软件：用来实现与各现场控制站的通信。

⑤ 应用软件。

一、操作员站的功能

DCS是基于4C技术而发展起来的，CRT显示器是其中之一。在DCS中，CRT显示器基本上可以取代过去的常规仪表显示和模拟屏显示系统。通常，一个DCS的操作员站上应该显示以下几个方面的内容。

① 模拟流程和总貌显示。

② 过程状态。

③ 特殊数据记录。

④ 趋势显示。

⑤ 统计结果显示。

⑥ 历史数据的显示。

⑦ 生产状态显示等。

同时，DCS的操作员站配上打印机，可以完成下述打印功能。

① 生产过程记录报表。

② 生产统计报表。

③ 系统运行状态信息打印。

④ 报警信息的打印。

二、工程师站的功能

工程师站具有生成控制系统的系统组态功能，系统调试功能，系统维护功能和系统文件编制功能。在一般的 DCS 系统中，工程师站和操作员站在硬件上没有明显的界限，只是在软件配置上不同。在操作员站配置了系统监控软件和系统维护软件，而在工程师站配置了系统组态软件。

三、JX-300XP DCS 操作站

JX-300XP DCS 操作站的硬件基本组成包括：工控 PC 机、彩色显示器、鼠标、键盘、SCnet Ⅱ网卡、操作台、专用操作员键盘和打印机。

1．工控 PC 机

操作站以高性能的工业控制计算机为核心，具有大容量的内部存储器和外部存储器，可以根据用户的需要选择 21"/17"显示器。配置冗余的 10Mbps SCnet Ⅱ网络适配器，实现与系统过程控制网连接。操作站支持一机双 CRT，配有 XP032 键盘、鼠标（或轨迹球）等外部设备。

2．操作员键盘（XP032）

JX-300XP DCS 操作站配备专用的操作员键盘。操作员键盘的操作功能由实时监控软件支持，操作员通过专用键盘和鼠标实现所有的实时监控操作任务。JX-300XP DCS 的操作员键盘如图 1-84 所示。

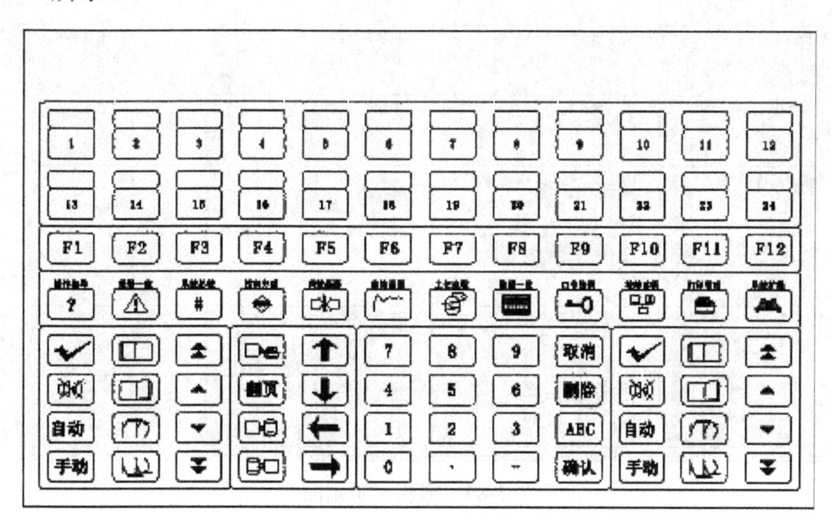

图 1-84　操作员键盘

3．打印机

报表输出的功能可分散在各个操作站/工程师站上完成，也可以设立独立的打印站，打印站的配置要求与操作站一致。JX-300XP 系统建议采用性能可靠的 EPSON 宽行针式打印机或 HP 宽行激光/喷墨打印机。

【课堂知识】 操作员站的标准显示

操作员站的显示管理功能可以分为两大类：标准显示和用户自定义显示。标准显示是一个DCS的厂家工程师和操作人员根据多年的经验，在系统中设定的显示功能，通常有点记录详细显示、报警信息的显示、控制回路或回路组显示、趋势显示等。用户自定义显示是那些与特定应用有关的显示功能。这些显示通常由用户自己根据需要生成。DCS一般提供用户一个方便的功能库，用户可以方便地使用。例如，许多系统提供了方便的数据库生成软件、图形生成软件、报表生成软件以及控制回路生成软件等。

一、概貌显示画面

概貌显示画面仅用于显示过程中各被测和被控变量的数值，它可以用绝对值，也可以用与设定值的偏差，或者时间变化率表示。概貌显示画面的显示方式有多种，不同的集散控制系统提供的显示方式也不相同。通常，由集散控制系统制造商提供标准显示画面格式的有下列几种。

1．工位号一览表方式

这种显示方式按仪表的工位号列出，整幅显示画面分为若干组，每组由若干工位号组成。正常值的工位号通常用绿色显示其工位号。当在正常值范围外时，工位号发生颜色的变化，如变成黄色或红色，并显示其超限的报警点类型，如低限、负偏差等。JX-300XP概貌画面如图1-85所示。

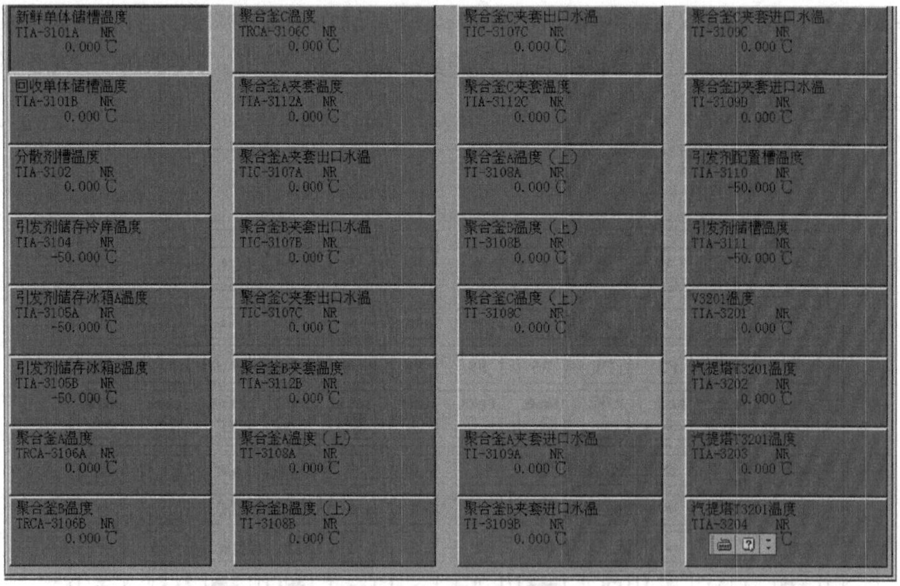

图1-85 概貌显示画面

系统总貌画面由用户在组态软件中产生，是实时监控操作画面的总目录。它主要用于显示重要的过程信息，或作为索引画面用。可作为相应画面的操作入口，也可以根据需要设计成特殊菜单页。每页画面最多显示32块信息，每块信息可以为过程信息点（位号）、标准画面（系统总貌、控制分组、趋势图、流程图、数据一览等）的描述。

2．棒图方式

棒图方式有两种显示方式。一种方式是对模拟量采用棒图显示其数值，棒图中数量的大小由棒的长度来反映，以满量程为 100%，棒的颜色在正常数值时显示绿色。当超过报警限值（低于低报警限或高于高报警限）时，棒的颜色改变，常为红色。为了使概貌显示画面包含较多的信息，棒图显示方式仅提供仪表的工位号及棒的相对长度。对于开关量，一般用充满方块框表示开启泵、电机或者闭合电路等逻辑量为 1 的信号，用空方块框表示停止泵、电机或者电路断开等逻辑量为 0 的信号。对开关量除了提供方块框外，也显示相应仪表的工位号。

二、控制分组画面

控制分组画面以仪表面板组的形式显示其运行状况。因此又称仪表面板显示画面，仪表面板格式通常由集散控制系统制造商提供。有些系统允许用户自定义格式。对不同类型的仪表（或功能模块）有不同的显示格式。仪表面板显示画面的显示格式通常采用棒图加数字显示相结合的方式，既具有直观的显示效果，又有读数精度高的优点，因此，深受操作人员的喜欢。仪表面板的边框，有些集散系统有，而有一些则没有。每幅画面可设置 8～10 个仪表面板显示，有一行或两行显示两种设置。每个仪表面板显示画面都包括仪表位号、仪表类型、量程范围、工程单位、所用的系统描述、各种开关、作用方式的状态等。所包含的显示棒的数量与该仪表类型有关，棒的颜色与被测或被显示的量有关，在同一系统是统一的。数据的显示颜色也与相应的显示棒颜色一致。通常包含有一些标志，如就地或远程、手动或自动、串级或主控、报警或事件等。

集散控制系统的操作人员喜欢用仪表面板显示画面进行操作，而不喜欢采用具有全局监视功能的概貌显示画面。究其原因，主要是仪表面板显示画面与以前的模拟仪表面板的操作方式比较接近，它的设置又比过程显示画面整齐，而操作员对工艺过程较清楚，采用过程显示画面反而感到不及仪表面板显示画面方便。而概貌显示画面虽有大的信息量，但系统的操作还不能在该画面进行，所以，概貌显示画面用于过程操作也感不便。近期推出的集散控制系统，如 I/A S 系统在仪表面板显示画面中允许组态趋势显示画面，则操作时比采用操作点显示画面还要方便，由于它具有仪表面板的瞬时显示又具有组趋势显示的记录显示，因此，它为过程分析和操作带来方便。

JX-300XP 控制分组画面可根据组态信息和工艺运行情况动态更新每个仪表的参数和状态。每页最多显示 8 个位号的内部仪表。结合键盘或鼠标，可修改内部仪表的数据或状态，单击位号按钮，则可调出该位号的调整画面。参见图 1-86。

图 1-86 控制分组画面

三、操作点显示画面

操作点显示画面是仪表的细目显示画面，用于模拟量的连续控制、顺序控制或者批量控制。操作点显示画面提供改变控制操作的深层次参数的功能，这些参数包括原始组态数据及过程中刷新的动态数据。操作点显示画面常被控制工程师使用，它用于调整参数时可看到当前数据，也可看到变化趋势，且调整参数比较方便。对操作人员来讲，由于操作点显示画面供给他们操作的信息较少，因此，不常采用。操作点显示画面除了包括各种组态和调整参数外，通常包含仪表的棒图以及趋势图。为了防止操作人员进入修改某些不允许他们调整的操作环境，通常对参数部分有安全保护措施。它可以是硬件密钥，也可以是软件密钥，如口令等。通常操作点显示画面是最底层的画面，因此，一般不再提供可调用其他画面的功能。但提供返回到该画面的前一画面（原来显示的画面，因调用操作点显示画面而成为前一画面）的功能。 实际应用中，操作点显示画面仅在调整参数时使用。一般情况下，组态时的一些参数，如比例度、积分时间、微分时间、微分增益、滤波器时间常数等在组态时不做改动，采用系统的默认值。而在系统投运时才根据对象特性做调整，这样做，可以节约组态时间，及早投运。而投运和稳定操作后，操作点显示画面的使用率也明显下降。JX-300XP 操作点显示画面如图 1-87 所示。

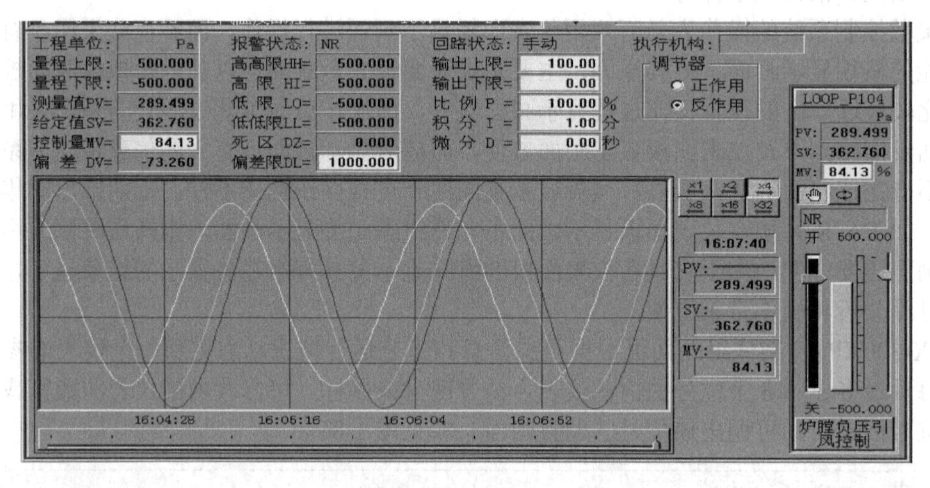

图 1-87 操作点显示画面

四、趋势显示画面

趋势显示画面包括实时趋势显示画面和历史归档趋势显示画面。对于每一个采样时刻的采集数据都显示在趋势显示画面的趋势显示，称为实时趋势显示。实时趋势显示相当于模拟仪表的记录仪，其区别在于实时趋势显示的数据点是在离散的采样时间采集到的变量值，而记录仪是连续的变量数值的记录。历史归档趋势显示是指在趋势显示画面上的一个显示点与一段时间内若干个采样数据有关，例如是这段时间内各采样数据的最大值、最小值或者平均值等，这段时间间隔称为归档时间或者浓缩时间，它必须是相应的变量采样时间的整数倍。历史归档趋势显示也可以对历史归档趋势显示进行再浓缩成为具有更多历史归档数据的趋势显示，相当于走纸速度慢几倍至几十倍的记录仪。

趋势显示画面除了在时间分割上趋势显示画面进行分层显示外，在变量数量上也进行了分层。最底层的显示是一个变量或一个内部仪表中变量的趋势显示画面，其上层是多个变量的趋势显示画面。变量数目的增加有利于了解变量之间的相互关系。通常，变量数可多达 8～

10 个。此外，从画面的大小来分，最小的趋势显示画面约为整个屏幕画面的 1/10～1/8。最大的画面是通过画面放大得到的，其大小可为整个屏幕画面的 4 倍。

为了存储数据，通常，在集散控制系统中有专门的历史数据管理软件以及大容量的外存储器。常用硬磁盘作为大容量外存储器，近来也有采用光盘作为外存储器的。为了保存数据，常采用定期把大容量存储器的存储内容转存到软磁盘的方法。历史数据的存取、管理和转存工作由历史数据管理软件完成。

对于实时趋势的数据，需根据画面上可显示的数据点数开设内存单元，例如对于整数、整长型数、实数、时间型数等按数据的类型开设不同数量的内存单元（对一个数据），然后通过当前数据指针的移动，逐个送入当前采样值，并冲掉原内存单元的数据，通过循环移动指针以及数据调用等管理软件和相应的数据显示（图形显示）软件来显示实时趋势。

对于历史归档数据，需要对一个归档时间内的若干采样数据进行归档处理，并把处理后的数据存放在与归档时间的起始或终止时间相对应的内存单元。采用上述的相似方法，即可显示历史归档数据或相应曲线。由于显示屏幕的分辨率是有限的，在一幅趋势显示画面上可显示的点数也就有限。为了以同样的采样时间或者归档时间显示出未在显示画面上的趋势变化，有些集散控制系统提供了时间轴可移动的功能。时间轴的移动有无级和有级移动两种：无级移动指时间轴的移动量可为原显示画面中两个相邻显示点间时间（可为采样时间或归档时间）的整倍数；有级移动则按系统提供的时间轴移动量进行时间轴的移动，通常是半幅画面的移动。由于存储的容量有限，因此，可移动的量也是有限的。可移动的量可以固定也可以组态输入，对不同的集散控制系统有不同的方式，如系统本身已提供固定的显示点数，则无需输入，且软件也可相对简单。

趋势显示画面中不同的变量常用不同的颜色显示，并有相应的显示范围刻度和时间轴。与时间轴移动来改变显示窗口相类似，对每一个变量的显示范围也允许用户改变，以便了解变量变化的细节，提高显示精度。有些集散控制系统没有此功能，它的显示范围与该变量的量程范围一致。趋势显示画面除了显示变量的变化趋势，还允许操作人员了解画面上某一时刻的变量数值。有些集散控制系统提供了这种定位功能，它是通过光标定位在某一时刻，从而显示相应的变量值的。当光标定位在曲线的末端，显示的数值就是当前时刻的采样值或经归档处理的数值。采用这种定位功能可以方便地了解变化曲线的最大、最小或其他数值，从而有利于对过程的分析和研究。

批量控制时，需要把该批处理的整个过程记录下来。通常，可采用历史归档处理的办法，用历史归档趋势显示进行记录，然后，定期地把存在外存储器的历史归档数据转存到软磁盘保存起来。也有些集散控制系统采用专用的批量趋势显示画面。

趋势显示画面的组态需单独完成。它需要外存储器和相应的历史模件管理软件支持。主要包括分散过程控制装置的网络和节点（站）的地址（即定位），需记录的变量位号、描述（指在显示画面上的文字描述），采样时间或归档时间，总点数、变量显示的范围和工程单位，显示数据的小数点位数等。对历史归档趋势显示还需送入原始趋势显示的变量位号或标志号等信息。多个变量同时在一幅画面上显示趋势曲线时，会出现趋势曲线的重叠，为此，除了采用显示范围的更改外，也可采用选择某一变量趋势曲线的消隐处理方法。通过该变量趋势曲线的消隐，使被重叠的变量趋势曲线显示出来。消隐处理可以采用动态键，通过组态定义需消隐的变量号。JX-300XP 趋势显示画面如图 1-88 所示。趋势图画面由用户在组态软件中产生，趋势图画面根据组态信息和工艺运行情况，以一定的时间间隔（组态软件中设定）记录一个数据点，动态更新历史趋势图，并显示时间轴所在时刻的数据（时间轴不会自动随着曲线的移动而移动）。每页最多可显示 8 个位号的趋势曲线，每个数据存储时间的间隔在 1～3600s 间任选，存储点数在 1290～2592000 点之间任选。每页的显示时间范围可动态选择，通过滚动条可察看历史趋势记录，并可选择打印历史趋势曲线图。每个位号有一详细描述的信息块，双击该信息块可调出相应位号的调整画面。

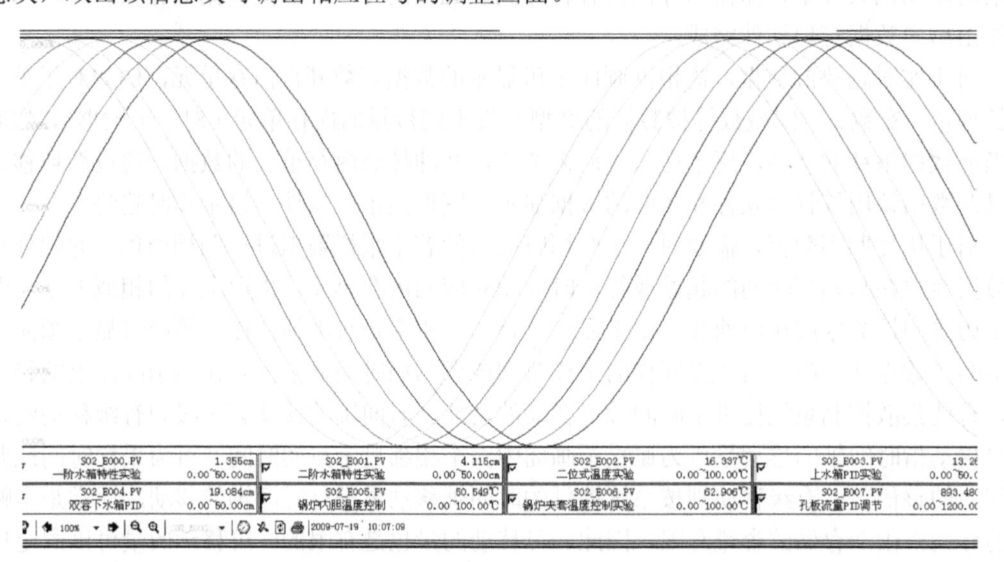

图 1-88　趋势显示画面

五、报警显示画面

报警显示是十分重要的显示。在集散控制系统中，报警显示采用多种方法、多种层次实现。报警信号器显示是从模拟仪表的闪光报警器转化而来。它的显示画面和闪光报警器类似，采用多个方框块表示报警点，当某一变量的绝对值、偏差或者变化率达到报警限值时，与该变量相对应的方框就发生报警信号，报警信号包括闪烁、颜色变化及声响信号。当按下确认按键后，闪烁成为常亮，颜色变为红色或黄色（事件发生时），声响停止，有些系统对声响有专门的消铃按键。在显示画面中各方框内标有变量名、位号、报警类型等信息。报警一览表显示是集散控制系统常采用的报警显示画面，它的最上面一行报警信息是最新发生的报警信息，随着行数增加（或显示页数的增加），报警信息发生的时间越早。每一行表示一个报警信息，对于不同类型的输入或输出信号，以及功能块提供的报警信号（如大于、等于或小于某值），可以有不同的显示方式和内容。但大致应包括报警变量的工位号、描述、报警类型、当前报警时的数值、报警限的数值、报警发生的时间、报警是否被确认等。为了区别第一故障的报警源，对于报警发生的时间显示通常要求较高，多数集散控制系统可以提供的分辨率为毫秒级。报警的信息包括来自过程本身的信号、经计算后的信号以及经自诊断发现的信号，一旦这些信号达到组态或者系统规定的限值，它就会被显示出来。组态的限值信号可以通过组态改变。例如被测变量的上、下限报警值。系统规定的限值是不允许改变的。例如，信号在量程范围外，低于–3.69%或高于 103.69%则认为信号出错。除了区域的报警显示外，集散控制系统也提供单元级的报警显示，它与操作分工有关，由于大量的报警信息对于某一局部过程的操作人员来说是不必要的，而且区分它们也需时间，因此，出现了单元报警显示。它可以是报警信号器的形式，但大多数采用一览表的形式显示出来。在这些显示中，筛选出与该操作人员所管理的过程有关的报警信息，并显示出来，这对于加快事故处理无疑是有利的。报警显示的另一种形式是在含有该报警变量的显示画面进行报警显示。这种显示画面可以是过程画面、仪表面板画面、操作点显示画面和趋势显示画面。报警的显示方式是采用闪烁、改变颜色、声响等。

为了在当前显示的画面下了解报警发生的情况，除了通过手动调用报警显示画面外，集散控制系统多数提供了两种报警显示方式。最常用的方式是在各显示画面上方提供一行报警显示行。其显示内容与报警一览表显示内容一致，而发生的时间是最近的报警时间。另一种方式是系统自动切入有该变量的画面（由组态决定，通常为过程显示画面），或者在报警键板上显示报警灯亮，用手动按下该键（有报警灯亮的键）来切入相应画面。 报警的处理操作有确认和消声操作，大多数集散控制系统采用不同的按键完成这些操作，小型系统也有合为一个按键的。当报警信号较多时，采用逐行确认报警将浪费时间，因此，有些集散控制系统还设置了整个页面的报警确认键。消声操作用于消除声响，不管是一个变量报警，还是多个变量报警，对选中的报警变量，按下消声按键即可消除声响。确认操作是先用光标选中正在报警的变量（闪烁显示），按下确认键，则闪烁显示成为平光显示。应该指出，闪烁的部分通常是标志报警类型的符号或星号等，而报警变量的工位号、描述等部分在报警时显示颜色发生变化，通常是红色。确认操作并未消除报警发生的条件，它仅表示操作人员已经知道了该报警。只有当报警发生条件不满足时，变量的显示颜色才会改变成正常颜色，如绿色、白色等。而在报警一览表内，则会出现回复到正常时的一些信息，包括工位号和报警消除发生的时间等，而且显示色也会成为正常色，通过报警发生和报警消除的时间比较，可以了解报警的持续时间。

为了减少报警工况的发生，通常在报警尚未发生前，提供警告信号。此外，为了防止误操作，对通过 CRT 的各种操作作为事件记录，以便了解操作情况，因此，一些集散控制系统提供了事件一览表。一览表包括警告的信息和操作信息。 一个变量的报警信号通常通过与该变量有关的一些标志位的变化来反映。这些标志位包括报警与未报警，确认与未确认和报警类型等。通过这些标志位去触发相应的显示单元中的有关位，使之闪烁、变色等。报警和事件一览表通常提供多幅页面的显示。当提供的页面显示全部被使用后，新的报警和事件将冲掉最早的记录。因此，定期打印报警和事件一览表可以防止这类事情发生所造成的失去记录的影响。

JX-300XP 报警显示画面如图 1-89 所示。根据组态信息和工艺运行情况动态查找新产生的报警信息并显示符合显示条件的信息。报警一览画面可显示最近产生的 1000 条报警信息，每条信息可显示：报警时间、位号、描述、动态数据、类型、优先级、确认时间、消除时间等，并可根据需要修改，组合报警信息的显示内容。

序号	报警时间	位号	描　述	类型	优先级	确认时间	消除时间
1	11-24 16:49:15	Man2WinOut	二次风手动输出	-DV	5		
2	11-24 16:49:12	ManWindOut	一次风手动输出	-DV	5		
3	11-24 16:49:09	ManCoaOutC	3#给煤机手动输出	-DV	5		

图 1-89　报警显示画面

【实施步骤】

操作标准画面组态是对系统操作站上操作画面的组态，是面向操作人员的 PC 操作平台的定义。它主要包括操作小组设置、总貌画面组态、趋势画面组态、控制分组画面组态、一览画面组态如图 1-90 所示。下面按组态的步骤介绍画面。

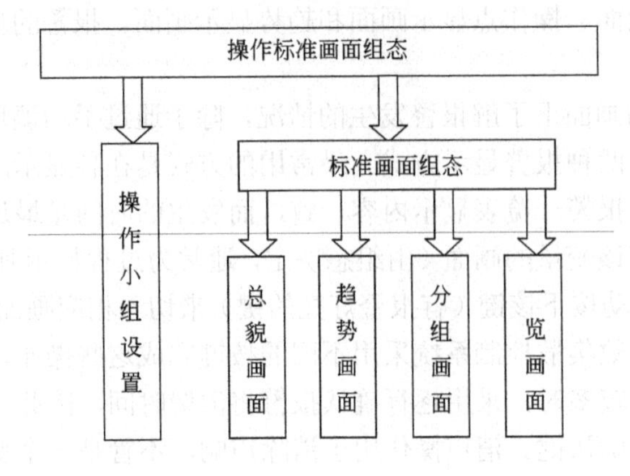

图 1-90　操作标准画面组态流程

1. 操作小组组态

在操作小组下建立各标准画面，可以在监控画面中进行方便的操作和浏览。各标准画面都是在操作小组下建立的，因此，必须先来建立操作小组。

举例：建立如下表所示三个操作小组。

操作小组名称	切换等级
原料加热炉	操作员
反应物加热炉	操作员
工程师	工程师

操作步骤如下。

① 点击菜单项中“操作站”→“操作小组设置”，或直接点击 操作小组，进入操作小组设置界面。如图 1-91 所示。

② 点击增加，设置如图 1-92 所示。

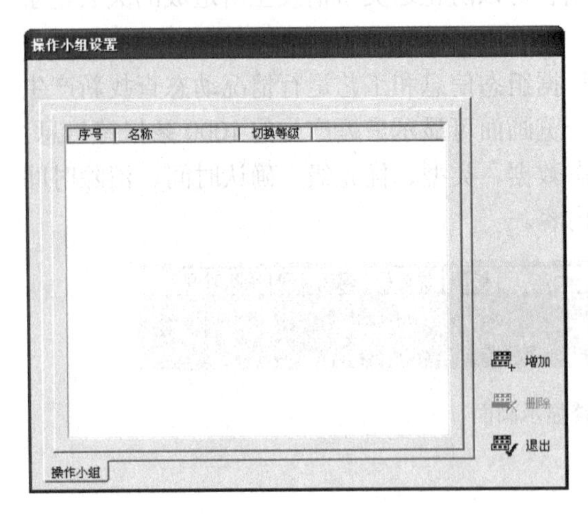

图 1-91

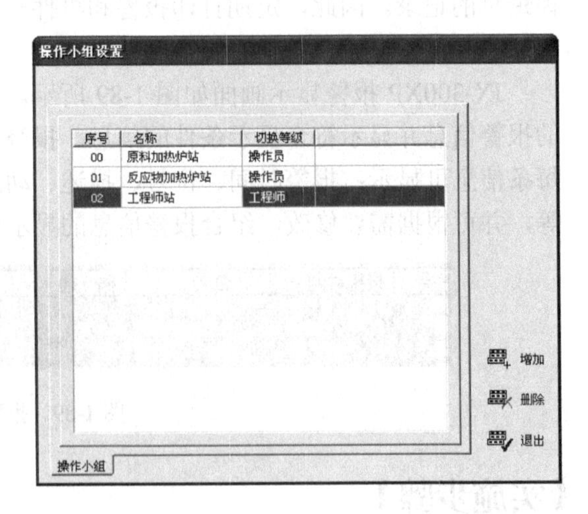

图 1-92

- 序号00，名称为原料加热炉站，切换等级为操作员。
- 序号01，名称为反应物加热炉站，切换等级为操作员。
- 序号02，名称为工程师站，切换等级为工程师。

③ 设置完毕，点击退出，回到主界面。

2．趋势画面组态

趋势画面组态用于完成实时监控趋势画面的设置。趋势画面是标准画面之一。

举例：建立趋势画面，具体要求如下表所示。

页　码	操作小组	页标题	内　容
1	工程师站	流量	FI101、FI104
2	工程师站	液位	LI101

操作步骤如下。

① 点击菜单项中“操作站”→“趋势画面”，或直接点击[趋势]，进入操作小组设置界面。如图1-93所示。

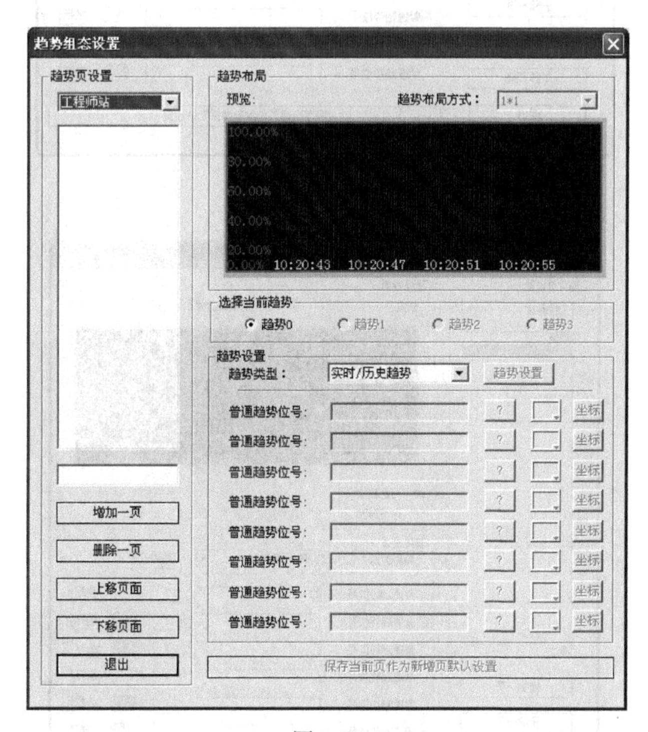

图1-93

② 根据项目要求，增加趋势画面。选择“工程师站”，点击“增加一页”。

页标题：流量。趋势布局方式：1*1。点击[?]添加位号：FI101、FI104。效果如图1-94所示。

③ 再点击“增加一页”。页标题：液位。趋势布局方式：1*1。点击[?]添加位号：LI101。效果如图1-95所示。

④ 点击退出，回到主界面。

3．分组画面组态

分组画面组态是对实时监控状态下分组画面里的仪表盘的位号进行设置。分组画面是标准画面之一。

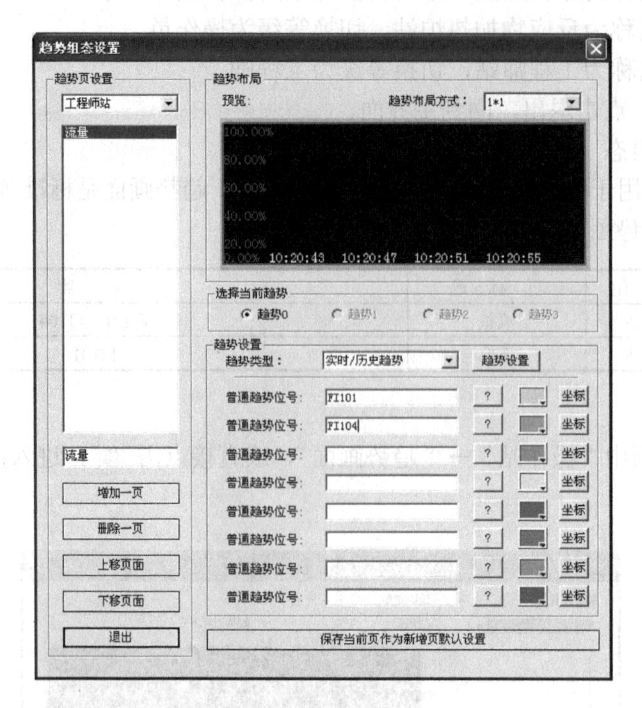

图 1-94

图 1-95

举例：建立分组画面，具体要求如下表所示。

页　码	页 标 题	内　容
1	常规回路	PIC102、FIC104、TIC101、LIC101
2	开入量	KI301、KI302、KI303、KI304、KI305、KI306

操作步骤如下。

① 点击菜单项中“操作站”→“分组画面”，或直接点击[分组]，进入操作小组设置界面。如图 1-96 所示。

② 点击“增加”。操作小组：工程师。页码：1。页标题：常规回路。点击[?]添加回路：LIC101。如图 1-97 所示。效果图如图 1-98 所示。

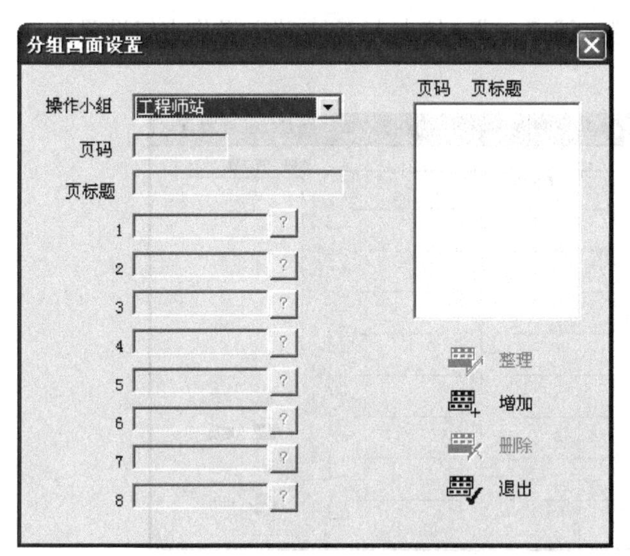

图 1-96

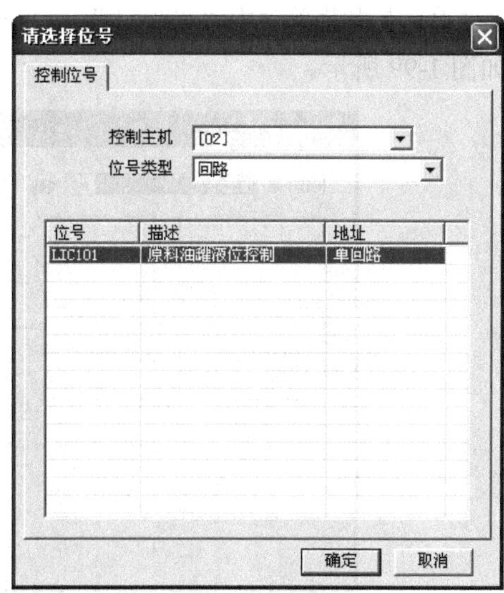

图 1-97

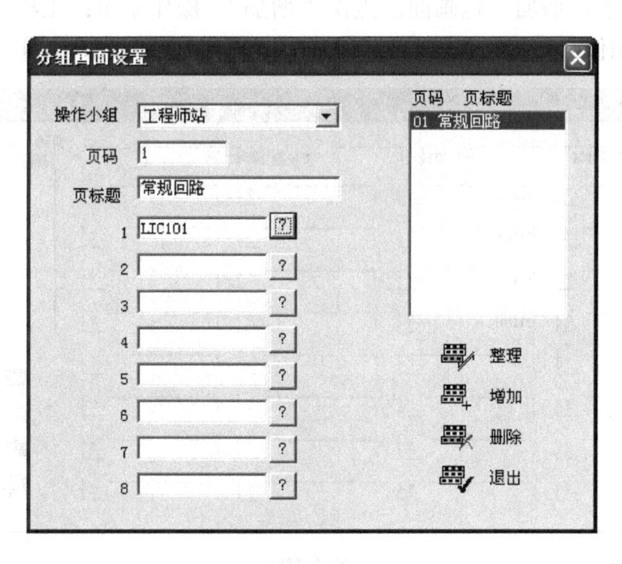

图 1-98

③ 重复上述分组画面组态过程。所有分组画面组态完毕后，点击退出，返回到硬件组态主画面。点击保存。

4．一览画面组态

一览画面在实时监控状态下可以同时显示多个位号的实时值及描述，是系统的标准画面之一。

举例：建立一览画面，具体要求如下表所示。

页　码	操作小组	页标题	内　容
1	工程师站	数据一览	PI102、FI104、TI106、TI107、TI108

操作步骤如下。

① 点击菜单项中“操作站”→“一览画面”，或直接点击，进入操作小组设置界面。如图 1-99 所示。

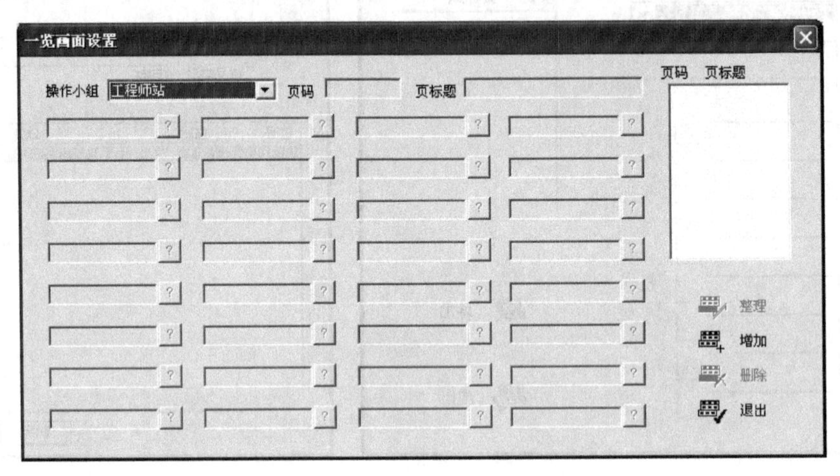

图 1-99

② 根据项目要求，增加一览画面。点击“增加”。操作小组：工程师站。页标题：数据一览。点击 ? 添加位号：PI102、FI104、TI106、TI107、TI108，效果图如图 1-100 所示。

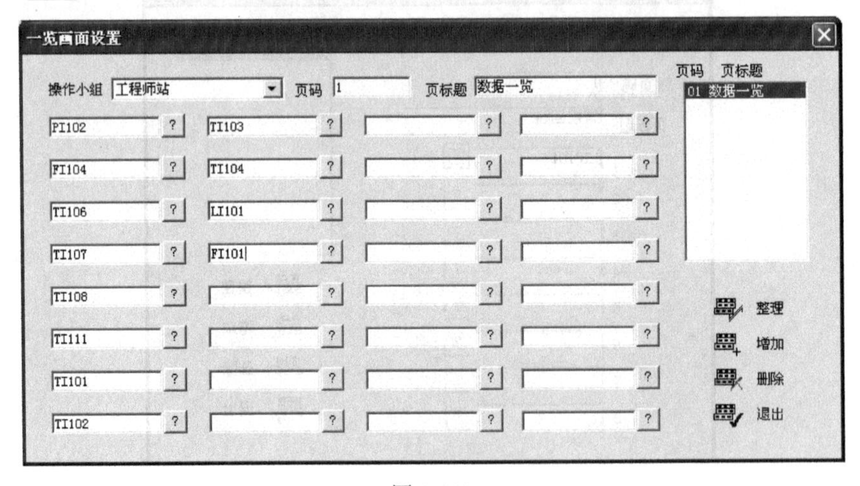

图 1-100

③ 点击退出，回到主界面。

5．总貌画面组态

每页总貌画面可同时显示 32 个位号的数据和说明，也可作为总貌画面页、分组画面页、趋势曲线页、流程图画面页、数据一览画面页等的索引。总貌画面是标准画面之一。

举例：建立总貌画面，具体要求如下表所示。

页　　码	操 作 小 组	页　标　题	内　　容
1	工程师站	索引画面	索引：工程师操作小组流程图、趋势画面、分组画面、一览画面的所有的页码
2	工程师站	数据总貌	所有 I/O 数据实时状态

操作步骤如下。

① 点击菜单项中“操作站”→“总貌画面”，或直接点击 # 总貌 ，进入操作小组设置界面。如图 1-101 所示。

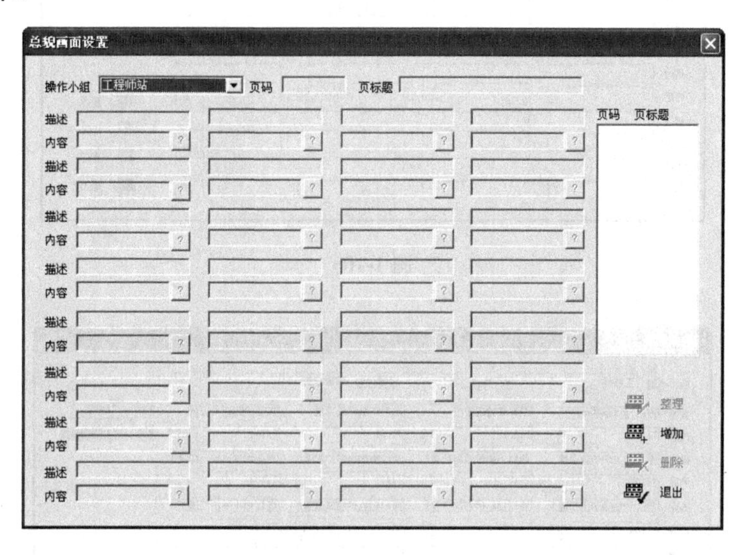

图 1-101

② 点击“增加”。操作小组：工程师站。页码：1。页标题：索引画面。页面添加方法：点击 ? ，进入图 1-102 所示界面，选择“操作主机”。选择：工程师操作小组流程图、所有趋势画面、所有分组画面、一览画面。效果图如图 1-103 所示。

图 1-102

③ 再点击“增加”。操作小组：工程师站。页码：2。页标题：数据总貌。效果图如图 1-104 所示。

总貌画面设置

操作小组 工程师　页码 1　页标题 索引画面

描述	加热炉	温度	液位	流量
内容	%GR0001	%TG0001	%TG0002	%TG0003
描述	温度	常规回路	开入量	开出量
内容	%TG0004	%CG0001	%CG0002	%CG0003
描述	原料加热炉参数	反应物加热炉参数	公共数据	
内容	%CG0004	%CG0005	%CG0006	

页码 页标题
01 索引画面
02 数据总貌

整理 增加 删除 退出

图 1-103

总貌画面设置

操作小组 工程师　页码 2　页标题 数据总貌

描述	原料加热炉烟气压力	原料油储罐液位	加热炉原料油流量	加热炉燃料气流量
内容	PI102	LI101	FI001	FI104
描述	原料加热炉炉膛温度	原料加热炉辐射段温	反应物加热炉炉膛温	反应物加热炉入口温
内容	TI106	TI107	TI102	TI103
描述	反应物加热炉出口温	原料加热炉烟囱段温	原料加热炉热风道温	原料加热炉出口温度
内容	TI104	TI108	TI111	TI101

页码 页标题
01 索引画面
02 数据总貌

整理 增加 删除 退出

图 1-104

④ 点击退出，回到主界面。

【考核自查】

知　识	自　测
能陈述操作员站和工程师站的功能	□ 是　□　否
能陈述操作员站和工程师站的主要区别	□ 是　□　否
能陈述操作小组组态的功能	□ 是　□　否
能陈述操作员站各标准画面的功能	□ 是　□　否
技　能	自　测
能进行操作小组组态	□ 是　□　否
能进行概貌显示画面组态	□ 是　□　否
能进行趋势画面组态	□ 是　□　否
能进行控制分组画面组态	□ 是　□　否
能进行一览画面组态	□ 是　□　否

续表

态 度	自 测
能进行熟练的工作沟通，能与团队协调合作	□ 是 □ 否
能自觉保持安全和节能作业及 6S 的工作要求	□ 是 □ 否
能遵守操作规程与劳动纪律	□ 是 □ 否
能自主、严谨完成工作任务	□ 是 □ 否
能积极在交流和反思中学习和提高	□ 是 □ 否

【拓展知识】 自定义键组态

自定义键组态用于设置操作员键盘上 24 个自定义键的功能。

点击工具栏中自定义键图标，或者选择菜单中“操作站”→“自定义键”命令，将进入自定义键组态对话框。点击增加按钮，将自动添加一个新的自定义键键号，如图 1-105 所示。

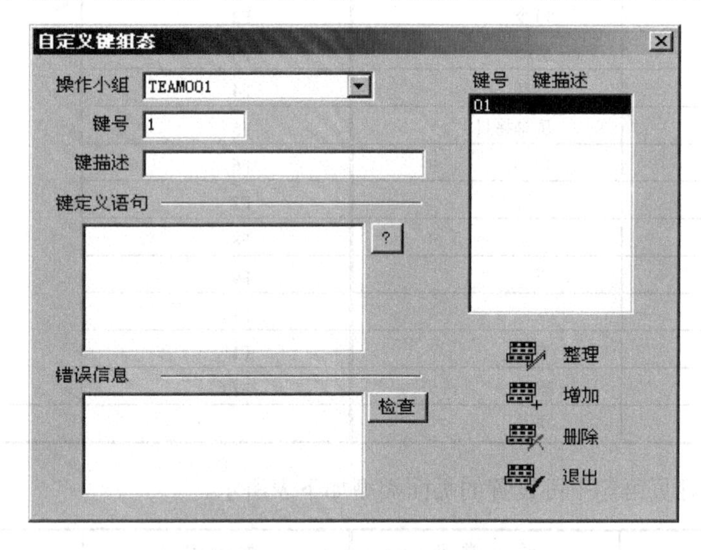

图 1-105 自定义键组态窗口

- 操作小组：此项指定当前自定义键在哪个操作小组中启用。
- 键号：此项选定对哪一个键进行组态，系统至多提供 24 个自定义键。
- 键描述：此项填写当前自定义键的文字描述，可用汉字，字符数不超过 32 个。
- 键定义语句：用户在键定义语句框中对当前选择的自定义键进行编辑，按后面的 ? 钮提供对已组态位号的查找功能。
- 错误信息：写好键定义语句后，按 检查 按钮将提供对已组态键代码的语法检查功能，检查结果显示在错误信息框中。

自定义键的语句类型包括按键（KEY）、翻页（PAGE）、位号赋值（TAG）三种，格式如下。

- KEY 语句格式：（键名）
- PAGE 语句格式：（PAGE）（页面类型代码）[页码]
- TAG 语句格式：（{位号}[.成员变量]）(=)（数值）

其中，() 中的内容表示必须部分；[]中的内容表示可选部分。在位号赋值语句中，如果有成员变量，位号与成员变量间不可有间隔符（包括空格键、TAB 键），除上述三类语句格式，注释符“;”表示本行自此以后为注释，编译时将略过。

注：当翻页中设置的页码数大于已存在页码，运行时将翻到页码最大的一页。

自定义键的按键语句可设置键名，如下表所示。

键　名	说　明	键　名	说　明
AL	报警一览	DUP	开关上
OV	系统总貌	DDN	开关下
CG	控制分组	QINC	快增
TN	调整画面	INC	增加
TG	趋势画面	DEC	减小
GR	流程画面	QDEC	快减
DV	数据一览	F1	功能键
PSWD	口令	F2	
PGUP	前翻	F3	
PGDN	后翻	F4	
COPY	屏幕拷贝	F5	
AUT	自动	F6	
SLNC	消音	F7	
CUP	上	F8	
CDN	下	F9	
CLEFT	左	F10	
CRGT	右	F11	
ACC	确认	F12	
MAN	手动		

自定义键的翻页语句中可设置的页面类型如下表所示。

页面类型代码	页 面 类 型	页面类型代码	页 面 类 型
OV	系统总貌	GR	流程画面
CG	控制分组	TN	调整画面（无页码值）
TG	趋势画面	AL	报警一览（无页码值）
DV	数据一览		

自定义键的位号赋值语句中可赋值的位号类型如下表所示。

位　号	说　明	位号扩展名	说　明
DO	开出位号	.MV	阀位值位号（浮点 0~100 百分量）
SA	自定义模拟量位号	.SV	回路的设定值位号（浮点）
SD	自定义开关量位号（布尔值 ON/OFF）	.AUT	手/自动开关位号（布尔值）

举例

定义为系统总貌健：OV

翻到控制分组第 5 页：PAGE　CG　5

将回路仪表（位号为 PID-01）改手动：{PID-01}.AUT = ON

阀位调到 50%：{PID-01}.MV = 50

将 DO1、DO2、DO3 关闭：{DO1} = OFF

{DO2} = OFF

{DO3} = OFF

【工作任务七】 流程图画面组态和优化

【课前知识】 流程图显示画面

流程图显示画面是由用户过程决定的显示画面，它的显示方式有两种，一种是固定式，另一种是可移动式。

固定式的画面固定，通常，一个工艺过程被分解为若干个固定式画面，各画面之间可以有重叠部分。对于工艺过程大而复杂的，采用分解成若干画面的过程单元，有利于操作。

可移动式的画面是一个大画面，在屏幕上仅显示其中一部分，通常为四分之一。通过光标的移动，画面可以上下左右移动，有利于对工艺全过程的了解，在工艺过程不太复杂且设备较少时可方便操作。由于大画面受画幅内存的限制，不可能无限扩大，因此，采用可移动式的显示方式在流程长、设备数量较多时也还需进行适当的分割。

有些集散控制系统提供了画面放大的功能，允许用户对局部流程画面放大，这在过程显示画面屏幕较小，过程变量较多且密集显示时，以及操作员培训时特别有用。流程图显示画面应根据工艺流程经工艺人员和自控人员讨论后决定画面的分割和衔接。画面中动态点的位置、扫描周期应有利于工艺操作并与过程变化要求相适应。同时还应根据系统提供的过程显示图形符号绘制，管线颜色、设备颜色、颜色是否充满设备框、屏幕背景色等应与工艺人员共同讨论确定。明亮的暖色调宜少选用，它容易引起操作员疲劳并造成事故发生。冷色调具有镇静作用，有利于思想集中，因此在绘制过程显示画面的时候，一定要正确选择。颜色应在整个系统中统一，如白色为数据显示等。

画面的扫描频率，最宜人的频率是 66 次/s。过程动态点的扫描周期应根据过程点的特性确定。过程显示画面与半模拟盘相似，它既有设备图又有被测和被控变量的数据，可通过下拉菜单、窗口技术、固定和动态键可以方便地更换显示画面或者开设窗口显示等。工艺过程的操作可以在该类画面完成。流程图显示画面具有下列特性。

① 有利于对工艺过程及其流程的了解。

② 有利于了解控制方案和检测、控制点的设置。

③ 有利于了解设备和参数的关联情况。

④ 信息量通常比较大。

⑤ 调整参数、观察参数变化后的响应不够直观。

⑥ 容易造成技术上的秘密外泄。

【课堂知识】 流程图显示画面的动态效果

流程图画面是工艺过程在实时监控画面上的仿真。流程图画面根据组态信息和工艺运行情况，在实时监控过程中动态更新各个动态对象（如数据点、图形、趋势图等），因此，大部分的过程监视和控制操作都可以在流程图画面上实现。流程图画面显示静态图形和动态参数（如动态数据、开关、趋势图、动态液位等）。单击动态参数可在流程图画面上弹出该信号点相应的内部仪表，在动态数据上单击鼠标右键可弹出动态数据的相关信息。

为了达到较好的动态效果，集散控制系统也对图形显示采用一些动态处理，得到动态的实感。常见的动态处理方法有下列几种。

1．升降式动态处理方法

这种处理方法常用于物位的升降，采用充灌的颜色块上边线的移动达到动感。棒图显示也采用本方法。

2．推进式动态处理方法

这种处理方法常用于流体输送，采用 2～3 步的表示流体位置符号的正向逐步推进的显示来达到流体流动的动态，并采用不同的频率来表示流速的快慢。

3．改变色彩的动态处理方法

这种处理方法常用于温度的显示。高温时显示红色，随着温度的下降，颜色变成橙色、黄色，正常时为绿色，温度过低则为蓝色。

4．充色的动态处理方法

对于两位式的机械或电气设备，常采用设备框内充色表示设备的一种状态，不充色为另一种状态。在一个系统中应注意有统一的状态颜色的规定，即开启为充满等。对于两位式的旋转设备，也有采用推进式动态处理的方法来动态显示旋转的桨叶或叶轮等。

5．移动窗口的动态处理方法

在趋势显示画面中，显示窗口的大小是固定的，随着采样数据的输入，显示窗口内显示的曲线平移一个时间点，这相当于显示窗口后移一个时间点，从而保证了曲线的最后一点的信息是最新的信息。与本方法相类似，当时间轴上用一段线段表示某一个时间段，以该时间段内的平均采样值为纵坐标，则得到类似于直方图形状的趋势曲线，它也属于移动窗口的动态处理方法，在简单的集散控制系统中也常采用。

【实施步骤】

制作流程图时，一般应按照以下程序进行。

① 在组态软件中进行流程图文件登录。在系统组态界面工具栏中点击图标流程，进入操作站流程图设置界面，启动流程图制作软件。

② 操作小组设为“5#汽机”，点击“增加”命令，在页标题栏中输入标题名为“5#汽机系统图”，如图 1-106 所示。

③ 点击“编辑”命令，进入流程图制作界面，如图 1-107 所示，设置流程图文件版面格式（大小、格线、背景等）等画面基本属性。

④ 根据工艺流程要求，用静态绘图工具绘制工艺装置的流程图。

⑤ 根据监控要求，添加动态数据，用动态绘图工具绘制流程图中的动态监控对象。

⑥ 绘制完毕后，用样式工具完善流程图进行画面优化。

⑦ 保存流程图文件至硬盘上，以登录时所用文件名保存。注意保存和关联。点击“保存”命令，弹出保存路径选择对话框，选择保存路径为组态文件夹下的 Flow 子文件夹（如 D:\热电二期\Flow），输入文件名为“5#汽机系统图”，如图 1-108 所示。

⑧ 点击“保存”命令，返回到流程图制作界面。

⑨ 关闭流程图制作界面，返回到图 1-106 所示操作站流程图设置界面。

⑩ 在文件名一栏中点击查询按钮 ? ，弹出流程图文件选择对话框，如图 1-109 所示。

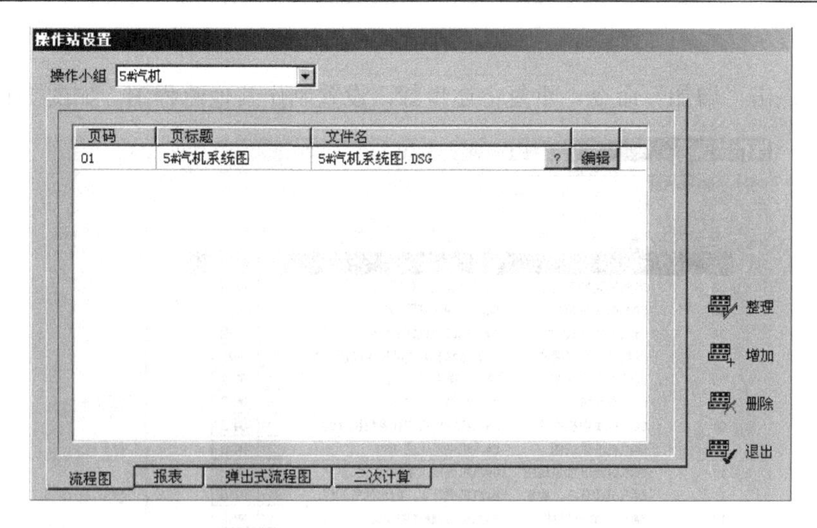

图 1-106　操作站流程图设置

图 1-107　流程图制作界面

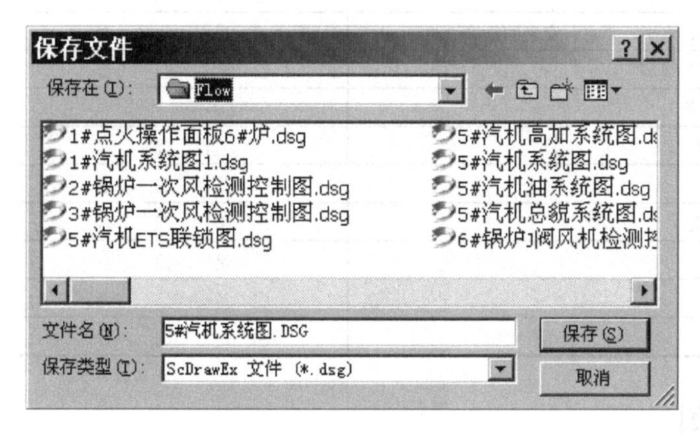

图 1-108　保存文件

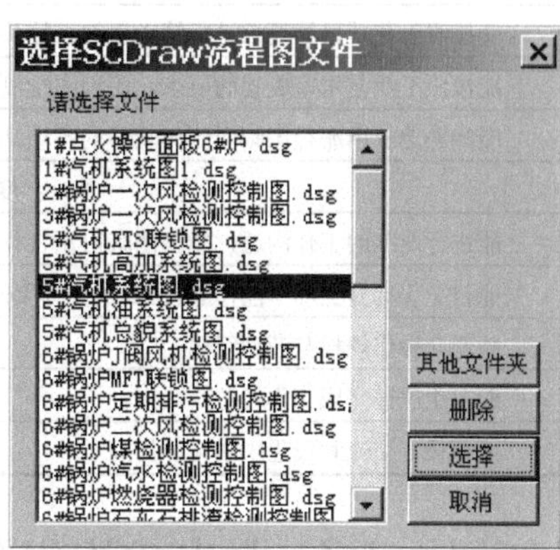

图 1-109　选择流程图文件

⑪ 选中“5#汽机系统图”，点击“选择”按钮，返回到图 1-106 所示操作站流程图设置

界面。

⑫ 再次点击“增加”命令，重复上述步骤，设置制作其他流程图，如图 1-110 所示。

图 1-110 操作站流程图设置结果

⑬ 点击“退出”返回到系统组态界面。

【考核自查】

知 识	自 测
能陈述流程图画面的特性功能	□ 是 □ 否
能陈述几种常见流程图画面的动态处理方法	□ 是 □ 否
能陈述制作 JX-300XP 流程图的流程	□ 是 □ 否
技 能	自 测
能在规定操作小组下制作流程图画面	□ 是 □ 否
能进行流程图页标题、文件名称、文件关联正确组态	□ 是 □ 否
能进行设备正确绘制	□ 是 □ 否
能进行正确位号引用组态	□ 是 □ 否
能按照工艺项目的要求进行管道粗细、接头、水平、垂直、交叉的正确绘制	□ 是 □ 否
能按照工业艺术审美观的要求，流程图绘制美观	□ 是 □ 否
能娴熟地应用流程图画面制作软件的各项功能	
态 度	自 测
能进行熟练的工作沟通，能与团队协调合作	□ 是 □ 否
能自觉保持安全和节能作业及 6S 的工作要求	□ 是 □ 否
能遵守操作规程与劳动纪律	□ 是 □ 否
能自主严谨完成工作任务	□ 是 □ 否
能积极在交流和反思中学习和提高	□ 是 □ 否

【拓展知识】 弹出式流程图

为了工艺操作工自如地切换画面，监控生产方便，设计了弹出式流程图。弹出式流程图与普通流程图的绘制技巧和规则相同。

弹出式流程图与普通流程图的主要区别。

① 弹出式流程图为浮动式，在监控画面内同时最多可以显示 9 幅。弹出式流程图以对话框的形式显示，可移动，但不可改变大小，当点击监控其他画面时不会被自动关闭。

② 保存路径不同。绘制完成的普通流程图文件保存在系统组态文件夹下的 Flow 子文件夹中，如“D:\精馏控制（系统组态文件夹）\Flow*.dsg”。而弹出式流程图保存在系统组态文件夹下的 Flow Popup 子文件夹中，如“D:\精馏控制（系统组态文件夹）\FlowPopup*.dsg”。

③ 画面大小不同。普通流程图画面一般显示整个屏幕，而弹出式流程图一般显示 1/6~1/3 显示屏。

流程图绘图规则及技巧如下。

① 绘图顺序：先主设备，后管道，再动态数据，最后整体处理画面。

② 从设计院提供的带工艺控制点的流程图到 DCS 监控画面流程图的转换。如图 1-111 所示。

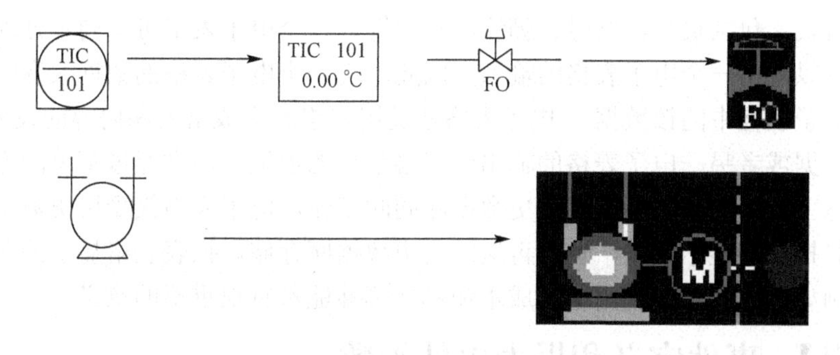

图 1-111　流程图的转换

③ 不通过 AdvanTrol-Pro 系统监控的设备，诸如就地仪表、分配台和释放阀、冗余管线、手阀等，将不显示在画面上，除非特殊要求。当它们显示出来时，用灰色显示，指明不受系统控制。

④ 仪表管线不显示，仪表信号的连接用细虚线表示。

⑤ 工艺物流通常从左到右，从上到下。

⑥ 流向用箭头标在工艺管线上，箭头颜色与管线颜色一致。

⑦ 流程图画面布局和设备尺寸以用户提供的信息为基准。

⑧ 工艺管线水平或者垂直显示，避免使用斜线。在任一交叉点，垂直管线显示为断开，水平管线保持连续；如果从工艺需要考虑，设备号、储槽标识号应该显示出来。提供一个按钮用以展开/关闭这些标签，以减少画面上的条目数。

⑨ 标识设备的标签位置风格应该一致，尽量避免垂直放置标签。

⑩ 每一幅画面在标题条上提供一个标题。

【工作任务八】 工作报表组态和优化

【课前知识】 报表表格

报表是一种十分重要且常用的数据记录工具。它一般用来记录重要的系统数据和现场数据，以供技术人员进行系统状态检查或工艺分析。报表制作软件从功能上分为制表和报表数据组态两部分，制表主要是将需要记录的数据以表格的形式制作；报表数据组态主要是根据需求对事件定义、时间引用、位号引用和报表输出做相应的设置。报表组态完成后，报表可由计算机自动生成。

报表表格是一个可以执行行和列的运算处理，允许操作人员、工程师和管理人员送入数据或利用生产过程数据组成的图形显示的电子表格。它可以用来进行生产管理，例如进行物料平衡计算、能量平衡计算、成本核算等。它可以提供用户所需的图形数据显示，例如用棒图、直方图、百分圆图等。报表表格具有常用的电子表格的各种功能，它包括对表格单元内容的编辑、增删、复制和移送，它允许对电子表格内公式的锁定和存储，能够方便地更改标志和数据，进行重新计算，它还允许用户输入数据组成电子表格单元的内容。通过有关命令，电子表格能够被打印出来。报表表格接受各种算术的、逻辑的运算，它也能完成一些商用函数的运算，例如净现值和贷付函数等。它能同时允许多个窗口来显示不同的电子表格，并有灵活的报表格式，包括页号、题号、脚注、行距等。几个电子表格可以同步处理，一个电子表格的输出可以是另一个电子表格的输入，因此，当一个电子表格的数据改变时，它会自动改变另一个电子表格中的该数据。电子表格通过用户组态完成格式和内容的设置，内容行可以是公式、数据或者另一电子表格的输出或表格单元的地址。通常通过菜单的方式，可以方便地完成组态工作。电子表格常与历史数据库同时工作，电子表格接受历史数据库的数据，通过统计计算把结果显示出来，也可再送回历史数据库存储。报表表格显示的图形对于分析生产过程，例如能量、物料利用率、成本和单耗等性能都有很重要的意义。

【课堂知识】 事件定义和报表事件函数

一、事件定义

事件定义用于设置数据记录、报表产生的条件，系统一旦发现事件信息被满足，即记录数据或触发产生报表。事件定义中可以组态多达 64 个事件，每个事件都有确定的编号，事件的编号从 1 开始到 64，依次记为 Event[1]、Event[2]、Event[3]……Event[64]等，点击菜单命令“数据”→“事件定义”将弹出图 1-112 所示事件组态对话框。

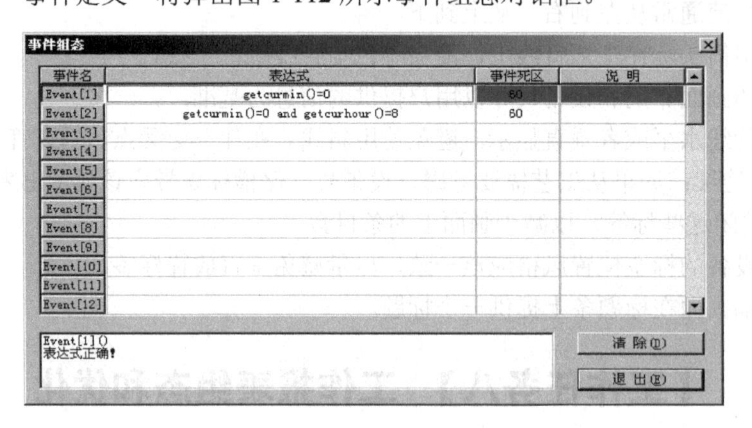

图 1-112 事件组态对话框

事件定义的表达式是由操作符、函数、数据等标识符的合法组合而成的，表达式所表达的事件结果必须为一布尔值。事件定义中表达式的操作符及函数说明参见“报表函数”一节。

用户填写好表达式后，回车以确认。如果表达式正确，则在事件组态对话框左下角的状态栏中提示，如图 1-113 所示。

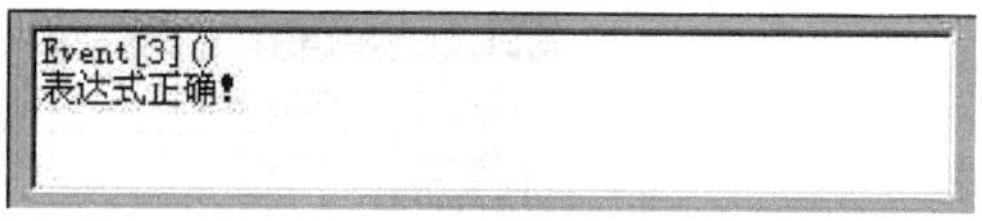

图 1-113

如果表达式中包含未声明或不存在的位号，则提示如图 1-114 所示。

如果表达式含有其他错误，则提示如图 1-115 所示。

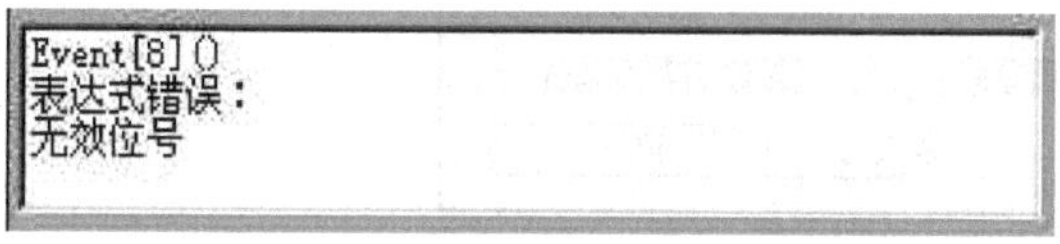

Event[8]()
表达式错误：
无效位号

图 1-114

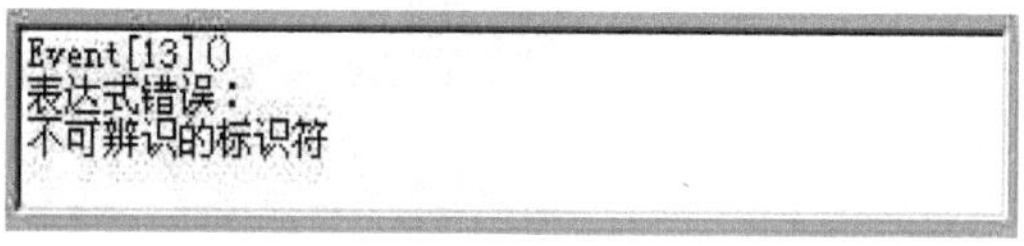

Event[13]()
表达式错误：
不可辨识的标识符

图 1-115

用户需要根据表达式的书写规范对其进行修改直至正确方可。

在“说明”一栏内，用户可加入对事件的文字或符号注释。退出事件定义窗口，再次从菜单中打开事件定义时，可以看到事件“说明”一栏中为空白，原先输入的事件说明已经被自动加到事件组态下部的事件状态显示框中了（软件运行时，并不对说明内容进行处理）。

事件死区的单位是秒，如图 1-116 所示，事件 1 为秒数，为偶数时的触发事件，事件死区为 4s。

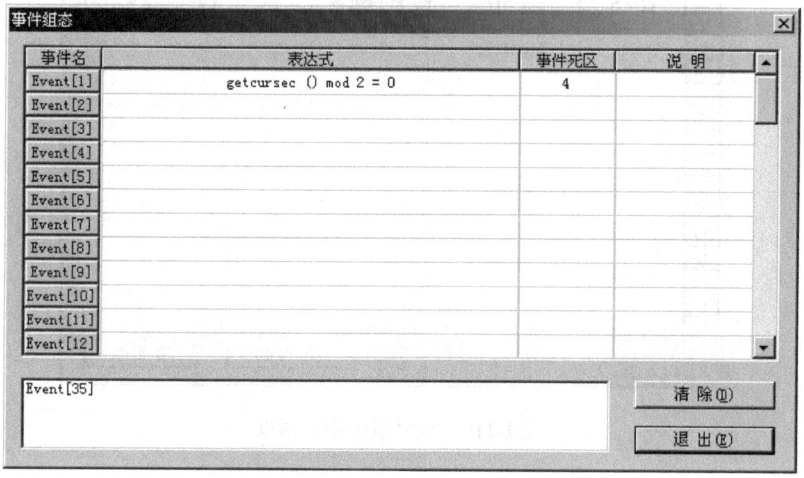

事件组态

事件名	表达式	事件死区	说 明
Event[1]	getcursec () mod 2 = 0	4	
Event[2]			
Event[3]			
Event[4]			
Event[5]			
Event[6]			
Event[7]			
Event[8]			
Event[9]			
Event[10]			
Event[11]			
Event[12]			

Event[35]

清 除(D)

退 出(E)

图 1-116 事件死区设置对话框

在时间量组态对话框中将时间量与该事件绑定，引用事件触发后，在事件死区范围内将不会记录新的事件触发时间，即第一次事件触发后每隔 6s 记录一次触发时间，如图 1-117 所示。

在位号量组态对话框中将一位号量与一事件绑定（图 1-118），引用事件触发后，在事件死区范围内将不会记录新的事件触发时此位号的值，原理同时间量组态，第一次事件触发后每隔 6s 记录一次触发时刻的位号值。

下面是事件组态的过程示例。

① 用鼠标单击菜单栏中数据项（或使用组合键 Alt+D），在其下拉菜单中选择事件定义命令，将弹出事件组态窗口，如图 1-119 所示。

图 1-117　时间量组态对话框

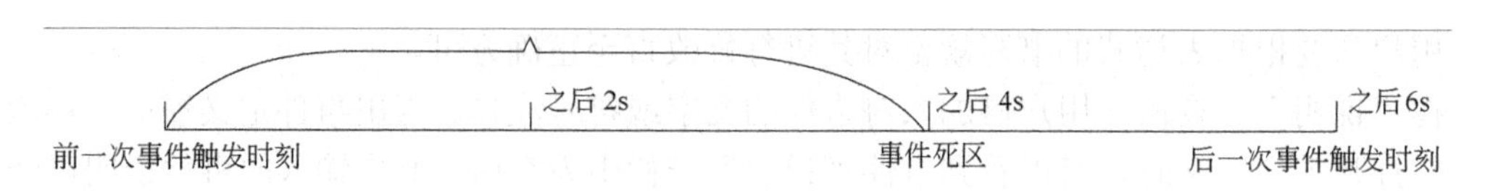

图 1-118　时间量取值原理图

位号量组态

	位号名	引用事件	模拟量小数位数	说明
1	WFT204	No Event	2	
2	TB201	Event[1]	3	
3				
4				
5				
6				
7				
8				
9				
10				
11				
12				
13				

清 除(D)　退 出(E)

图 1-119　位号量组态对话框

② 组态事件。双击事件 1 后面的表达式条，输入表达式，按下回车键（注意，输入表达式后必须按下回车键确认，否则输入的信息将不被保存）。若所输入的表达式无语法错误，则在窗口下方的状态栏中将提示表达式正确，否则提示表达式错误，并在其后显示错误信息。如图 1-120 所示。

③ 设置事件说明。事件三为报警上限条件，为事件三设置说明。双击事件三后面的说明条，输入“报警上限”，按回车键确认即可，如图 1-121 所示。

④ 退出。事件组态完成后，点击退出即关闭组态窗口。

事件组态完成后，就可以在相关的时间组态、位号组态以及输出组态中被引用了。

二、报表事件函数

事件定义中使用事件函数用于设置数据记录条件或设置报表产生及打印的条件，系统一旦发现组态信息被满足，即触发数据记录或产生并且打印报表。表达式所表达的事件结果必须为布尔值。用户填写好表达式后，按回车予以确认。

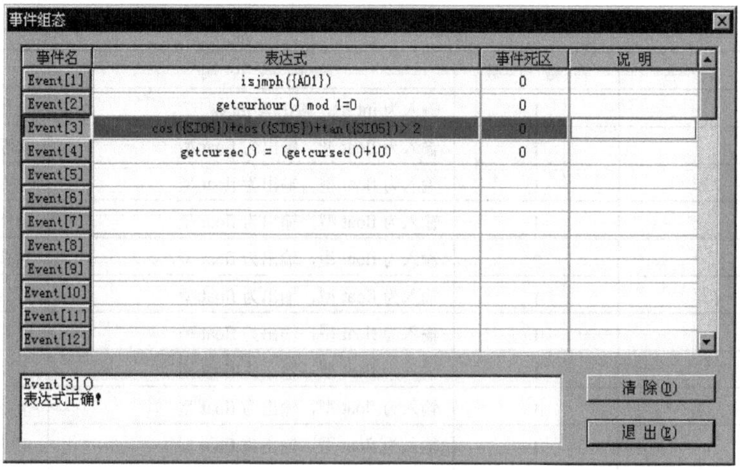

图 1-120　事件组态示例

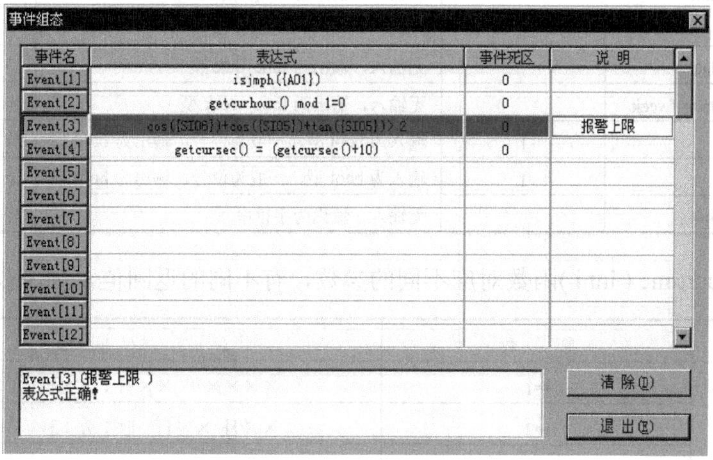

图 1-121　说明设置

1．事件定义中可以使用的操作符及其功能说明

如下表所示。

序　　号	操　作　符	功 能 说 明	序　　号	操　作　符	功 能 说 明
1	(	左括号	11	=	等于
2	)	右括号	12	<	小于
3	,	函数参数间隔号	13	>=	大于或等于
4	+	正号	14	<>	不等于
5	−	负号	15	<=	小于或等于
6	+	加法	16	Mod	取余
7	−	减法	17	Not	非
8	*	乘法	18	And	并且
9	/	除法	19	Or	或
10	>	大于	20	Xor	异或

2．事件定义中的函数定义（函数名不区分大小写）

如下表所示。

序号	函数名	参数个数	函数说明	功能
1	Abs	1	输入为 int 型，输出为 int 型	求整数绝对值
2	Fabs	1	输入为 float 型，输出为 float 型	求浮点绝对值
3	Sqrt	1	输入为 float 型，输出为 float 型	开方
4	Exp	1	输入为 float 型，输出为 float 型	自然对数的幂次方
5	Pow	2	输入为 float 型，输出为 float 型	求幂
6	Ln	1	输入为 float 型，输出为 float 型	自然对数为底的对数
7	Log	1	输入为 float 型，输出为 float 型	取对数
8	Sin	1	输入为 float 型，输出为 float 型	正弦
9	Cos	1	输入为 float 型，输出为 float 型	余弦
10	Tan	1	输入为 float 型，输出为 float 型	正切
11	Getcurtime		输出为 time_time 型	当前时间
12	Getcurhour		无输入，输出为 integer 型	当前小时
13	Getcurmin		无输入，输出为 integer 型	当前分
14	Getcursec		无输入，输出为 integer 型	当前秒
15	Getcurdate		无输入，输出为 time_date 型	当前日期
16	Getcurday-ofweek		无输入，输出为 time_week 型	当前星期
17	Isjmph	1	输入为 bool 型，一般为位号，输出为 bool 型	位号是否为高跳变
18	Isjmpl	1	输入为 bool 型，一般为位号，输出为 bool 型	位号是否为低跳变
19	Getcuropr		无输入，输出为字符串	当前的操作人员名

其中，Getcurtime (int i)函数对应不同的参数，有不同的返回值，如下表所示

函数名	参数	返回值
Getcurtime	i=1	××××年 ××月：××日 时：分：秒
	i=2	××月 ××日　时：分：秒
	i=3	××日　　时：分：秒
	i=4	周×　时：分：秒
	i=5	××××年 ××月××日
	i=6	××月××日
	i=7	××日
	i=8	周×
	i=9	时：分：秒
	i=10	时：分
	i=11	分：秒
	缺省	时：分：秒

3．表达式的使用举例

Abs——abs({integer}) = 2，当整型数据位号 integer 的绝对值等于 2 时。

Cos——cos({float}) > 0.2 and cos({float})<0.8，当浮点数位号 float 的余弦值在 0.2 和 0.8 之间时。

Exp——exp({floata}) mod 5 > 2 and exp({floatb}) = 2，位号 floata 与 floatb 为浮点数，此表达式含义为当 floata 的 exp 值除以 5 的余数大于 2 并且 floatb 的 exp 值等于 2 二者同时成立时。

Fabs——fabs({floata}) +fabs({floatb}) = 25，当浮点数 floata 与浮点数 floatb 的绝对值之和等于 25 时。

Getcurdate——getcurdate () = date_12，当日期为 12 日时。

Getcurdayofweek——getcurdayofweek () = Monday，当时间是周一时。

Getcurhour——getcurhour () mod 2 = 0，当小时数为 2 的整数倍（0、2、4……22、24 点）时。

Getcurmin——getcurmin () = 28，当时间为 28 分钟时；getcurmin () = 5 and getcurhour() = 2，当时间为两点零五分时。

Getcursec——getcursec () =20 or getcursec () = 40，当时间为 20 秒或 40 秒时。

Getcurtime——getcurtime ()= 10:30:00，当时间为十点三十分时。

Isjmph——isjmph（{kaiguanliang}），“kaiguanliang”是一个开关量位号名称，此表达式的含义是开关量信号“kaiguanliang”发生向上跳变时。

Isjmpl——isjmpl（{kaiguanliang}），开关量信号“kaiguanliang”发生向下跳变时。

Ln——ln({float})>2，当浮点型数据“float”以 e 为底的对数值大于 2 时。

Log——log({float})>2，当浮点型数据“float”以 10 为底的对数值大于 2 时。

Pow——pow({float1},{float2})>5，当浮点型数据“float1”的“float2”次幂的值大于 2 时。

Sin——sin({float})<=2，当浮点型数据“float”的正弦值小于等于 2 时。

Sqrt——sqrt({float})<>2，当浮点型数据“float”的平方根不等于 2 时。

Tan——tan({float})>=2，当浮点型数据“float”的正切值大于等于 2 时。

4．事件定义的数据

- 字符串：以“　”限定，在“　”之间可以为任何字母、数字、符号等，例如“asfDFFGdS9790#%^u&($$$&#!?>90WE)”。
- 位号：以{ }限定，例如{adv-9-0}。
- 数字：例如 12.3%、1234.5678。
- 时间：例如 8:00:00 23:36，时间值不能为 24 时（或大于 24 时）、60 分（或大于 60 分）、60 秒（或大于 60 秒）及它们的组合。
- 日期：例如 DATE_1（每个月的 1 日）DATE_31（每个月的 31 日），不区分字母大小写，日期值必须以 DATE_为前缀，且不能为大于 31 的数值。
- 星期：例如 MONDAY（星期一）、TUESDAY（星期二）、SUNDAY（星期天），不区分字母大小写。

【实施步骤】

报表制作流程为：进入操作站报表设置界面→选择报表归属（操作小组）→进入报表制作界面→设计报表格式→定义与报表相关的事件→时间引用组态→位号引用组态→报表内容填充→报表输出设置→保存报表→执行报表与系统组态的联编。

① 进入系统组态界面。

② 在工具栏中点击 [icon] 命令按钮，进入操作站设置界面。

③ 点击“增加”，设置页标题为“班报表”，文件名为“班报表”，如图 1-122 所示。

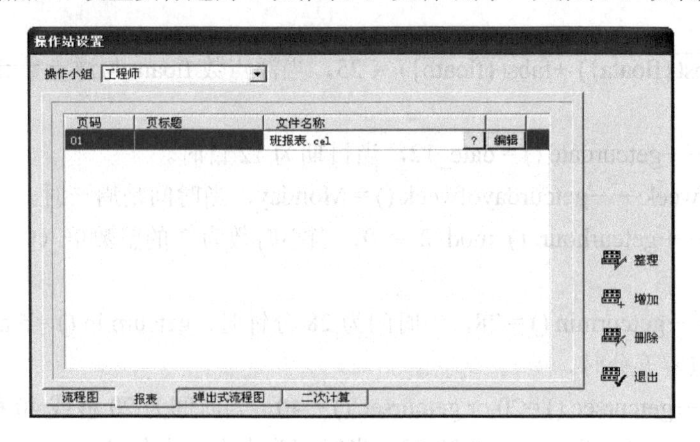

图 1-122

④ 点击“编辑”按钮，进入报表制作界面，如图 1-123 所示。

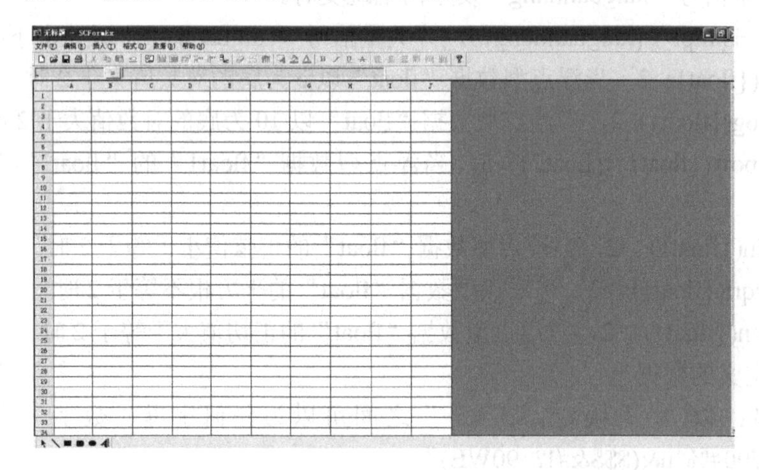

图 1-123

⑤ 设计报表格式，效果如图 1-124 所示。

低沸塔报表(班报表)

____班 ____组 组长______ 记录员________ ______年 ____月 ____日

内容	描述			数			据		
PI2501	全凝器出…								
PI2502	低塔加料…								
PI2503	尾凝气出…								
PI2504	低塔塔顶…								
I2501.SM	单体流量…								
I2501.VAL	单体流量…								

图 1-124

⑥ 位号填充序列组态，使报表中显示不同时刻不同位号的数值，设置结果如图 1-125 所示。

低沸塔报表(班报表)									
____班 ____组 组长______ 记录员________ ______年 _____月 _____日									
内容	描述	数				据			
PI2501	全凝器出…	={PI2501…	={PI2501…	={PI2501…	={PI2501…	={PI2501…	={PI2501…	={PI2501…	={PI2501…
PI2502	低塔加料…	={PI2502…	={PI2502…	={PI2502…	={PI2502…	={PI2502…	={PI2502…	={PI2502…	={PI2502…
PI2503	尾凝气出…	={PI2503…	={PI2503…	={PI2503…	={PI2503…	={PI2503…	={PI2503…	={PI2503…	={PI2503…
PI2504	低塔塔顶…	={PI2504…	={PI2504…	={PI2504…	={PI2504…	={PI2504…	={PI2504…	={PI2504…	={PI2504…
FI2501.SM	单体流量…	={FI2501…	={FI2501…	={FI2501…	={FI2501…	={FI2501…	={FI2501…	={FI2501…	={FI2501…
FI2501.VAL	单体流量…	={FI2501…	={FI2501…	={FI2501…	={FI2501…	={FI2501…	={FI2501…	={FI2501…	={FI2501…

图 1-125

⑦ 时间填充序列组态，使报表中显示不同时刻、不同位号的数值，制作后整体效果如图 1-126 所示。

A	B	C	D	E	F	G	H	I	J
低沸塔报表(班报表)									
____班 ____组 组长______ 记录员________ ______年 _____月 _____日									
时　间		=Timer1[0]	=Timer1[1]	=Timer1[2]	=Timer1[3]	=Timer1[4]	=Timer1[5]	=Timer1[6]	=Timer1[7]
内容	描述	数				据			
PI2501	全凝器出…	={PI2501…	={PI2501…	={PI2501…	={PI2501…	={PI2501…	={PI2501…	={PI2501…	={PI2501…
PI2502	低塔加料…	={PI2502…	={PI2502…	={PI2502…	={PI2502…	={PI2502…	={PI2502…	={PI2502…	={PI2502…
PI2503	尾凝气出…	={PI2503…	={PI2503…	={PI2503…	={PI2503…	={PI2503…	={PI2503…	={PI2503…	={PI2503…
PI2504	低塔塔顶…	={PI2504…	={PI2504…	={PI2504…	={PI2504…	={PI2504…	={PI2504…	={PI2504…	={PI2504…
FI2501.SM	单体流量…	={FI2501…	={FI2501…	={FI2501…	={FI2501…	={FI2501…	={FI2501…	={FI2501…	={FI2501…
FI2501.VAL	单体流量…	={FI2501…	={FI2501…	={FI2501…	={FI2501…	={FI2501…	={FI2501…	={FI2501…	={FI2501…

图 1-126

⑧ 从菜单栏中打开数据子菜单，选择“事件定义”，打开事件组态窗口，定义事件，结果如图 1-127 所示。

- 记录报表事件定义表达式：getcurmin（）=0 and getcursec（）=0
- 输出报表事件定义表达式：getcurtime()=00:00:00 or getcurtime()=08:00:00 or getcurtime()=16:00:00

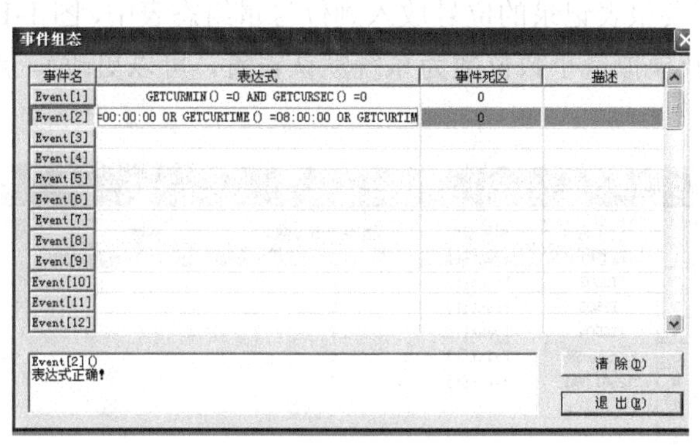

图 1-127

⑨ 从菜单栏中打开数据子菜单，选择“时间引用”，打开时间量组态窗口，双击图中 Timer1 行“时间形式”下方的空白条，从下拉列表选择“xx：xx：xx”，按回车键确认，如图 1-128 所示。点击“退出”按钮，返回到报表组态界面。

⑩ 从菜单栏中打开“数据”子菜单，选择“位号引用”，弹出图 1-129 所示窗口。

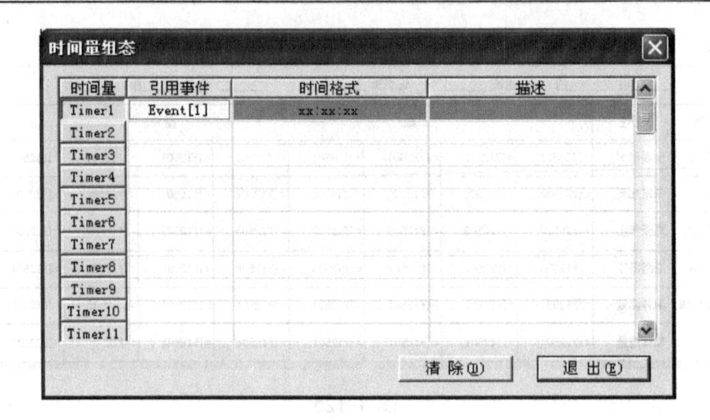
时间量组态

时间量	引用事件	时间格式	描述
Timer1	Event[1]	xx:xx:xx	
Timer2			
Timer3			
Timer4			
Timer5			
Timer6			
Timer7			
Timer8			
Timer9			
Timer10			
Timer11			

清除(D) 退出(E)

图 1-128

⑪ 双击“位号名”下方的空白处，将会在右侧出现一个按钮 ...，点击此按钮可以打开如图 1-130 所示窗口。

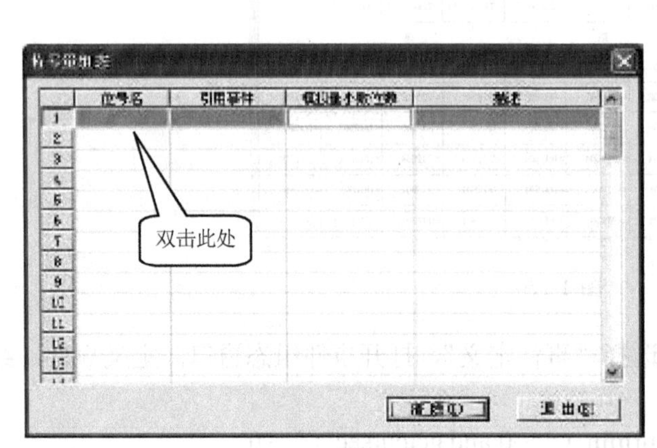

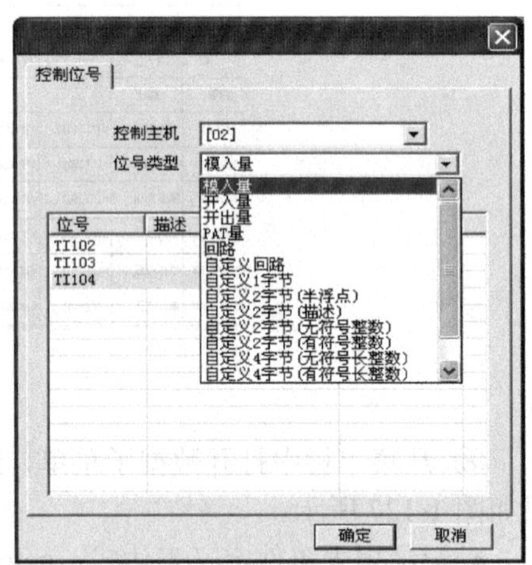

图 1-129　　　　图 1-130

⑫ 在其中选择需要报表记录的位号放入到位号量组态表中，图 1-131 所示为位号引用的结果（图中引用事件及模拟量小数位数为系统默认设置，可以更改）。点击“退出”按钮，返回到报表组态界面。

位号量组态

	位号名	引用事件	模拟量小数位数	描述
1	PI2501	Event[1]	2	
2	PI2502	Event[1]	2	
3	PI2503	Event[1]	2	
4	PI2504	Event[1]	2	
5	FI2501.SM	Event[1]	2	
6	FI2501.VAL	Event[1]	2	
7				
8				
9				
10				
11				
12				
13				

清除(D) 退出(E)

图 1-131

⑬ 从菜单栏中选择“数据”→“报表输出”，调出如图 1-132 所示的“报表输出定义”窗口。

在窗口中进行报表输出条件的设置，设置结果如图 1-133 所示。

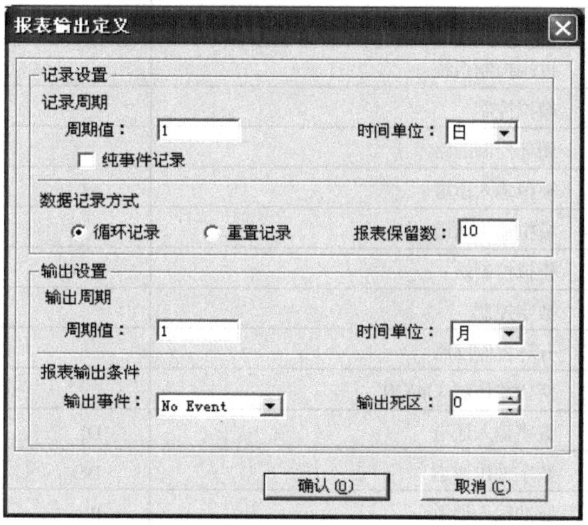

图 1-132

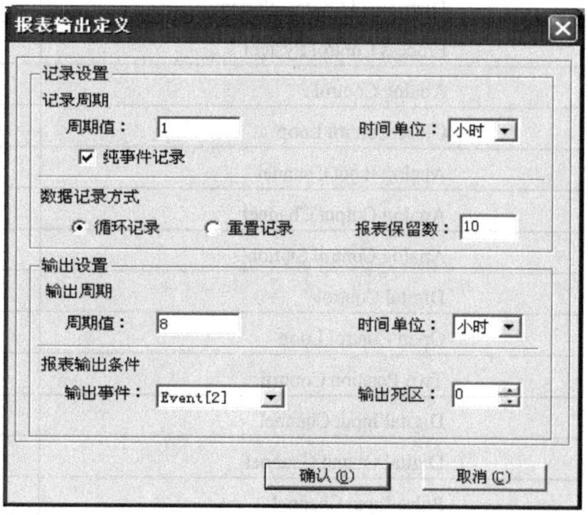

图 1-133

⑭ 点击“文件”→“保存”，保存已经编辑好的报表。

【考核自查】

知　识	自　测
能陈述报表的功能	□ 是　□ 否
能陈述事件定义的作用	□ 是　□ 否
能陈述事件函数的功能	□ 是　□ 否
能陈述报表制作流程	□ 是　□ 否
技　能	自　测
能在规定操作小组下做报表画面	□ 是　□ 否
能进行报表页标题、文件名称、关联正确组态	□ 是　□ 否
能进行报表格式正确组态	□ 是　□ 否
能进行正确定义事件组态	□ 是　□ 否
能进行正确引用时间和引用位号	□ 是　□ 否
能进行正确填充	□ 是　□ 否
能进行正确设置报表输出	□ 是　□ 否
态　度	自　测
能进行熟练的工作沟通，能与团队协调合作	□ 是　□ 否
能自觉保持安全和节能作业及 6S 的工作要求	□ 是　□ 否
能遵守操作规程与劳动纪律	□ 是　□ 否
能自主、严谨完成工作任务	□ 是　□ 否
能积极在交流和反思中学习和提高专业技能	□ 是　□ 否

【拓展知识】 DCS常用的术语及名称缩写

英　文	中　文	缩　写
Distributed Control System	分布控制系统	DCS
Process Control System	过程控制系统	
Analog Control	模拟控制	
Close Control Loop	闭环控制回路	
Analog Input Channel	模拟输入通道	AI
Analog Output Channel	模拟输出通道	AO
Analog Control Station	模拟控制站	SAC
Digital Control	数字控制	
Open Control Loop	开环控制回路	
Two Position Control	两位式控制 On/Off	
Digital Input Channel	数字输入通道	DI
Digital Output Channel	数字输出通道	DO
Pulse Input Channel	脉冲输入通道	PI
Digital Logic Station	数字逻辑站	DLS
Programming Logic Controller	可编程控制器	PLC
Control Output	控制输出	CO
Communication System	通信系统	
Communication Network	通信网络	
Control Network	控制网络	Cnet
Control Way	控制通道	C.W
Modulebus	模件总线	M.B
Expanderbus	扩展总线	Ex.bus
Fieldbus	现场总线	
Communication Protocol	通信协议	
Store and Forward	存储转发	
Contention Detect	冲突检测	
Broadcast Protocol	广播协议	
Peer to Peer Communication	对等通信	
Point to Point	点对点	
Field Bus Protocol	现场总线协议	
Series Port	串行口	
SCSI	小型机系统接口	
Synchronous	同步	SYN
Asynchronous	异步	
Timing	定时	
Ethernet	以太网	
Internet	因特网	
Data Communication Equipment	数据通信设备	DCE
Data Termination Equipment	数据终端设备	DTE
Bit per Second	位/秒	bps
Node	节点	

续表

英　文	中　文	缩　写
Cyclic Redundancy Code	循环冗余码	CRC
Process Control Unit	过程控制单元	PCU
Human System Interface	人系统接口	HIS
Computer Interface Unit	计算机接口单元	CIU
Module Mounting Unit	模件安装单元	MMU
Cabinet	机柜	CAB
Network Interface Module	网络接口模件	NIS
Network Processing Module	网络处理模件	NPM
Loop Address	环路地址	
Node Address	节点地址	
Controller	控制器	
Master Module	主模件	
Multi-Function Processor	多功能处理器	MFP
Bridge Controller	桥控制器	BRC
Machine Fault Timer	机器故障计时器	MFT
Direct Memory Access	直接存储器存取	DMA
Redundancy Link	冗余链	
DCS Link	站链	
Reset	复位	
Module Address	模件地址	
Power Fault Interruption	电源故障中断	PFI
Termination Unit	端子单元	TU
Dip shunt	跨接器	
Jumper	跳线器	
Setting and Installation	设置与安装	
Address Selection Switch	地址选择开关	
Slave Module	子模件	
Analog Input Module	模拟输入模件	ASI
Analog Output Module	模拟输出模件	ASO
Digital Input Module	数字输入模件	DSI
Digital Output Module	数字输出模件	DSO
Pulse Input Module	脉冲输入模件	DSM
Control I/O Module	控制 I/O 模件	CIS
Modular Power System	模件电源系统	MPS
Thermocouple	热电偶	TC
Millivolt	毫伏	mV
RTD	热电阻	
High Level	高电平	
Low Level	低电平	
Distributed Sequence of Event	分布顺序事件	DSOE
Time Information	时钟信息	
Time Link	时钟链	

续表

英　　文	中　　文	缩　　写
Time Synchronous	时钟同步	
Sequence of Event Master	顺序事件主模件	SEM
Sequence of Event Digital	顺序事件数字模件	SED
Time Salve Termination	时间子模件端子	TST
Operator Interface Station	操作员接口站	OIS
Operation System	操作系统	
Operator Windows	操作员窗口	
Mini Alarm Windows	最小报警窗口	
Summer Display	总貌画面	
Group Display	组画面	
Alarm Acknowledge	报警确认	ACK
Alarm Non Acknowledge	报警非确认	NAK
Station Display	站画面	
Annunciator Display Panel	警告显示盘	ADP
Quick Key	快捷键	
Engineering Work Station	工程工作站	EWS
Configuration	组态	
Project Tree	项目树	
Automation Architect	自动化结构	
Object Exchange	对象交换	
Function Code	功能码	FC
Function Block	功能块	FB
Block Address	块地址	
Block Number	块号	
Exception Report	例外报告	
Significant Change	有效变化量	
Minimum Exception Report Time	最小例外报告时间	tmin
Maximum Exception Report Time	最大例外报告时间	tmax
High Alarm Limit	高报警限	
Low Alarm Limit	低报警限	
Alarm Deadband	报警死区	

【工作任务九】 仿真监控运行

【课前知识】 系统编译与组态下载和传送

一、系统编译

组态完成后所形成的组态文件必须经过系统编译，才能下载给控制站执行和传送到操作站监控。组态编译包括对系统组态信息、流程图、自定义程序语言及报表信息等一系列组态信息文件的编译。

系统编译操作步骤如下。

① 在系统组态界面工具栏中点击“保存”命令。

② 在系统组态界面工具栏中点击编译命令编译。

③ 检查编译信息显示区内是否提示编译正确。

④ 若信息显示区内提示有编译错误，则根据提示修改组态错误，重新编译。

注意：如果在编译的过程中出现错误需要提前结束编译时，可以点击中止进行中止，中止功能只在编译的过程中有效。

二、组态下载和传送

组态下载与传送是系统组态过程的最后步骤。下载组态，即将工程师站的组态内容编译后下载到控制站，或在修改与控制站有关的组态信息（主控制卡配置、I/O 卡件设置、信号点组态、常规控制方案组态、自定义控制方案组态等）后，重新下载组态信息。如果修改操作站的组态信息（标准画面组态、流程图组态、报表组态等）则不需下载组态信息。传送组态，即在工程师站将编译后的“.SCO”操作信息文件、“.IDX”编译索引文件、“.SCC”控制信息文件等通过网络传送给操作员站。组态传送前必须先在操作员站启动实时监控软件。

组态下载与传送步骤如下。

① 编译正确后，在系统组态界面工具栏中点击下载命令下载，弹出图 1-134 所示下载主控制卡组态信息对话框。

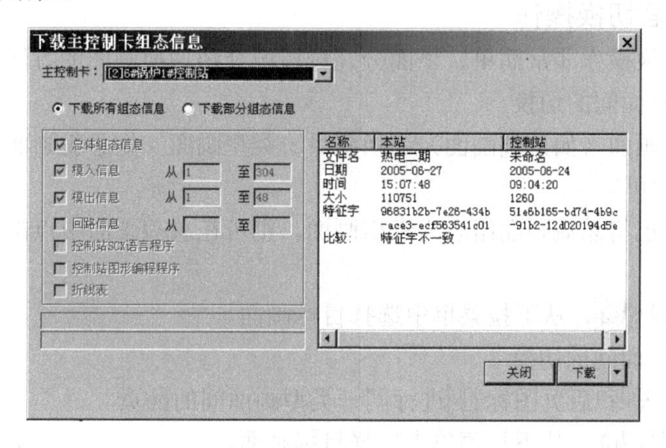

图 1-134　下载主控制卡组态信息画面

② 选择下载控制站（可通过主控制卡选项后的下拉菜单进行选择）。

③ 选择下载方式（下载所有组态信息）。

④ 检查信息显示区内的特征字是否一致，若一致，则不用下载组态信息，若不一致，则点击“下载”命令。

⑤ 组态下载结束后，点击“关闭”命令，返回到系统组态界面。

⑥ 在系统组态界面工具栏中点击传送命令传送，弹出图 1-135 所示组态传送对话框。

⑦ 选择传送哪个操作小组的文件。

⑧ 选择目的操作站。

⑨ 选择目的操作站是否直接重启及重启时选择哪个操作小组。

⑩ 选择要传送的文件（建议全选）。

⑪ 点击“传送”命令。

⑫ 传送结束后，点击“关闭”命令，返回到系统组态界面。

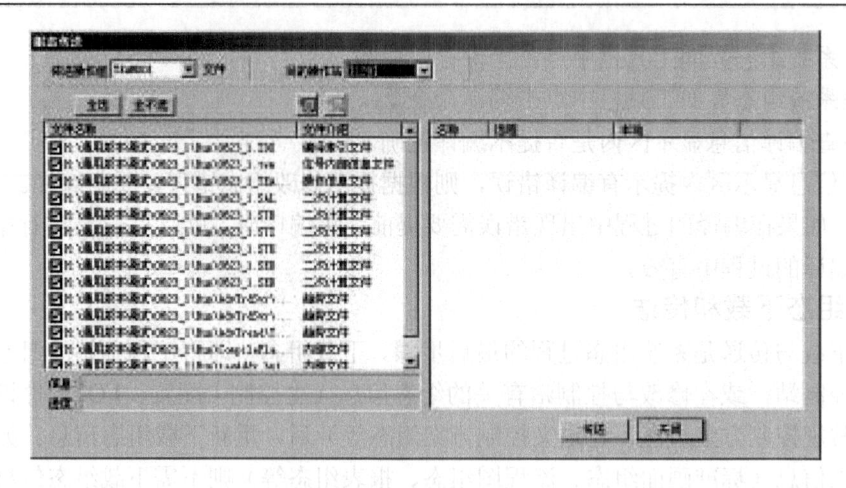

图 1-135　组态传送对话框

【课堂知识】 实时监控操作

实时监控操作可分为三种类型的操作，即监控画面切换操作、设置参数操作和系统管理操作。

一、监控画面切换操作

监控画面的切换操作非常简单，下面分几种情况介绍切换画面的方法。

1．不同类型画面间的切换

- 从某一类型画面（如调整画面）切换到另一类型画面（如总貌画面）时，只要点击目标画面的图标即可。
- 若在组态时已将总貌画面组态为索引画面，则可在总貌画面中点击目标信息块切换到目标画面。
- 右击翻页图标，从下拉菜单中选择目标画面。

2．同一类型画面间的切换

- 用前页图标和后页图标进行同一类型画面间的翻页。
- 左击翻页图标，从下拉菜单中选择目标画面。

3．流程图中画面的切换

在流程图组态过程中，可以将命令按钮定义成普通翻页按钮或是专用翻页按钮。若定义为普通翻页按钮，在流程图监控画面中点击此按钮可以将监控画面切换到指定画面；若定义为专用翻页按钮，在流程图监控画面中点击此按钮将弹出下拉列表，可以从列表中选择要切换的目标画面。

4．操作员键盘操作切换画面

在操作员键盘上有与实时监控画面功能图标对应的功能按键，点击这些按键可实现相应的画面切换功能。

若将操作员键盘上的自定义键定义为翻页键，则可利用这些键实现画面切换。

二、设置参数操作

在系统启动、运行、停车过程中，常常需要操作人员对系统初始参数、回路给定值、控制开关等进行赋值操作以保证生产过程符合工艺要求。这些赋值操作大多是利用鼠标和操作员键盘在监控画面中完成的。常见的参数设置操作方法如下。

1．在调整画面中进行赋值操作

调整画面如图 1-136 所示。

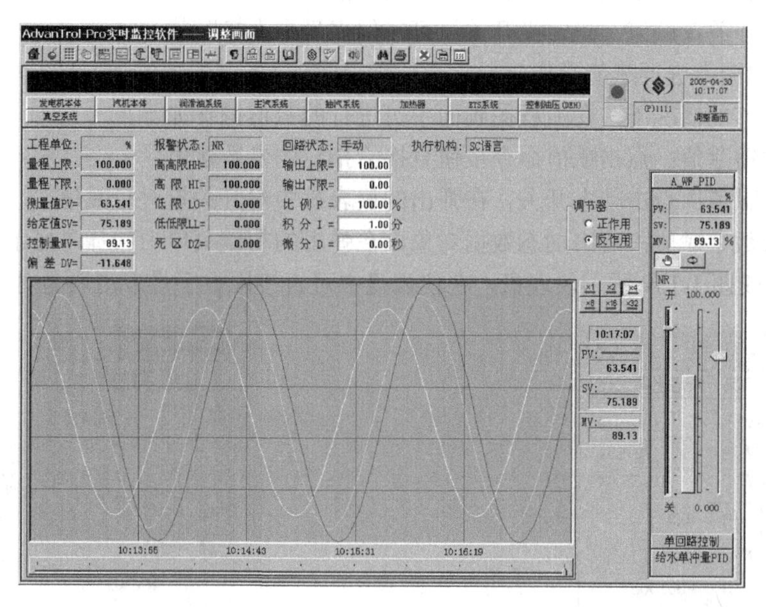

图 1-136　实时监控调整画面

在权限足够的情况下（此时可操作项为白底），在调整画面中可进行的赋值操作如下。

- 设置回路参数：若调整画面是回路调整画面，则可在画面中设置各种回路参数，包括手/自动切换（　　）、调节器正反作用设置、PID 调节参数、回路给定值 SV、回路阀位输出值 MV。
- 设置自定义变量：若调整画面是自定义变量调整画面，则可在画面中设置变量值。
- 手工置值模入量：若调整画面是模入量调整画面，则可在画面中手工置值模入量。

2．在分组画面中进行赋值操作

分组画面如图 1-137 所示。

图 1-137　实时监控分组画面

在权限足够的情况下，在分组画面（仪表盘）中可进行的赋值操作如下。

- 开出量赋值：开出量可在仪表盘中直接赋值。
- 自定义开关量赋值：自定义开关量可在仪表盘中直接赋值。

3．在流程图中进行赋值操作

在权限足够的情况下，在流程图画面中可进行的赋值操作如下。

- 命令按钮赋值：点击赋值命令按钮直接给指定的参数赋值。
- 开关量赋值：点击动态开关，在弹出的仪表盘中对开关量进行赋值。
- 模拟量数字赋值：右击动态数据对象，在弹出的右键菜单中选择“显示仪表”，将弹出如图 1-138 或图 1-139 所示仪表盘，在仪表盘中可直接用数字量或滑块为对象赋值。

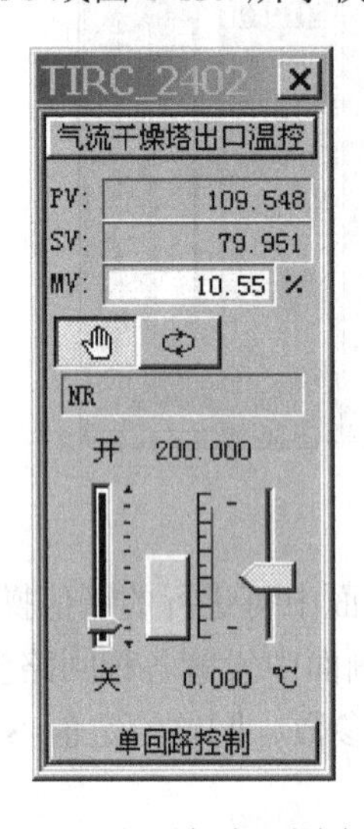

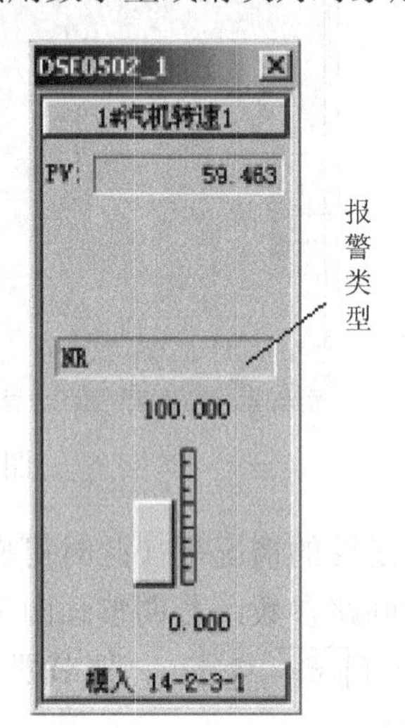

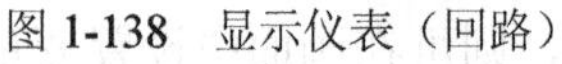

图 1-138　显示仪表（回路）　　　　图 1-139　显示仪表（模入量）

其中，仪表盘中可以显示的报警类型如下表所示。

报警类型	描　述	颜　色	信号类型	报警类型	描　述	颜　色	信号类型
正常	NR	绿色	模入	低低限	LL	红色	模入
高限	HI	黄色	模入	正偏差	+DV	黄色	回路
低限	LO	黄色	模入	负偏差	-DV	黄色	回路
高高限	HH	红色	模入				

- 斜波赋值：右击动态数据对象，在弹出的右键菜单中选择“显示位号仪表”，将弹出如图 1-140 所示仪表盘，在仪表盘中输入每次改变的百分比，点击 < 、 > 或 << 、 >> 即可以百分比形式增加或减小对象值。

4．操作员键盘赋值

在操作员键盘上有 24 个空白键，可以在组态时将其定义为赋值键，启动监控画面后，点击赋值键即可为指定的参数赋值（系统组态中 “自定义键组态” 的说明）。

三、系统管理操作

1．口令图标

点击口令图标，在弹出的对话框中可进行重新登录、切换到观察状态及选项设置等操作，如图 1-141 所示。点击“选项”按钮可设置启动时以何用户名登录及何种权限以上的用户可以切换到观察状态。

图 1-140　位号仪表盘　　　　图 1-141　登录对话框

2．操作记录一览图标

点击操作记录一览图标将弹出日志记录一览画面，如图 1-142 所示。

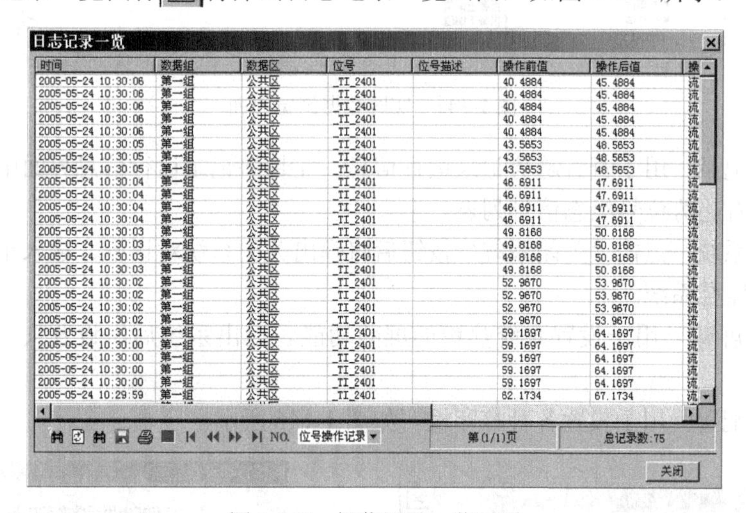

日志记录一览

时间	数据组	数据区	位号	位号描述	操作前值	操作后值	操
2005-05-24 10:30:06	第一組	公共区	_TI_2401		40.4884	45.4884	流
2005-05-24 10:30:06	第一組	公共区	_TI_2401		40.4884	45.4884	流
2005-05-24 10:30:06	第一組	公共区	_TI_2401		40.4884	45.4884	流
2005-05-24 10:30:06	第一組	公共区	_TI_2401		40.4884	45.4884	流
2005-05-24 10:30:06	第一組	公共区	_TI_2401		40.4884	45.4884	流
2005-05-24 10:30:05	第一組	公共区	_TI_2401		43.5653	48.5653	流
2005-05-24 10:30:05	第一組	公共区	_TI_2401		43.5653	48.5653	流
2005-05-24 10:30:05	第一組	公共区	_TI_2401		43.5653	48.5653	流
2005-05-24 10:30:04	第一組	公共区	_TI_2401		46.6911	47.6911	流
2005-05-24 10:30:04	第一組	公共区	_TI_2401		46.6911	47.6911	流
2005-05-24 10:30:04	第一組	公共区	_TI_2401		46.6911	47.6911	流
2005-05-24 10:30:04	第一組	公共区	_TI_2401		46.6911	47.6911	流
2005-05-24 10:30:03	第一組	公共区	_TI_2401		49.8168	50.8168	流
2005-05-24 10:30:03	第一組	公共区	_TI_2401		49.8168	50.8168	流
2005-05-24 10:30:03	第一組	公共区	_TI_2401		49.8168	50.8168	流
2005-05-24 10:30:03	第一組	公共区	_TI_2401		49.8168	50.8168	流
2005-05-24 10:30:02	第一組	公共区	_TI_2401		52.9670	53.9670	流
2005-05-24 10:30:02	第一組	公共区	_TI_2401		52.9670	53.9670	流
2005-05-24 10:30:02	第一組	公共区	_TI_2401		52.9670	53.9670	流
2005-05-24 10:30:02	第一組	公共区	_TI_2401		52.9670	53.9670	流
2005-05-24 10:30:01	第一組	公共区	_TI_2401		59.1697	64.1697	流
2005-05-24 10:30:00	第一組	公共区	_TI_2401		59.1697	64.1697	流
2005-05-24 10:30:00	第一組	公共区	_TI_2401		59.1697	64.1697	流
2005-05-24 10:30:00	第一組	公共区	_TI_2401		59.1697	64.1697	流
2005-05-24 10:30:00	第一組	公共区	_TI_2401		59.1697	64.1697	流
2005-05-24 10:29:59	第一組	公共区	_TI_2401		62.1734	67.1734	流

NO. 位号操作记录　第(1/1)页　总记录数:75

关闭

图 1-142　操作记录一览画面

3．系统图标

点击系统图标，在弹出的对话框中点击按钮“打开系统服务”，可进行如图 1-143 所示的各种操作。

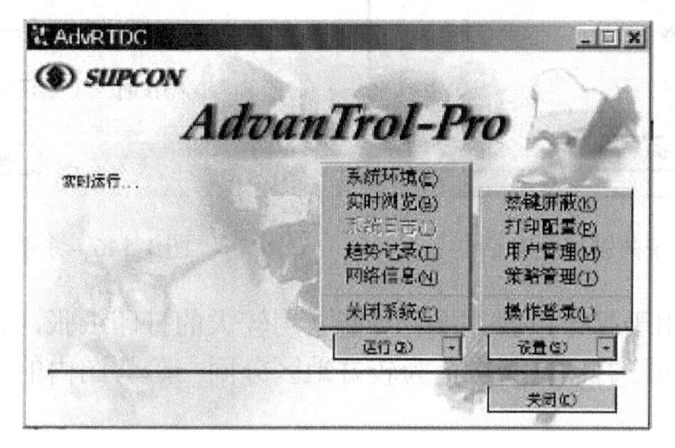

图 1-143　系统服务操作对话框

（1）系统环境　用于查看监控系统的部分运行环境信息。

（2）实时浏览　可浏览各个数据组位号、事件、任务的组态信息和实时信息。可以进行位号赋值，设置位号读写开关、位号报警使能开关等。如图 1-144 所示。

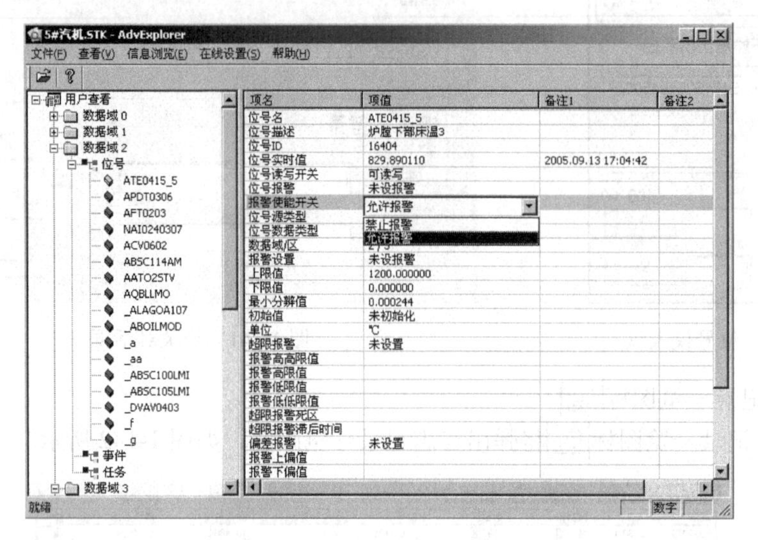

图 1-144　实时数据浏览界面

（3）趋势记录　用于查看趋势记录运行信息。在趋势记录运行信息界面中点击“组态信息”按钮可查看趋势位号组态信息列表。

（4）关闭系统　点击“关闭系统”按钮后将弹出关闭系统对话框，输入正确的用户密码后，即可退出监控系统。

（5）热键屏蔽　用于设置系统热键的屏蔽功能。退出系统后，设置失效。如图 1-145 所示。

（6）打印配置　用于设置各种打印机。如图 1-146 所示。

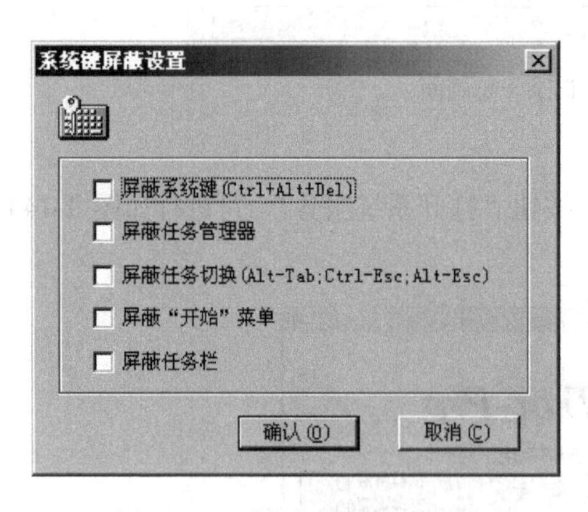

图 1-145　系统热键屏蔽对话框

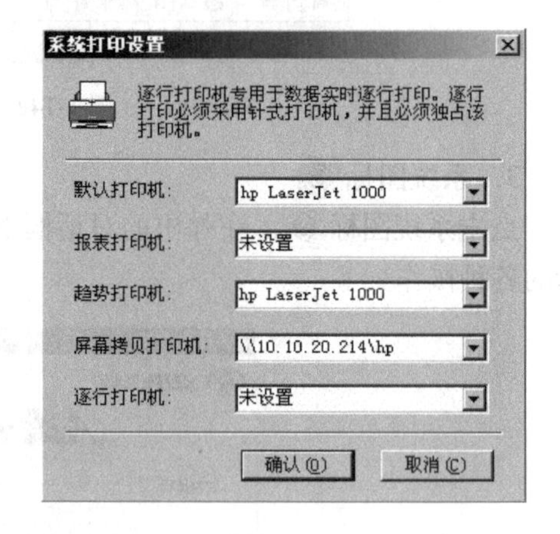

图 1-146　系统打印设置对话框

- 报表打印机专用于打印报表。报表可能采用较大的打印纸张，建议采用宽行打印机。
- 趋势打印机专用于打印趋势图。为较好地区分同一趋势图内的不同曲线，建议使用彩色打印机。
- 屏幕拷贝打印机专用于打印屏幕拷贝图。为使屏幕拷贝图有较高的清晰度，建议使用高分辨率的彩色打印机。

- 逐行打印机专用于数据实时逐行打印。逐行打印必须采用逐行打印机，并且必须独占该打印机。

（7）用户管理　用于启动用户授权管理。如图 1-147 所示。

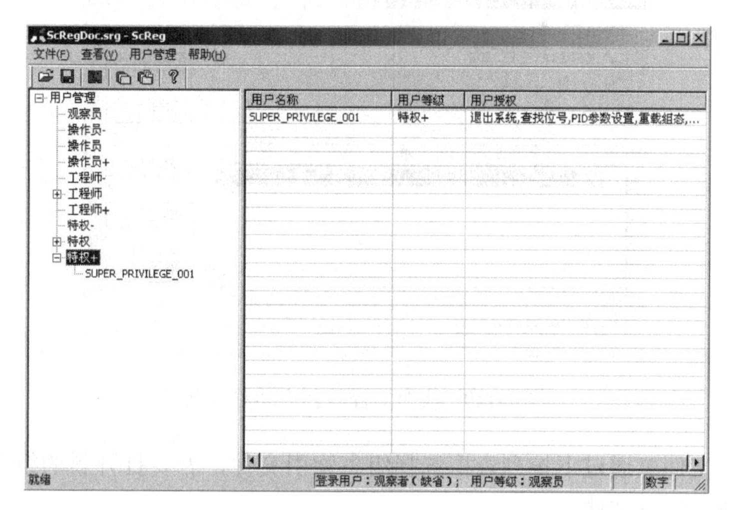

图 1-147　用户授权管理界面

（8）操作登录　用于启动用户登录界面。如图 1-148 所示。

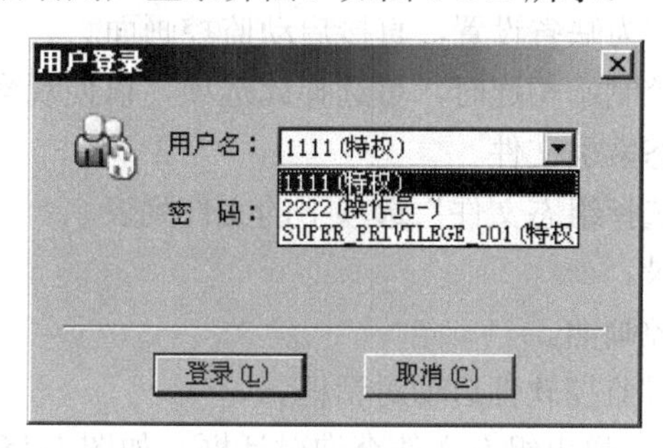

图 1-148　用户登录对话框

四、监控操作注意事项

为了保证 DCS 的稳定和生产的安全，在监控操作中应注意以下事项。

① 在第一次启动实时监控软件前完成用户授权设置。

② 操作人员上岗前须经过正规操作培训。

③ 在运行实时监控软件之前，如果系统剩余内存资源已不足 50%，建议重新启动计算机（重新启动 Windows 不能恢复丢失的内存资源）后再运行实时监控软件。

④ 在运行实时监控软件时，不要同时运行其他的软件（特别是大型软件），以免其他软件占用太多的内存资源。

⑤ 不要进行频繁的画面翻页操作（连续翻页超过 10s）。

【实施步骤】

正确启动实时监控软件是实现监控操作的前提。由于组态时为各操作小组配置的监控画面及采用的网络策略不同，启动时一定要正确选择。

① 在桌面上双击快捷图标（或是点击“开始”→“程序”中的“实时监控”命令），弹出实时监控软件启动的组态文件对话框，如图 1-149 所示。

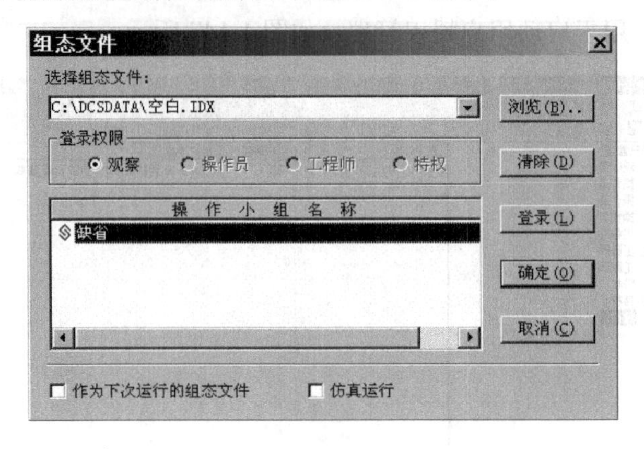

图 1-149 实时监控软件启动对话框

• 选择组态文件：通过下拉列表框选择组态索引文件，若要打开新的组态监控，可通过浏览按钮查找新的组态文件。

• 登录权限：选择登录的级别。

• 作为下次运行的组态文件：选中此选项后，下次系统启动时自动运行实时监控软件，并以本次设定的所有选项作为缺省设置，直接启动监控画面。

• 仿真运行：在未与控制站相连时，可选择此选项，以便观察组态效果。

• 浏览按钮：选择组态索引文件。

• 清除按钮：清除“选择组态文件”选项下的文件列表。

• 登录按钮：用户登录。

• 确定按钮：进入监控画面。

• 取消按钮：退出实时监控软件启动对话框。

② 点击“浏览”命令，弹出组态文件查询对话框，如图 1-150 所示。

③ 选择要打开的组态索引文件（扩展名为“.IDX”，保存在组态文件夹的 Run 子文件夹下），点击“打开”返回到图 1-149 所示的界面。

④ 点击“登录”按钮，弹出登录对话框，如图 1-151 所示。

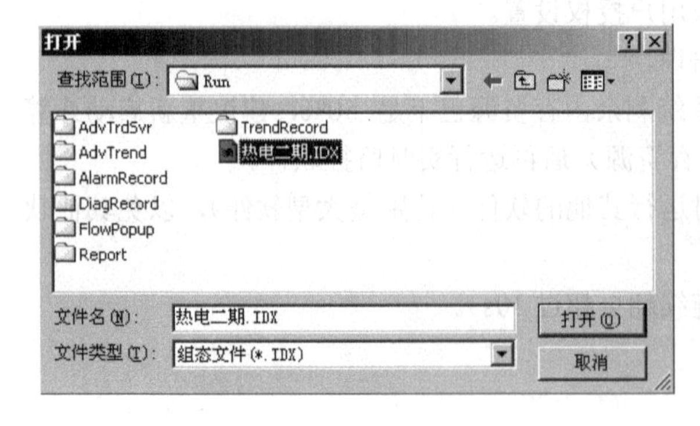

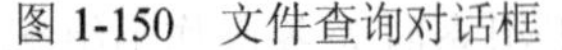

图 1-150 文件查询对话框

图 1-151 登录对话框

⑤ 选择登录人员的用户名，输入密码，点击“确定”返回到图 1-149 所示的界面。

⑥ 在操作小组名称列表中选择操作小组，点击“确定”按钮，弹出选择网络策略对话框，如图 1-152 所示。

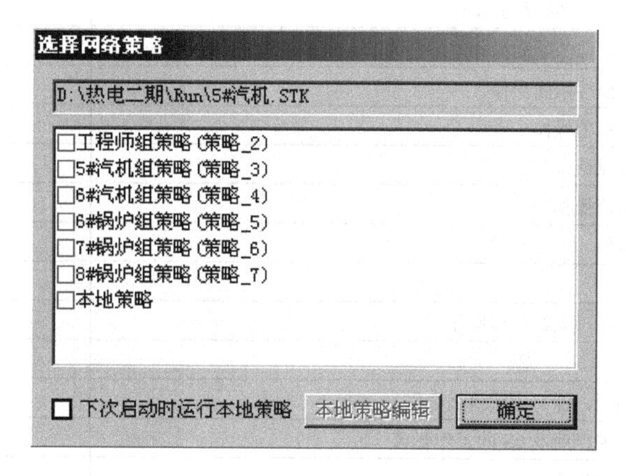

图 1-152　选择网络策略对话框

⑦ 网络策略确定了登录操作小组所用数据的来源。选择相应的网络策略（如本地策略），点击“确定”按钮，进入实时监控画面，如图 1-153 所示。

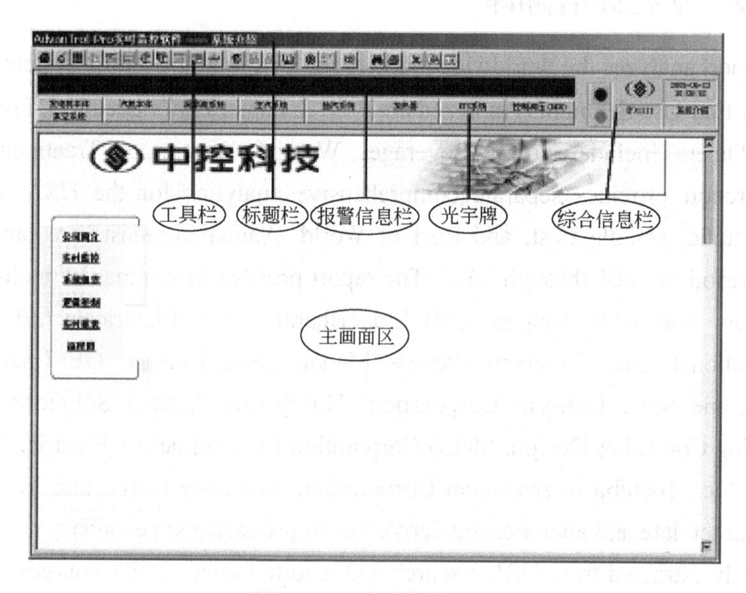

图 1-153　实时监控画面

【考核自查】

知　识	自　测
能陈述组态文件编译的目的和步骤	□ 是　□ 否
能陈述组态文件传送和下载的目的以及操作流程	□ 是　□ 否
能说明哪三种类型的实时监控操作	□ 是　□ 否

续表

技　能	自　测
能在不同类型画面间进行监控画面操作	□ 是　□ 否
能在同一类型画面间进行监控画面操作	□ 是　□ 否
能在流程图中画面进行监控画面操作	□ 是　□ 否
能在操作员键盘进行监控画面操作	□ 是　□ 否
能在调整画面中进行赋值操作	□ 是　□ 否
能在分组画面中进行赋值操作	□ 是　□ 否
能在流程图中进行赋值操作	□ 是　□ 否
能进行操作员键盘赋值	□ 是　□ 否
能查找操作记录	□ 是　□ 否
能进入系统图标进行各项系统管理操作	□ 是　□ 否
态　度	自　测
能进行熟练的工作沟通，能与团队协调合作	□ 是　□ 否
能自觉保持安全和节能作业及6S的工作要求	□ 是　□ 否
能遵守操作规程与劳动纪律	□ 是　□ 否
能自主、严谨完成工作任务	□ 是　□ 否
能积极在交流和反思中学习和提高DCS组态专业技能	□ 是　□ 否

【拓展知识】 专业英语翻译

1. This report analyzes the worldwide markets for Distributed Control Systems in Millions of US$. The Major End-Use Segments Analyzed are Pulp & Paper, Pharmaceutical, Power, Oil & Gas, Chemical, and Others (include Food & Beverages, Water & Wastewater Treatment, Cement, and Textiles). The report provides separate comprehensive analytics for the USA, Canada, Japan, Europe, Asia-Pacific, Middle East, and Rest of World. Annual forecasts are provided for each region for the period of 2001 through 2015. The report profiles 51 companies including many key and niche players worldwide such as ABB Ltd., Bharat Heavy Electricals Ltd., CAE, Control Systems International, Inc., Emerson Process Management, Encorp, GE Energy, GE Fanuc Automation Europe S.A., Gensym Corporation, Honeywell Process Solutions, Invensys Plc, Foxboro, Lighting Control & Design, Metso Corporation Inc., Schneider Electric, Siemens Energy & Automation, Inc., Toshiba International Corporation, Yamatake Corp., and Yokogawa Electric Corporation. Market data and analytics are derived from primary and secondary research. Company profiles are mostly extracted from URL research and reported select online sources.

2. TiSNet - P600 adopted I/O module of Xinhua 33 Series and had Xinhua Controller—XCU as its core, which is composed by Xinhua 32-bit CPU. It can form the DCS system of optical fiber ring net structure or star net structure according to the field environment requirements.

TiSNet - P600 was composed of Xinhua redundant controller XCU, Ethernet switch, Power, I/O module of 33 series, communication network and HMI. It uses Visualized Graphic configuration software and HMI of frame window. The distributed RTDB (Real Time Data Base) can be shared on the internet. The system is applicable to distributed control, monitoring and information & data treatment of various industrial producing processes.

With the web-based operating functions of TiSNet - P600, it can search and call images though IE. It can display real time information and data on IE interface and perform the remote transferring of files and data.

With the adoption of Virtualisation Technology, TiSNet - P600 can complete the configuration and programming of control strategy and the full simulatation of the control strategy.

XCU (Xinhua Controller), communication network, site I/O, multi-leveled and redundant structure of power source and HMI station of TiSNet-P600 assure the reliability when it is applied in key situations. With its high-reliable hardware's design, embedded control algorithm, open structure and redundant Ethernet communication network, TiSNet-P600 can form a process control system facing the whole producing process.

Performance

Xinhua Redundant Controller XCU.

Redundant Ethernet Communication Network (100M).

High Reliability, Stability and Real Time.

Centralized Visualized Graphic. Configuration Mode.

HMI with Frame Window.

Open Frame, able to communicate with the management level.

Suitable for large-sized or medium-sized industrial process control system with 500-50000 I/O points.

学习情境二　集散控制系统调试与维护

【学习目标】

能操作实时监控软件，能配置和调试好DCS的网络系统，能设置现场控制站各卡件的开关状态和端子接线方法，掌握系统组态、信号调试的方法；熟悉并了解系统故障的识别方法和现场维护的注意事项。能与团队协调合作，能较好控制项目任务的执行进程，能较好处理项目执行过程中的问题和紧急事故，能在完成任务过程中使自学能力和创新能力逐步提高。

【项目任务】 CS2000三位槽对象DCS系统调试与维护

本项目是CS2000三位槽过程控制对象工程项目的DCS系统调试与维护实施过程，在学习情境一中已完成的CS2000三位槽过程控制项目对象DCS软件组态基础上去进行安装、调试、组态修改、故障诊断等。

一、项目实施流程

项目实施流程如图2-1所示。

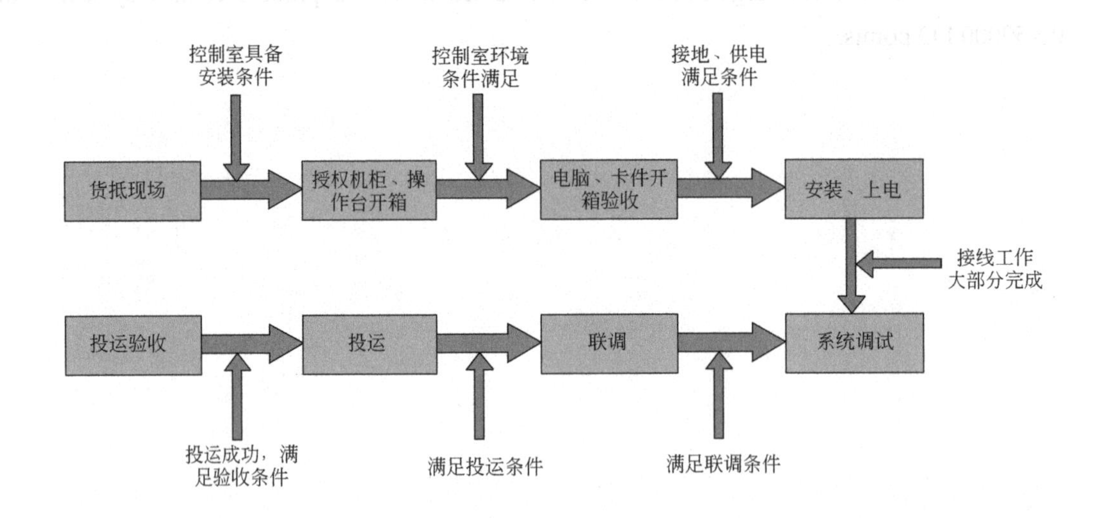

图2-1　项目实施流程

二、项目实施前准备

① 项目组态文件一套。在学习情境一完成的组态文件“cs2000项目组态.sck”和“cs2000项目组态”文件夹。

② 系统学习版组态软件安装文件一套。

③ 项目设备清单，见下表。

CS2000 对象		1 个
CS2000 控制平台		1 个
现场控制站	XP243	2 块
	XP233	2 块
	XP322	1 块
	XP314	1 块
	XP335	1 块
	XP313	2 块
	XP316	2 块
	XP000	5 块
工程师站		1 台
操作员站		1 台

④ 安装资料一套。

⑤ 维修工具清单。

序　号	工 具 名 称	数　　量	单　　位	序　号	工 具 名 称	数　　量	单　　位
1	6 寸活扳手	1	把	8	小钳子	2	把
2	10 寸活扳手	1	把	9	镊子	1	把
3	万用表	1	套	10	十字改锥	2	把
4	电烙铁\吸焊枪\焊锡	1	套	11	一字改锥	2	把
5	电笔	1	个	12	拨线钳	1	把
6	电工胶布	1	卷	13	内六角扳手	1	把
7	美工刀	1	把				

【实施计划】

工作任务一：系统安装、上电。熟悉系统控制站硬件、操作站软件以及系统网络的安装方法。

工作任务二：系统调试。熟悉系统组态下载、网络调试、I/O 点调试、故障判断等方法。

工作任务三：组态修改。掌握组态的方法以及组态修改的注意事项。

工作任务四：系统维护。

工作任务五：系统停电。

【工作任务一】　系统安装、上电

工作任务一的目的：熟悉系统控制站硬件、操作站软件以及系统网络的安装方法。

【课前知识】　集散控制系统的验收

DCS 的验收分工厂验收和现场验收两个阶段。工厂验收是在工厂进行，现场验收则是在系统运抵用户现场后的验收。

一、工厂验收

工厂验收主要是对系统硬件、软件性能的验收，完成供货清单上所有设备的清点，查厂商提供的软件是否满足用户的要求。事后由制造厂拟定一个双方认可的验收报告，由双方签字确认。

二、现场验收

当集散控制系统运抵用户的应用现场后，应将所有设备暂时安放在一个距控制室较近的宽敞场所。不同的DCS对暂存环境有不同的要求。对DCS系统来说，一般希望温度为–50～+70 ℃，相对湿度为5%～95%，振动应小于0.5*g*（0～60Hz），冲击应小于25*g*/30 ms。对于可移动的磁介质，临时存放要防止磁场干扰，且对环境温度要求为–20～+50℃，相对湿度为20 %～80%。超过极限使用时，应在使用温度下放置24 h。

现场验收包括开箱检验、通电检验及在线检验三步。

1．开箱检验

开箱检验主要是确认运输过程中有否损坏，另外也为了检查装箱时是否符合装箱单。这是现场验收的一个重要内容，因此整个过程要有记录。对箱外包装和箱内设备均应有摄影记录。应对所有设备按清单进行清点。 开箱时应有制造商、运输单位及最终用户三方在场，开箱完毕由制造商与最终用户形成一开箱检验报告。对损坏情况、设备短缺情况，都应有详细说明，并确认其原因，提出修复或更换方案。

2．通电检验

通电检验之前首先需进行电源测试，然后将系统所有模件开关处于“关”位置，这时才能开启总电源，所有模件逐个通电，直至全部完成。接着启动系统测试软件，检查各部分状态。整个通电过程应保证72h连续带电考核。该过程亦需形成记录，并写出通电检验报告。

3．在线检验

完成前面两项验收，只是完成了现场验收的一部分，还必须进行现场的在线检验。部分检验应在装置开车平稳后进行，且最好在满负荷的情况下进行，因为空载时，问题可能暴露不出来。在产品保证期内，用户应得到厂商的技术支持，只要不是由用户原因造成的损失，都应给予修复或更换。因此也可以说DCS的现场验收与检验工作可以一直延续到DCS的保证期满。

【课堂知识】 集散控制系统的安装

DCS在完成现场开箱检验后就可以进行安装工作，但在安装之前必须具备所需的各项条件，经生产厂商确认无误时才可开始安装。安装前的准备工作包括地基、电源和接地三方面。电源一般采用UPS电源，在接到DCS带电部分之前，需向生产厂商递交一份有关电源的测试报告，以保证电压准确无误。安装基础在安装之前亦需与就位设备一一对应。DCS的接地要求较高，要求有专用的工作接地极，且要求它的入地点远离避雷针地点，应大于4m，接地体与交流电的中线及其他用电设备接地体间距离大于3m，DCS的工作地应与安全地分开。另外还要检测它的电阻，要求小于1Ω。在准备工作结束后即可开始DCS的安装。系统安装工作包括：机柜、设备安装和卡件安装；系统内部电缆连接；端子外部仪表信号线的连接；系统电源、接地的连接。要防止静电对电子模件的损坏，在安装带电子结构的设备时，操作员一定要戴上防静电器具。另外，在系统安装时应注意库房到机房的温度变化梯度是否符合系统要求。

一、安装前应具备的条件

① 主控室具备使用条件：温度（18～27℃）、湿度（50%～100 %）、照明（300～900lx）、

空气净化度（尘埃数量< 200μg / m）等符合集散系统运行条件；土建、电气、装修工程全部完工，空调机启用，配有吸尘器。

② 已经过技术交底和必要的技术培训等技术准备工作。

③ 设计施工图纸、有关技术文件及必要的使用说明书已齐全。

④ 完成对操作台、机柜及相关设备的开箱检验，形成“开箱验收报告”。

二、操作台及机柜的安装

1．型钢底座的制作安装

型钢底座要考虑强度、稳定性，还要根据地板的高度来考虑高度，底座磨平，不能有毛刺和棱角，制作完毕后及时除锈防腐处理，然后用焊接或用膨胀螺栓固定在地板上。

2．操作站或机柜的安装

通过阅读“主控、机房平面布置图”，核实各站的位置。 就位后卸除各操作台和机柜内为运输所设置的紧固件，安装要求垂直、平正、牢固。

三、接地系统的安装

集散系统对接地的要求远高于常规仪表。一般要求独立设置接地体。

① 保护接地。控制柜和操作台机壳及底座、接线盒、汇线槽、导线管及铠装电缆的铠装护层等用金属接地线同接地体做牢固的连接，可接到电气工程低压电气设备的保护接地网上，注意不要串联接地。接地电阻应符合设计规定（一般小于 4Ω）。

② 有防干扰要求时， 多芯电缆中的备用芯线应在一点接地。屏蔽电缆的备用芯线与屏蔽层应在同一侧接地。

③ 操作台、机柜内的保护接地、屏蔽接地和本安型仪表接地，应分别接到各自的母线上;各接地总干线、分干线之间彼此绝缘。

④ 明敷接地线要有明显的颜色标志。

四、电源的安装

DCS 的电源要求远高于常规仪表，必须安全可靠。目前一般的集散系统控制站均采用了热备份电源的功能，整套系统采用 UPS 不间断电源。设计上可采用两条独立的供电线路供电，其间应有断路切换装置。

系统内电源安装顺序如下。

① 核实各站的供电接线端子和电源分配盘（箱）是否正确，按要求接上电源。

② 确认控制站内部电源开关均处于“关”位置后接上内部电源。

③ 在确认机柜电源和接地后将电源卡件插进插件箱（最好是不通电的情况下）。

五、电缆的敷设

通过“电缆图”、“接线端子图”分开各控制柜的电缆，注意进机房的电缆沟、桥架的防水及防鼠措施的采用。

六、系统接线

① 接线前准备工作。在仔细阅读施工图中的“接线端子图”、“I/O 清单”后，确认每一信号性质、变送器或传感器的类型、开关量的通断、负载性质、机柜内各卡件及各端子板的位置。

② 集散系统接线主要有以下两大部份。

a. 硬件设备之间的连接， 指操作站、控制站、辅助操作站、外设、控制柜间的连接。 用标准化的插件插接；在确认这些设备的电源开关处于“关”的位置后进行接线。

b．集散系统和在线仪表的连接，接线顺序如下。

- 确认控制站的电源已关，各现场信号线也均处于断电状态。
- 确认各端子上的开关均处于断开状态。
- 按图要求接好现场信号线。
- 检查接线的正确性。

③ 接线是主控室中工作量最大、最麻烦、最易出错的工作，应仔细、谨慎，力求杜绝误插、错插和松插。一般一组两人，分工为一人接线，一人按图校核。

【实施步骤】

一、控制站的安装

1．卡件布置

根据 DCS 已组态的软件 I/O 卡件配置提供的信息，安装控制柜机笼内的卡件并填写卡件布置图。见下表。

冗余		冗余																	
				00	01	02	03	04	05	06	07	08	09	10	11	12	13	14	15

2．主控卡安装

根据设计要求进行主控制卡地址设置、安装并填写下表。

型号	地址	地址拨号							
		S1	S2	S3	S4	S5	S6	S7	S8

3．数据转发卡安装

根据设计要求进行数据转发卡地址设置、安装并填写下表。

型号	地址	地址拨号							
		S1	S2	S3	S4	S5	S6	S7	S8

4．I/O 卡件安装

根据“测点清单”设计要求进行 I/O 卡件的跳线，比如冗余跳线、配电跳线、信号类型选择跳线等，确保 I/O 卡件正常工作。

5．端子板安装

根据设计要求选择匹配的端子板与 I/O 卡件连接；同时根据设计要求进行端子板跳线，比如冗余跳线、配电跳线、信号类型选择跳线等。

6．信号线安装

本项目暂不接信号线，但应掌握各类卡件的接线方法。

注意：

- 信号线必须合理捆扎，以保持整洁和便于查线；
- 接入系统的信号线要求使用与线径相配的号码管，以便接线和查线；
- 号码管的大小和长度要一致，号码管下端尽量靠近机笼端子，起到隔离保护作用；
- 信号线在插入机笼端子时，拔出的线芯不能太长，也不能太短，太长造成金属芯露出端子，容易在查线或检修时造成短接等故障，太短容易造成信号线与端子接触不好；
- 对于电流信号输出卡应注意对于已组态但未使用的通道应当进行短接。

二、操作站硬件安装

1．工控机或PC机的安装

工控机或PC机主要部件有显示器、主机、键盘、鼠标，检查各部件连接是否正确。

2．工程师站软件狗、操作站软件狗的安装

选择一台计算机作为工程师站，将工程师站软件狗安装于计算机打印机并口上。

三、系统上电

1．上电前检查

在上电前根据下表检查各项上电条件，并把结果填入下表。

检　查　项	检查结果		备　注
系统供电部分的空开全部处于“关”状态	□ 是	□ 否	本项目确认两路输入电源未接
操作站显示器和主机的电源是否处于关闭状态	□ 是	□ 否	
控制站的开关电源和Hub（或交换机）的开关是否处于关闭状态	□ 是	□ 否	
测量各个空开的下端子间的短路情况			本项目不测
控制站交流电电源插座电压			本项目不测
操作站交流电电源插座电压			本项目不测

2．上电步骤

① 开总电源开关，直接给系统供电，电压需满足交流电电压要求（220±10% VAC）。

警告：严禁使用实验工具箱中的信号校验测量220V电压！

② 打开不间断电源（UPS）的电源开关，并测输出电压是否满足交流电要求。

③ 检测各个支路输入交流电压是否满足要求。

④ 打开各个支路电源开关。

⑤ 给操作站上电，开显示器，开主机。

⑥ 给控制站上电，开启Hub（或交换机），再打开控制站的电源箱电源，并检查各个机笼的5V和24V电源输入是否正常（正常范围：5.1V±2%，24V±5%）。

⑦ 打开CS2000的总电源，打开24V电源（配电），打开调节阀、变频器、单向泵的电源开关。

3．系统上电后检查

① 打开控制站柜门，观察卡件是否工作正常，有无故障显示（FAIL灯亮）。

② 从每个操作站实时监控的故障诊断中观察是否存在故障。

③ 电源箱是否工作正常，电源风扇是否工作，5V、24V指示灯是否正常。

④ 检查网络线缆，对通信网络各项性能进行测试。

⑤ 进行网络冗余、主控卡冗余、数据转发卡冗余、I/O 卡冗余性能的测试。

⑥ 视情况需要和具备条件决定是否对 I/O 点进行精度测试。

【考核自查】

知　识	自　测
能陈述集散控制系统验收的主要内容	□ 是　□ 否
能陈述集散控制系统安装的条件	□ 是　□ 否
能陈述集散控制系统机柜安装事项	□ 是　□ 否
能陈述集散控制系统电源安装事项	□ 是　□ 否
能陈述集散控制系统接地安装事项	□ 是　□ 否
能陈述集散控制系统上电前的注意事项	□ 是　□ 否
能陈述集散控制系统上电步骤	□ 是　□ 否
能陈述集散控制系统上电后检查事项	□ 是　□ 否
技　能	自　测
能根据组态 I/O 设置，配置各卡件跳线	□ 是　□ 否
能对 DCS 网络进行 IP 地址设置	□ 是　□ 否
能正确按地址插放各卡件	□ 是　□ 否
能设置 DCS 各主机 IP 地址	□ 是　□ 否
能安装工控机或 PC 机	□ 是　□ 否
能安装工程师站软件狗和操作站软件狗	□ 是　□ 否
能正确进行端子板安装	□ 是　□ 否
能正确进行 DCS 系统上电	□ 是　□ 否
态　度	自　测
能进行熟练的工作沟通，能与团队协调合作	□ 是　□ 否
能自觉保持安全和节能作业及 6S 的工作要求	□ 是　□ 否
能遵守安全操作规程与劳动纪律	□ 是　□ 否
能自主、严谨完成工作任务	□ 是　□ 否
能积极在交流和反思中学习和提高 DCS 系统安装技能	□ 是　□ 否

【拓展知识】 集散控制系统的项目组织

集散控制系统的项目组织是一个系统工程。它从系统设计、制造、调试一直到投运，整个过程牵涉到多个部门、多个专业，必须协同工作才能完成。因此要把这些千头万绪的事情一件件有序地展开，必须合理地组织和管理。一般地采用以下工作流程图和工作计划表。

一、工作流程图

图 2-2 是集散系统应用工作流程图。此图把集散系统应用工程中涉及的各项工作按其展开和完成的先后进行排列，从初步设计开始一直到开工投运，应用软件的再开发都列入在内。由图可清晰地看到，哪些工作应该先做，哪些可以并行开展。对工作流程图中的每一项还可细化，如负责人、参加人、工作内容和前后衔接的工作范畴等，以利于明确职责，加强管理。

二、工作计划图

集散系统项目工程从立项开始到正式投运可能要经过 1～2 年的时间，因此必须在时间上作好计划安排，做到管理人员和工作人员都心中有数，便于分阶段检查，以保证全局按时完成。下表是一种集散系统项目工作计划表供参考使用，例如方案设计工作是从 2 月 1 日开始至 4 月 30 日完成。

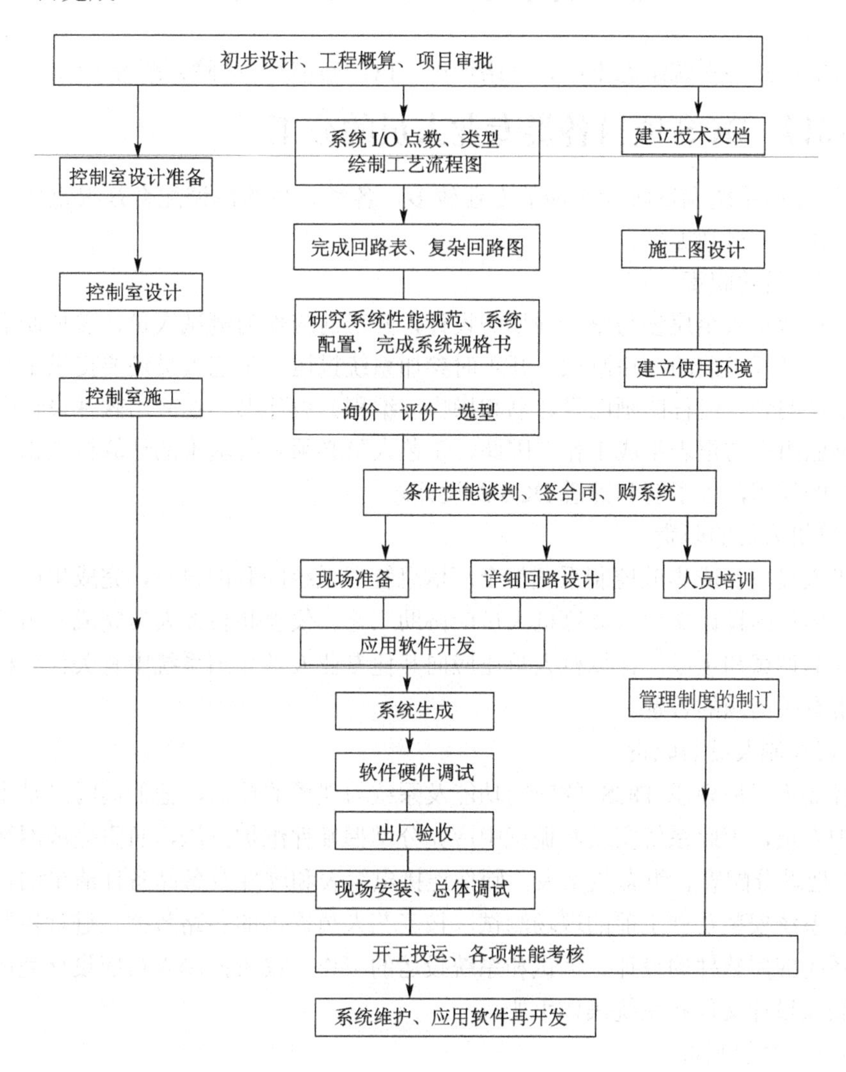

图 2-2　集散系统项目工作流程图

工作内容	一月	二月	三月	四月	五月	…	十一月	十二月
初步设计	→	→						
方案设计		→	→	→				
系统设计			→	→	→			
施工图设计				→	→	→	→	→

【工作任务二】 系统调试

学习目的：熟悉系统组态下载、网络调试、I/O点调试、故障判断等方法。

【课前知识】 DCS项目各类专业人员的分工

DCS 设计和系统调试阶段牵涉的专业较多，各类人员的协调配合是很重要的。合理分工，将使工作效率得到提高。

1. 工艺人员的职责

工艺人员应从头至尾参与整个项目的设计，开工前应作为测试人员，参加制造厂产品的出厂验收和生产开工前的回路测试，开工时参加系统投运。工艺人员还要提供工艺流程图、回路名称及说明表、流程图画面设计书和操作（编程）设计书。在应用软件设计中，工艺人员应参加画面组态与报表生成工作。因此，工艺人员必须具备基本的计算机知识，并积极学习集散系统的知识，以了解和熟悉DCS的设计。

2. 计算机人员的职责

计算机人员应完成集散控制系统与全厂信息管理系统的联网设计，完成生产控制与全厂信息管理一体化的设计文件。计算机人员应协助工艺、仪表和自控人员完成应用软件的设计和应用软件的调试和生成。计算机人员还应向其他专业人员介绍系统中有关计算机方面的知识，并负责有关问题的答疑。

3. 仪表控制人员的职责

仪表控制人员应熟悉 DCS 的应用功能及系统与现场的接口，他们同时又是系统投运后的系统维护人员，因此系统安装和调试中应充分掌握硬件维护方法，负责完成网络组态数据文件、I/O 地址分配表、组态数据表、硬件连接电缆表和硬件及备品备件清单的设计，参与出厂验收、系统安装及开工前的现场测试。按工艺人员提供的各路数据，进行控制策略的组态，参与系统应用软件的设计、调试和系统投运的工作。仪表控制人员应设计完成控制回路说明书、联锁设计文件和系统操作手册。

4. 电气人员的职责

电气人员应负责完成机房和系统的供电、照明和空调。电工人员应提供UPS电源供电图、机房接地图和机房配电图。

5. 土建人员的职责

土建人员应提供机房平面图、设备的平面布置图和机房电缆走线图，完成机房和环境的建设。

【课堂知识】 集散控制系统的调试

为确保集散系统正常运行，必须认真细致地进行调试工作。DCS的调试分三个部分：工厂调试、用户现场离线调试和在线调试。

1. 工厂调试

工厂调试是集散系统调试的基础。它是在生产厂专业人员的指导下，用户对硬件、系统软件和应用软件（向厂方购买的应用软件包）进行应用性调试。目的是在专家指导下学会软件包的使用方法，了解软件包结合用户的工艺过程能实现何种功能。另外，在制造厂应完成复杂回路（如前馈等）和特殊设备（如智能变送器等）的调试。在局部调试完成后，还需进行全方位的调试，包括每一个I/O点及其相应回路的调试，同时要观察相关的标准画面。

（1）硬件调试　DCS厂家对系统硬件提供了一套测试软件，通过测试软件的运行就可完成系统硬件的测试。另外通过系统菜单查看网络级的状态信息，包括网络组态文件和I/O卡件状态显示。

（2）用户应用软件的调试　用户应用软件调试包括网络组态文件、用户数据点、用户流程画面以及控制回路的测试。

① 网络组态文件的调试。应用软件调试首先应检查用户的网络组态文件，因为它规定了单元的名称、操作站名称和区域的名称，同时还规定了系统中许多属性，确定了LCN网络上节点的组态、历史模块HM的分卷组态。如果检查中发现上述各项内容有不合适的地方，则应及时进行修改并重新对HM进行分卷。

② 用户数据点的调试。用户数据点是集散控制系统工作的基础。它的编制直接关系到DCS系统是否能长期、稳定地运行，所以对用户数据点必须仔细地调节测试，以确保正确无误。用户数据点包括的调节PV点、调节回路、数字复合点、逻辑点、模拟输入/输出点、数字输入/输出点、脉冲输入点、时间点、数值点和标志点。在检查中必须注意各个参数之间的匹配，任何不适当的选择应在调试中逐点予以修正。除了对数据点进行单点调试外，还须对数据点按回路进行联调。一般来讲，在用户数据点调试阶段，可结合工艺过程，构成一检测控制回路图，再按信号流程逐点调出相应数据点进行回路的调试，以确保控制作用正常，切换无扰动。

③ 用户流程图画面的调试。用户流程图画面的编制同数据点的建立一样，工作量占用户应用软件编制工作量的1/3以上，因此流程图画面的调试也是应用软件调试工作的重要部分。这部分的工厂调试主要检验触摸目标（target）、条件（condition）和变体（variant）等设置是否达到了设计时的预想目标，是否能响应用户数据点库的内容，画面上数据是否能真实反映实时数据，棒图是否能随着数据点库的变化而相应地变化，流程图画面是否超出了编译区域等方面。除了验证以上这些内容外，还要对流程图画面的布局、管线、设备、数值、文本及背景颜色的协调性进行调整，使整幅画面文字、图形、色彩都十分和谐。

④ 顺序控制程序的调试。在工厂调试阶段，对阶梯图的调试一般有以下两种方式：纯模拟方式和半模拟方式。

• 纯模拟方式的调试　通过编程器或PC完成阶梯图程序的编制后，使用强制（force）功能，即以软件手段强制改变输入数据点的状态，从而观察输出线圈的变化，以检查逻辑关系的正确与否。这种调试不涉及I/O卡，故称为纯模拟方式调试。纯模拟调试过程中输入、输出状态的变化，可在编程器或PC机的CRT上观察，也可直接观察输入、输出卡上的状态指示灯。纯模拟方式调试过程中，对某些影响整个系统的信号，如紧急联锁系统中的全线停车信号，调试时应先分步进行，然后进行系统联调。另外，对于比较重要的联锁信号，调试时除应注意集散控制系统及现场总线输出线圈的状态外，还应特别注意不同组合的输入变化对输出的影响。

• 半模拟方式的调试　通过输入卡上接线直接改变输入状态而进行的调试称为半模拟方式。这种方式在检查阶梯图逻辑合理性的同时，也检查了输入卡的硬件质量。模拟输入信号由信号发生器供给，数字输入信号通过接点的短接与否实现“开”、“闭”状态输入。

⑤ 回路的测试。这项工作是DCS用户软件工厂调试阶段中至关重要的部分。它需要制造厂提供有关的测试工具，如电流表、万用表、信号发生器、电线和专用接线工具等。回路测试包括对用户编制的应用软件的测试和I/O通道的测试。如果有智能变送器、安全栅等其他装置，可一并联入系统进行全面的测试。

2. 现场调试

现场调试是在工厂调试的基础上进行的真正的在线调试，不允许有任何错误与疏漏。特别对于危险性极大的化工生产装置，任何差错都会带来意想不到的后果。现场调试主要检查以下几个方面：现场仪表的安装与接线，以及它与集散控制系统的通信；检查数据点组态、操作画面、程序控制和紧急联锁。现场调试需要工艺、电气和设备等各专业配合，调试之前需做好各方面准备。首先是安装工作全部完工，设备完好无损，接地符合要求，通信系统可靠，后勤保障充沛；其次是调试大纲、调试方法和各类调试报告均应准备齐全，对参加调试的操作工应进行培训，使之达到熟练操作的程度；再次是成立调试小组，统筹安排现场调试阶段的工作，例如有关气密试验、工艺管线吹扫和分段式进行数据点的调试等。

（1）数据点调试　数据点调试包括现场仪表接线及安装的检查、现场仪表的通信检查及数据点组态检查三方面的内容。数据点调试报告有模拟输入/输出数据点调试报告、数字输入/输出调试报告和脉冲输入数据点调试报告。测试中，同时应注意报警、联锁功能的检查。调试完毕后，应认真填写专门的调试报告，测试者需在报告上签字确认并对调试结果负责。未经调试小组同意，不得随意修改调试数据。

（2）控制程序的调试　控制程序的调试分为连续控制程序调试和非连续控制程序调试。

① 连续控制程序的调试　连续控制程序调试是在系统提供的标准操作画面上进行，用户在现场给出输入信号，考核调节回路输出是否正确。一般经离线调试后的连续控制程序是不大会出问题的。

② 非连续控制程序的调试　非连续控制程序的调试是在专门的操作界面中进行，在操作过程中有提示信息。非连续控制程序的调试比较复杂，调试时应准备好各种所需的现场条件才能启动程序，仔细考察运行结果。一般复杂的顺序控制调试不会很顺利，出了问题应先检查程序逻辑，再看数据点组态和程序语句匹配与否。无论调试怎么复杂，调试要求的现场条件必须从现场加入，这是顺控程序调试中必须遵守的。因为这样可以进一步检查数据点的调试结果和现场变送的情况，确保试车运行过程中不出错。对某些经常用到的顺控程序，由于其程序千差万别，调试人员只能自行设计调试报告，并在调试完成后签字确认。

（3）操作画面的调试　操作画面的调试就是调试由用户自行设计编制的流程图操作画面。作为工艺过程的主要操作界面，其调试是与数据点的调试、控制程序的调试及联锁系统的调试同时进行的。这一调试的关键是要求画面能真实反映工艺过程的状态。

（4）紧急联锁系统调试　紧急联锁系统的运行直接关系到装置的安全生产，它的现场调试必须谨慎、细致。对于直接关系到装置安全的联锁部分，必须在整个调试过程中，每天调试一次。紧急联锁系统的调试方法是按逻辑框图逐项进行的，在现场制造联锁源，观察联锁结果是否正确。如出现问题应检查阶梯图程序。在现场调试阶段试验紧急联锁系统，由于和试车有关的各项准备都在同步进行，如压缩机单机试车、工艺管线气密性试验等可能对联锁试验系统带来干扰，所以联锁系统调试小组必须谨慎行事，服从现场统一指挥。

【实施步骤】

一、网络设置

根据学习情境一的组态文件要求设置工程师站及操作员站的 IP 地址。下见表。

工程师站	A 网 IP 地址：		子网掩码：	
	B 网 IP 地址：		子网掩码：	
操作员站	A 网 IP 地址：		子网掩码：	
	B 网 IP 地址：		子网掩码：	

二、网络调试

网络通信检测方法可以使用系统自带的 PING 命令。检测结果填入下表。

端口 IP 地址 （××.××.××.××）	检测结果 （若正确请√，否请×）	若检测结果为故障 （请分析、说明原因）	故障是否解决 （若是请√，否请×）
工程师站 1#网卡			
工程师站 2#网卡			
操作员站 1#网卡			
操作员站 2#网卡			
1#主控卡 A 网口			
1#主控卡 B 网口			
2#主控卡 A 网口			
2#主控卡 B 网口			

三、组态编译、下载和传送

1．组态拷贝

在 D 盘下新建“项目……”文件夹，再把项目组态文件复制到该文件夹下。其中，“……”为当前日期。例如本次项目日期为 7 月 26 日，那么项目文件夹的名称为“项目报告 0726”。

2．组态编译

说明：在工程师站上打开项目组态文件，使用默认特权用户账号和密码登录，选择“全体编译”。

注意：若编译出现错误，可双击出错信息，光标将跳至出错处，针对错处进行修改。

3．组态下载

将组态信息下载至控制站，选择主控制卡地址为 2 的 1 号控制站，点击下载。本项目中，由于系统没有接地等原因，所以在下载时可能会出现通信不畅的提示，可不断点击“重试”按钮继续下载，直到下载完成。

提示：信息显示区中“本站”一栏显示正要下载的文件信息，其中包括文件名、编译日期及时间、文件大小、特征字。“控制站”一栏则显示现控制站中的“.SCC”文件信息；由工程师来决定是否用本站内容去覆盖原控制站中内容；下载执行后，本站的内容覆盖了控制站的原内容，此时，“本站”一栏中显示的文件信息与“控制站”一览显示的文件信息相同。

控制站组态信息特征字主要用于表征某个控制站正在运行什么样的组态，以保证各控制站和操作站的统一，操作站以一定的时间间隔（1s）读取控制站组态特征字，当读取的特征字与操作软件当前运行的组态特征字不一致时，就需要用户进行同步（下载或操作组态更新)。如果用户所修改的内容影响某控制站，该控制站所对应的“.SCC”文件的特征字会自动改变，因此通过比较特征字的方法可知是否上下一致。

当组态下载成功时，信息显示区本站信息与控制站信息相同。

当组态下载出现阻碍时，会弹出一警告框“通信超时，检查通信线路连接是否正常，控制站地址设置是否正确”。

4．组态传送

将组态画面信息传送至各操作站，实现监控画面及相关信息一致。

- 发送站、目的站的传送工具 FTPServer 已启动：□ 是　□ 否
- 在发送站（工程师站）上打开组态点击“传送”：

目的操作站地址选择为__________；传送操作组选择为__________。

- 目的操作站监控已启动：□ 是　□ 否
- 在发送站（工程师站）上“组态传送”界面上点击“传送”并观察传送进程：

传送完成：□ 是　□ 否

- 目的操作站监控画面重新启动：□ 是　□ 否
- 观察总体监控画面，确定传送成功：□ 是　□ 否

提示：传送时应确保传送目的站已运行 FTPServer，即任务栏右下角的 FTPServer 图标存在，正常情况下计算机每次启动都会自动启动 FTPServer，如果被意外关闭，可以在“C:\AdvanTrol-Pro\FTPServer”这个目录下找到 FTPServer 图标，然后双击该图标即可。

为了能使传送目的站能在接受传送后自动载入新的组态信息，应当在传送前打开传送目的站的实时监控软件。如果有多个操作员站或多个操作小组需要传送，则需要分别进行传送操作。

提示：如果传送的目的站没有运行 FTPServer，则工程师站的传送对话框提示为“与操作站连接失败”；组态传送成功后，目的操作站的组态信息放置路径可在监控画面-系统-系统服务-运行-系统环境-工作目录中查看。

四、故障诊断

在安装系统之后使用软件诊断安装过程是否有错误，如果发现不正常之处，应先解决故障之后才能进行其他的项目操作，掌握故障诊断软件的使用方法。

1．登录监控

登录时不要点击仿真运行，否则故障诊断画面不会显示实际的信息。

系 统 报 警 灯　□正常（绿色）　□异常（红色）

工作状态指示灯　□正常（绿色）　□异常（红色）

备注：系统报警灯和工作状态指示是监控画面右上角的两个指示灯；系统报警灯指示系统硬件故障，工作状态指示灯指示上下位机组态是否一致。

2．故障诊断

打开故障诊断画面，观察相应的主控制卡、数据转发卡、I/O 卡件以及通信的故障诊断信息，确认是否存在系统故障，若存在故障请分析原因及时排除故障，根据故障诊断画面填写下表。故障诊断表填写方法如下。

- 发生故障处：主控制卡、数据转发卡、I/O 卡件及其地址、控制站内部网等。
- 提示故障的指示灯情况：是什么指示灯及其亮灯情况。
- 所提示的故障信息：该指示灯提示的故障信息。

• 故障原因分析：对故障原因进行分析，得出是什么出了故障。

发生故障处	提示故障的指示灯情况	所提示的故障信息	故障原因分析	故障排除方法

五、I/O 信号调试

目的：掌握各类信号的调试方法和操作，包含 AI、AO、 DI、 DO 信号。

1．模拟量输入信号测试

根据组态信息，针对不同的信号类型、量程，利用各种信号源（如多功能信号校验仪、电阻箱、电子电位差计等）对 I/O 通道逐一进行测试并在必要时记录测试数据。

举例：对 LI101 和 FI101 电流信号进行测试。

测试方法：根据信号量程及信号类型，利用多功能信号校验仪，在端子侧改变输入毫安信号值，同时观察操作站实时监控画面显示的信号值是否与输入的信号正确对应，并记录监控画面中的显示值，记录于下表中。

电流信号测试记录							
	信号通道地址（××-××-××-××）	正端	负端	信号量程（工程值）	10%FS（5.6mA）	50%FS（12mA）	90%FS（18.4mA）
LI101							
FI101							
测试结果		□正常			□不正常		

2．模拟输出信号测试

测试方法：根据组态信息选择相应的内部控制仪表，手动改变 MV（阀位）值（即模出信号）。MV 值一般顺序地选用 10%FS、50%FS、90%FS，同时用多功能信号校验仪测量对应卡件信号端子输出电流是否与手动输入的 MV 值正确对应，并记录该电流值。

举例：对 LV101 信号进行调试，并填写下表。

模拟输出信号测试记录							
	信号通道地址（××-××-××-××）	正端	负端	信号量程（工程值）	10%FS（5.6mA）	50%FS（12mA）	90%FS（18.4mA）
LV101							
测试结果		□正常			□不正常		

提示：控制画面中 AO（即模出）信号无独立的表盘，所有的 AO 都内嵌在各个回路仪表盘中，即回路的 MV，故对 AO 的操作应在其相对应的控制回路中进行，即对回路的 MV 进行相应操作。

3．开入信号测试

测试方法：根据组态信息对信号进行逐一测试，用一短路线将对应信号端子短线与断开，同时观察操作站实时监控画面中对应开关量显示是否正常，并记录监控画面中的显示值。

操作：对 KI101 信号进行调试，并填写下表。

模拟输出信号测试记录					
	信号通道地址（××-××-××-××）	正端	负端	短接	断开
KI101					
测试结果		□正常		□不正常	

4．开出量信号测试

测试方法：对于开出量信号，可以使用多功能校准仪的电阻挡测量。如果电阻无穷大，则可认为输出的是OFF信号。

六、系统冗余调试

目的：掌握日常维护过程中系统冗余部件，主要包括主控卡、数据转发卡、I/O卡、电源、通信端口的冗余测试方法。具体操作步骤如下。

1．主控卡的冗余测试

确认02卡为工作主控卡。将控制站护卫冗余的两块主控卡中的工作卡的一根网线拔出，观察另一块主控卡是否能够从后备状态切换到工作状态，观察切换时其他卡件的运行情况；同时注意观察系统的控制结果在切换前后是否有异常。

为了观察两块主控卡件间的数据拷贝情况，将其中的一块主控卡拔出，10s后将拔出的卡件重新插回原处，观察备卡拷贝数据的现象是否正常。观察这个过程中，回路运算有无异常。

注意：主控卡在生产过程中应尽量避免人工切换，如需对主控卡进行工作备用的切换，应通过拔出一根工作主控卡的网线来实施。

如果拔出主控卡并插回后，必需的数据拷贝完成后才可拔另一块主控卡，否则在生产过程中会造成严重后果（拷贝：STDBY灯与RUN灯交替快闪）。交换测试，确保两块卡能相互间勿扰切换。并填写下表。

<table>
<tr><th colspan="2">操　作</th><th>FAIL</th><th>RUN</th><th>WORK</th><th>STDBY</th><th>LED-A</th><th>LED-B</th><th>SLAVE</th></tr>
<tr><td colspan="2">工作主控卡（02）</td><td></td><td></td><td></td><td></td><td></td><td></td><td></td></tr>
<tr><td colspan="2">备用主控卡（03）</td><td></td><td></td><td></td><td></td><td></td><td></td><td></td></tr>
<tr><td colspan="2">拔出工作卡后备用卡的状态</td><td></td><td></td><td></td><td></td><td></td><td></td><td></td></tr>
<tr><td rowspan="2">将拔出的卡件重新插回机笼，观察卡件的指示灯状态</td><td>原卡（03）</td><td></td><td></td><td></td><td></td><td></td><td></td><td></td></tr>
<tr><td>后插卡（02）</td><td></td><td></td><td></td><td></td><td></td><td></td><td></td></tr>
</table>

指示灯状态（请填写颜色和状态）：状态描述可参考“亮、暗、闪”；颜色描述可参考“红、绿”。

提示：观察主控卡的WORK指示灯，来判断主控卡是处于工作状态，还是备用状态；WORK灯亮表示工作，WORK灯暗表示备用。

根据硬件工作原理分析，在主控卡冗余切换过程中，LV101信号是否会有扰动。

测试验证方法：先将回路LIC101打至手动，然后将LIC101的MV信号打至50%，观察在主控卡的切换过程中LV101的信号是否有变化（可使用仪表测量其电流输出）。

信号有变化　□　　　　信号无变化　□

2．数据转发卡的冗余测试

确认工作数据转发卡的地址为00。

将控制站互为冗余的数据转发卡中的工作卡拔出，观察另一块转发卡是否能够从后备状态切换到工作状态；同时注意观察本机笼I/O卡件在切换的过程中是否受到扰动。

将拔出的数据转发卡插回机笼，观察数据转发卡插入后通信是否正确，备卡在拷贝的过程中观察拷贝过程中有无异常，观察拷贝过程中数据转发卡与I/O卡件的通信有无异常。

注意：数据转发卡在生产运行过程中也应尽量避免人工切换，如故障处理需要切换数据转发卡，在拔出数据转发卡并插回后，必须等数据拷贝完成后才可拔另一块数据转发卡（数据拷贝需 6s 以上），否则在生产过程中会造成严重后果。

交换测试，确保两块卡能相互间勿扰切换，并填写下表。

<table>
<tr><th colspan="2">操　作</th><th>FAIL</th><th>RUN</th><th>WORK</th><th>STDBY</th><th>LED-A</th><th>LED-B</th><th>SLAVE</th></tr>
<tr><td colspan="2">工作数据转发卡（00）</td><td></td><td></td><td></td><td></td><td></td><td></td><td></td></tr>
<tr><td colspan="2">备用数据转发卡（01）</td><td></td><td></td><td></td><td></td><td></td><td></td><td></td></tr>
<tr><td colspan="2">拔出工作卡后备用卡的状态</td><td></td><td></td><td></td><td></td><td></td><td></td><td></td></tr>
<tr><td rowspan="2">将拔出的卡件重新插回机笼，观察卡件的指示灯状态</td><td>原卡（01）</td><td></td><td></td><td></td><td></td><td></td><td></td><td></td></tr>
<tr><td>后插卡（00）</td><td></td><td></td><td></td><td></td><td></td><td></td><td></td></tr>
</table>

指示灯状态（请填写颜色和状态）：状态描述可参考“亮、暗、闪”；颜色描述可参考“红、绿”。

提示：观察主控卡的 WORK 指示灯，来判断数据转发卡是处于工作状态，还是备用状态。WORK 灯亮表示工作，WORK 灯暗表示备用。

根据硬件工作原理分析，在数据转发卡冗余切换过程中，LV101 信号是否会有扰动。

有　□　　　　无　□

测试验证：先将回路 LIC101 打至手动，然后将 LIC101 的 MV 信号打至 50%，观察在主控卡的切换过程中 LPV102 的信号是否有变化（可使用仪表测量其电流输出）。

信号有变化　□　　　　信号无变化　□

提示：如果卡件拔出前后，信号不受影响，则为无扰动切换。

3．I/O 卡件冗余测试

测试方法：用信号发生器输入 5.6mA 的信号给卡件的第一路，测点是 LI101，在监控画面的显示值应是“30mm”，允许 0.2%的误差；把其中工作卡拔出后，观察后备卡指示灯变化状况，并观察 LI101 的数值变化；再交换测试。数据记录于下表中。

提示：注意冗余卡件的相应端子板类型。

项　目	LI101 数值（工程值）	是否符合正常工作的要求
工作卡拔出后		
拔出的工作卡重新插入		

根据以上方法可以测试其他冗余 I/O 卡件。

I/O 卡件冗余正常：　　□ 是　　　　□ 否

4．通信端口冗余测试

分别只保留一个通信端口进行单口的组态下载，观察下载能否顺利、畅通进行，并配以“ping”命令来协助判断网络是否畅通，并检查故障诊断界面。

如对“2#主控制卡 A 端口”的测试：只保留 2#主控制卡 A 端口网络连接，主控制卡的其他端口网络断开，下载组态，如果能下载，表示网络畅通；或 ping IP 地址，如果能找到，表示网络畅通，该端口工作良好。结果填于下表。

控制站通信端口的测试

通信端口	诊断信息	该端口工作是否正常
1#主控制卡 A 端口		□正常　□不正常
2#主控制卡 B 端口		□正常　□不正常

操作站通信端口的测试

通信端口	诊断信息	该端口工作是否正常
130 网卡 A 端口		□正常　□不正常
130 网卡 B 端口		□正常　□不正常

提示操作站 IP 地址是 131，工程师站 IP 地址是 130，如果地址不正确，请修改。如果有其他操作站，请按类似方法测试。

5．电源冗余测试

在确保双路 220V 工作正常后，做电源箱的冗余检测实验。

对电源箱的冗余检测的操作方法；断开 1#电源箱，观察控制站各卡件电源指示灯工作状况，并检查故障诊断界面，正常现象应该是和双路工作现象一致；再交换测试，并填写下表。

电源工作	诊断信息	电源工作是否正常
第 1 路 220V 电源		□正常　□不正常
第 2 路 220V 电源		□正常　□不正常
1#电源箱		□正常　□不正常
2#电源箱		□正常　□不正常

【考核自查】

知识	自测
能陈述工厂调试、现场离线调试和在线调试主要工作内容	□ 是　□ 否
能说明数据点调试的目的及主要工作内容	□ 是　□ 否
能说明控制程序的调试目的及主要工作内容	□ 是　□ 否
能说明操作画面的调试目的及主要工作内容	□ 是　□ 否
技能	自测
能用 PING 命令调试 DCS 网络	□ 是　□ 否
能正确编译和下载项目组态	□ 是　□ 否
能正确传送项目组态文件	□ 是　□ 否
能正确进行模拟量输入信号测试	□ 是　□ 否
能正确进行模拟量输出信号测试	□ 是　□ 否
能正确进行开关量输入信号测试	□ 是　□ 否
能正确进行开关量输出信号测试	□ 是　□ 否
能正确进行冗余部件（主要包括主控卡、数据转发卡、I/O 卡、电源、通信端口）的冗余测试	□ 是　□ 否
态度	自测
能进行熟练的工作沟通，能与团队协调合作	□ 是　□ 否
能自觉保持安全和节能作业及 6S 的工作要求	□ 是　□ 否
能遵守操作规程与劳动纪律	□ 是　□ 否
能自主、严谨完成工作任务	□ 是　□ 否
能积极在交流和反思中学习和提高 DCS 网络调试技能	□ 是　□ 否

【拓展知识】 操作站 IP 地址的设置

工程师站和操作员站需在计算机操作系统中设置 IP 地址，具体步骤如下。

① 右击“网上邻居”，点击“属性”。

② 在“网络和拨号连接”窗口中右击“本地连接”，右键单击[图标]，选择“属性”，如图 2-3 所示。

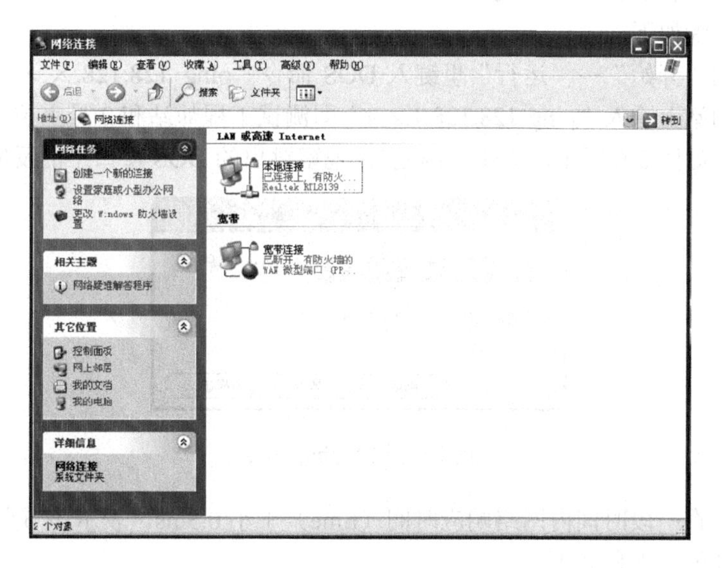

图 2-3 本地连接

③ 查看在“此连接使用下列选定的组件”中有没有“Internet 协议（TCP/IP）”项。若没有请继续后面步骤，若有请跳至步骤⑤。

④ 点击“安装”，选择“协议”，点击“添加”，选择“Internet 协议（TCP/IP）”项，按“确定”，若在“此连接使用下列选定的组件”中有“Internet 协议（TCP/IP）”项表示 TCP/IP 协议安装完成。

⑤ 选中“Internet 协议（TCP/IP）”项，点击“属性”，如图 2-4 所示。

⑥ 选中“使用下面的 IP 地址”，在“IP 地址（I）”中填入：128.128.×.×××。

⑦ 在“子网掩码”中填入：255.255.255.0，其他默认，确认即可，如图 2-5 所示。

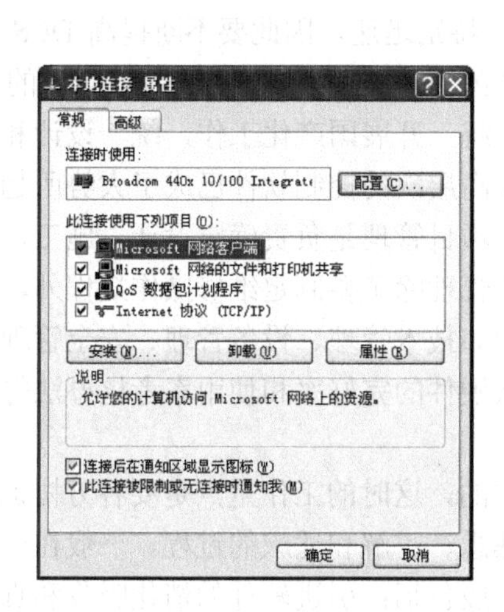

图 2-4 网络属性对话框

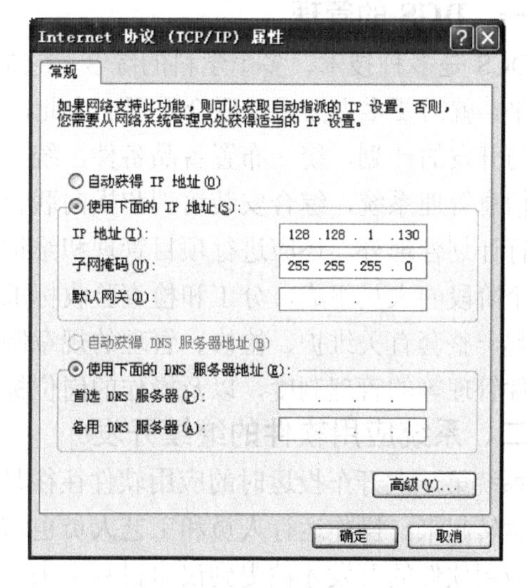

图 2-5 IP 地址设置

• IP 地址“128.128.×.×××”中，“128.128.×”用来标明具体的网络段，即网络地址；“×××”用来标明具体的节点，即主机（如控制站、操作站）地址。

网络的物理设备连接好后，利用系统自带的“ping”命令检测网内各节点的网络是否畅通，具体测试步骤如下。

在计算机的“开始”→“运行”里键入 DOS 命令“ping 128.128.×.××× –t”，按回车；如在工程师站上输入“ping 128.128.1.2 -t”即测试工程师站和 2 号主控的通信端口 A 之间的通信状况，如图 2-6 所示，点击“确定”，观察跳出的 DOS 窗口中的反应。

图 2-6　输入 ping 命令

检测标准：在一段时间内网络响应时间（time）于小 0.5ms，表示该节点网络顺畅。

如果网络通畅，现象如下：

Reply from 128.128.1.2：bytes=32 time<128;

如果网络故障，现象如下：

Destination net unreachable.或者 Request timed out.

【工作任务三】 组态修改

目的：掌握组态的方法以及组态修改的注意事项。

【课前知识】 集散控制系统的管理及二次开发

一、DCS 的管理

DCS 是多种技术、多个学科的综合，它的发展又特别迅速，因此要不断提高 DCS 的应用水平，就需要多方面力量联合发展。为此，必须建立一个专门的管理机构统一全厂的 DCS 应用与开发的计划，统一布置备品备件，统一订购，统一开展国产化工作，统一设计和开发综合信息管理系统，综合安装培训和横向联合。开发高层次的控制软件已成了大势所趋。除了进行计划管理外，还应进行项目管理和维护管理。项目管理是负责确定设计、施工、投用等各个阶段的人员组成、分工和检查验收标准。维护管理除了要制定维修操作规程外，还应建立起一整套有关维护、检修、管理的规章制度，例如技术管理、设备管理、安全管理和备品备件管理等的管理制度，以及操作的岗位标准、软硬件的完好率和使用率考核办法等。

二、系统应用软件的继续开发

系统第一次开车投运时的应用软件往往是最基本的，这时的工作重点是要各方协调，把系统运转起来。操作运行人员和工艺人员也需要有熟悉、了解和适应的过程。一般在一年以后，应用软件的开发才被提到议事日程上来，内容一般包括：引进软件的消化吸收和真正采用；一版软件的修改和补充，如控制方案、整定参数和操作画面等的修改；开发先进控制软件，使局部或全装置优化；全厂系统联网和接口的开发，这一工作是困难的，是需要各方面人员共同攻关的，必要时可与院校、研究部门合作开发，以取得更大的经济效益。

【课堂知识】 DCS 点检

DCS 点检是 DCS 系统经过一定时间的运行后，借助人的感官和工具仪器，按预先制定的技术标准（定标准）对 DCS 系统尤其是可能引起系统故障的关键点进行全面检测和必要的部件更换的检查和测试，并通过对点检记录、图表、数据等的分析，全面掌握 DCS 的技术状况和劣化程度。通过点检，可以及时发现 DCS 隐患和异常，在故障发生前得到处理，使 DCS 的运行持续处于受控状态并保持良好的技术状况。因此它是一种预防性、主动性设备检查。点检的主要内容有：系统检查、系统清扫、易损及消耗部件的更换、系统性能检测等。

近年来，各大型连续作业的企业，如机械行业、化工行业、钢铁行业、有色冶炼行业等，由于点检、巡检不到位,导致了很多 DCS 受损及检测数据失真，给国家及企业造成了难以估量的经济损失。另外，随着越来越多的 DCS 控制系统应用在工业生产现场，系统长期运行后（一般为三年以上），由于工业现场环境恶劣，如灰尘多、经常有腐蚀性气体等，容易造成元器件的老化、损坏等情况，从而导致系统通信不畅、信号偏移、部分卡件频繁维修等故障，不仅需要花费很多维修费用，而且会给生产和安全带来许多隐患。如何使系统能够安全、有效、长期地运行，已成为每个生产管理者和维护人员急切想了解、关心的问题。在 DCS 用户按计划进行生产装置检修期间，专业维护工程师进行现场维护工作，对系统提供全面的检测和维护（即点检），清除系统中已经存在的问题和隐患，保证 DCS 系统能够长期安全稳定运行。

1．点检步骤

点检步骤如图 2-7 所示。

2．点检内容

（1）操作站点检工艺

- 系统确认和保存。
- 硬件吹扫和清洗。
- 上电检测。
- 软件升级。
- 系统通信测试。
- 根据系统情况的其他处理。

（2）控制站点检工艺

- 系统确认和保存。
- 各部位清扫、损耗品更换。
- 电缆检查测试。
- 硬件恢复。
- 系统冗余测试。
- 通信测试。
- I/O 精度测试调整。

3．点检效益

DCS 点检系统给企业带来的效益如下。

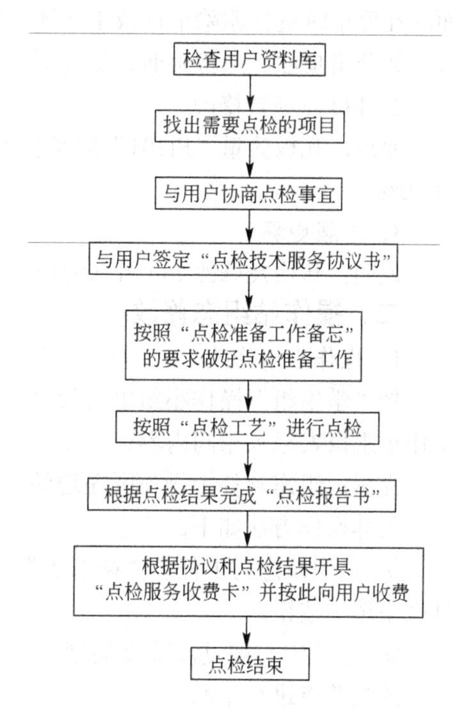

图 2-7　点检步骤

（1）提高DCS设备的可靠性　定期点检将故障消除在萌芽状态，防患于未然，保证生产设备的高效运转；通过定期的清扫、更换性能劣化品等，可以使系统的使用寿命得以延长，同时防止因无计划的维护而突发故障使生产受到影响。

（2）综合维护费用降低　专业人员的定期点检，使得用户不必设置复杂的维修设备，使得维护费用的实际支出大幅度降低。

（3）库存备件的减少　由于定期点检把握了系统的运转状态、故障履历，因此可以对各种备件的购置做到有计划，使得备件的库存量和品种掌握在最佳状态，减少备件的数量和费用，避免备件购置上的盲目性。

【实施步骤】

一、控制站组态修改

1．I/O测点增减

根据工艺改造要求，增加如下表所示测点。

位　号	注　释	量　程	信号类型	趋　势	报　警	其　他
TI107	水箱水温度度	0～100℃	Pt100热电阻输入	5s	10%低报	
FI103	锅炉进水流量	0～5m^3/h	4～20mA，不配电	1s	10%低报	累积
KI101	泵开关指示		开关量输入（干触点）	1s		
KO101	泵开关操作		开关量输出（干触点）	1s		

提示：增加I/O点时，建议先寻找组态中空余备用的通道，将其更改为需要的位号名后使用。如果已无备用通道，建议在最后一个机笼的最后槽位增加卡件。

根据工艺要求，取消测点LI103。

提示：需要在线减少卡件或I/O测点时，在组态中先不要删除卡件或I/O测点的组态，而应在停车时进行删除卡件或I/O测点的操作，同时测点修改后应注意相关的操作画面的修改，如分组画面、趋势画面、流程图、报表等。

2．I/O点参数修改

要求：孔板流量“FI101”的量程更改为0～15m^3/h；上水箱液位LI101设置低限报警值为10%。

3．下载更新

说明：新增及修改I/O组态完成后，保存、编译、并进行下载。

二、操作站组态修改

1．操作小组修改

把“学生组”操作小组更名为“自动化项目一组”，并使该操作小组可以浏览“教师组”操作小组报表记录相同内容。

提示：组态软件中操作区左边的“组态树”可进行复制、粘贴和剪切操作。

具体操作方法如下。

① 点中组态树上任意“树节点”，选择主菜单编译菜单条下复制菜单项，或者直接在工具栏中选中按钮。

② 可选中与被复制节点类型相同的任意一个节点，也可以选择与被复制节点类型相同节点的父节点进行粘贴。

2．流程图修改

“教师组”小组含一幅名为“新版 CS2000 流程图.DSG”的流程图。原图已部分完成，存放于学习工具包中，要求能在监控画面中能观察到该画面，要求“新版 CS2000 流程图”画面中添加以上新增测点，修改后的画面与原画面风格一致。

3．报表修改

修改名为“报表.CEL”的报表组态。增加测点 TI102、FI101 的报表记录要求，其记录、输出方式与 TI101 相同。

4．传送更新

保存组态，编译并将新组态传送到其他操作站。

提示：传送指将编译后的“.SCO”操作信息文件、“.IDX”编译索引文件、“.SCC”控制信息文件等通过网络传送给操作站。

需传送的情况（对于工程师本身则编译重载组态即可）：画面线条的修改、动态的数据源修改、增减动态数据、控制分组的修改、流程图登录的增减、趋势的修改和报表的修改。

三、修改后检查

启动监控软件，操作小组选择“教师组”，查看监控画面，尤其是新增的分组画面，检查项目结果。

提示：当瞬时流量位号在 I/O 组态中设置累积之后，在监控画面中累积值显示在各自仪表盘的实时流量值的下方。例如 FI101 中有累积，FI102 中无累积。

观察工程师站和操作员站监控画面右角上的如图 2-8 所示的工作状态指示灯是否有报警，如有报警分析其原因并说明解决方法，填写下表。

图 2-8　监控画面工作状态指示灯

项　　目	工作状态指示灯是否报警	分析原因	解决方法
工程师站			
操作组站			

【考核自查】

知　　识	自　　测
能陈述集散控制系统的具体管理工作事项	□ 是　　□ 否
能说明系统应用软件的继续开发的目的和内容	□ 是　　□ 否
能陈述 DCS 点检步骤	□ 是　　□ 否
能陈述 DCS 点检内容和效益	□ 是　　□ 否
技　　能	自　　测
能进行 DCS I/O 测点增减	□ 是　　□ 否
能进行 DCS I/O 点参数修改	□ 是　　□ 否
能进行 DCS 操作小组修改	□ 是　　□ 否

续表

技　能	自　测
能进行 DCS 流程图修改	□ 是　□ 否
能进行 DCS 报表修改	□ 是　□ 否
能依据工作状态灯进行 DCS 修改后的检查	□ 是　□ 否
态　度	自　测
能进行熟练的工作沟通，能与团队协调合作	□ 是　□ 否
能自觉保持安全和节能作业及 6S 的工作要求	□ 是　□ 否
能遵守操作规程与劳动纪律	□ 是　□ 否
能自主、严谨完成工作任务	□ 是　□ 否
能积极在交流和反思中学习和提高 DCS 组态修改能力	□ 是　□ 否

【拓展知识】 OPC 技术简介

一、OPC 定义

OPC 全称是 OLE for Process Control，直译为过程控制中的对象连接嵌入技术。在当今过程控制领域，是一种非常流行的数据交换技术。其实质上是将微软的 Activex（控件）技术应用于过程控制领域。也就是说在过程控制系统中，硬件服务商或软件提供者提供的数据源，在设计数据接口方面就采用了微软的 OLE 技术，并提供相应的控件、动态链接库，即支持 OPC 接口技术;当监控系统需要与数据源进行数据交换时，其开发的基于 Windows 的应用程序仅需将数据源提供的控件引入或者遵循 OLE 技术，就可以与数据源进行通信，而无需开发数据源硬件驱动或与服务商软件通信接口，大大地节省了开发费用，使应用程序和现场过程控制建立了桥梁，相互之间进行数据交换更加方便、灵活。OPC 服务器通常支持两种类型的访问接口，它们分别为不同的编程语言环境提供访问机制。这两种接口是：自动化接口（Automation interface）；自定义接口（Custom interface）。自动化接口通常是为基于脚本编程语言而定义的标准接口，可以使用 Visual Basic、Delphi、PowerBuilder 等编程语言开发 OPC 服务器的客户应用。而自定义接口是专门为 C++等高级编程语言而制定的标准接口。OPC 定义了一个开放的接口，在这个接口上，基于 PC 的软件组件能交换数据。它是基于 Windows 的 OLE——对象链接和嵌入、COM——部件对象模型（Component Object Model）和 DCOM——分布式 COM（Distributed COM）技术。因而，OPC 为自动化层的典型现场设备连接工业应用程序和办公室程序提供了一个理想的方法。OPC 现已成为工业界系统互联的缺省方案，给工业监控编程带来了便利，用户不用为通信协议的难题而苦恼。

OPC 是靠 OPC 服务器来实现的。这个服务器对下层现场设备提供标准的接口，使得现场设备的各种信息能够进入 OPC 服务器，从而实现向下互联。 OPC 作为现场设备接口时的连接关系如图 2-9 所示。

为什么需要 OPC 呢？当今，软件在自动化领域内使用的重要性与日俱增。无论项目是否涉及到操作、可视化、数据存档或控制，向纯粹的、基于 PC 的软件解决方案的发展趋势是不可阻挡的。这些软件解决方案不再是开发单个的块，而是由专用的软件组件组成。采用可重复使用的模块以及利用这些模块所具有的柔性构成整个系统，其能力几乎是没有什么能替代的，唯一例外的是通信接口的不兼容性。用于适配通信接口的时间和资金是必须要投入的，其目的是将这些软件模块组合在一起，由此开发出了数以百计的通信接口软件程序，例如用于过程控制或可视化系统与外围设备进行通信的接口程序。但与此同时，亦显著增加了成本。而 OPC 为这种情况提供了一个补救方法：OPC 使诸如软件连接器等软件组件组合在一起，这些组件不需要特殊的适配就能相互通信。因此，即插即用（Plug&Play）在自动化中成为现实。

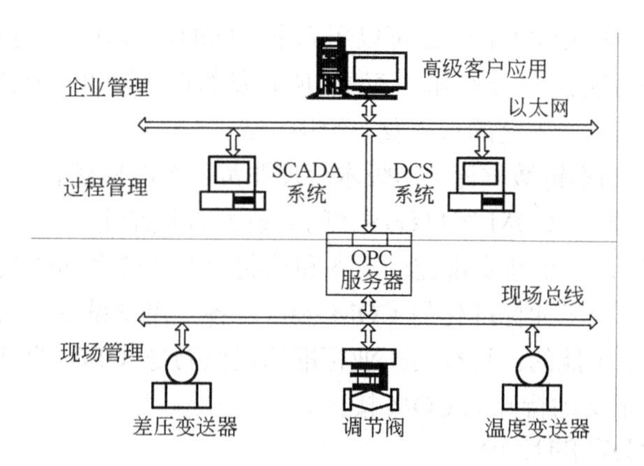

图 2-9　OPC 服务器作为现场设备接口

1．使有效的精力更多地投入到开发应用程序

对于早期的计算机系统，为了实现不同的硬件和软件所构成的计算机之间的数据交换和通信，必须要花费很多时间去开发独自的通信程序。但是正是由于现在有了数据交换和通信的工业标准，才有可以实现像互联网那样，使不同的计算机相互连接为巨大网络。所以在开发企业的信息系统时，若采用符合工业标准的数据库和客户-服务器接口，可以使有效的精力更多地投入到应用程序本身功能的开发中去。

2．工业制造系统也存在同样的问题

就是使由不同的供应商提供的机器设备无须特别的软件开发就可以互相连接。例如在实现多层生产控制信息系统时，从处理设备数据的现场设备层，到进行过程处理的过程控制系统层，以至最上层的生产管理层，建立和普及一个有效的数据交换工业标准将是当务之急。在这种情况下，利用微软 Windows 视窗中的 OLE/COM 技术实现工业制造系统过程控制中的数据交换标准化，正是 OPC 本来的目的所在。

二、OPC 服务器数据访问过程

OPC 数据访问提供从数据源读取和写入特定数据的手段，一个 OPC 对象具有一个作为子对象的 OPC 组集合对象（OPCGROUPS）。在这个 OPC 组集合对象里可以添加多个的 OPC 组。每个组对象都具有一个作为子对象的 OPC 标签集合对象（OPCITEMS），在这个 OPC 标签集合对象里可以添加多个 OPC 对象。

三、基于 COM 技术的 OPC

微软公司为了提供商业应用程序和特定用途的软件包之间的相互连接性，开发了所谓的部件（组件）对象模型（Component Object Model，COM）技术。COM 是一种软件组件间相互数据交换的有效方法，是一个二进制和网络的标准，也是 DCOM、ActiveX（Active X 是对广泛使用的 OLE 控件技术的更新和升级，它依赖于 COM 技术，是 OLE 控件技术的更名和重构）和 OLE 技术的核心。COM 技术具有以下特长。

① 所谓 COM 并不是一种计算机语言，与运行的机器、机器的操作系统（只要支持 COM）以及软件开发语言均无关，是任意的两个软件组件之间都可以相互通信的二进制和网络的标准。

② COM 服务器是根据 COM 客户的要求提供有执行功能的服务程序，可以作为 Win32 服务器可执行的文件形式发布。

③ COM 客户程序和 COM 服务器可以用完全不同的语言开发，这样使利用 C++、Visual Basic 以及 Excel 中作为宏使用的应用程序语言所开发的程序可以相互连接。

④ COM 组件可以以二进制的形式发布给用户。

⑤ 与过去 DLL（动态链数据库）的版本管理非常困难的问题相比，COM 技术可以提供不同版本的 COM 服务器和 COM 客户程序之间的最大的兼容性。

COM 技术的出现使简单地实现控制设备和控制管理系统之间的数据交换提供了技术基础。但是如果不提供一个工业标准化的 COM 接口，各个控制设备厂家开发的 COM 组件之间的相互连接仍然是不可能的。这样的工业标准的提供乃是 OPC 的目的所在。总而言之，OPC 是作为工业标准定义的特殊的 COM 接口。

四、OPC 与 DDE 的比较

在 OPC 技术出现以前，DDE（动态数据交换）技术曾经对过程控制作出巨大贡献。但是 DDE 是基于 Windows 信息（Message）传递而建立的技术。

1. DDE 技术存在的问题

- 数据的传送速度较慢；
- 没有安全性管理机制；
- 开发困难；
- 功能缺乏柔软性；
- 可靠性难以令人满意。

2. OPC 技术的优越性

基于先进的 COM 技术的 OPC 技术将逐渐取代现在在过程控制中广泛使用的 DDE 的位置乃是顺理成章的事情。随着 OPC 技术的导入，和过去的 DDE 技术相比，其在以下方面显示出它的优越性。

- 高速的数据传送性能；
- 基于分布式 COM 的安全性管理机制；
- 开发成本的降低；
- 实现具有高度柔软性功能的系统；
- 实现具有高可靠性的系统。

五、用户如何通过 OPC 获益

过去，通常只有有限的接口程序能与专用的自动化组件兼容。众所周知,为所有的专用接口开发接口程序是不可能的。在今天，明显的创新是用户能够把任何一个可视化或控制系统与所选择的任一硬件（即 PC 插板）通过 OPC 组合在一起，OPC——标准的软件总线使多种现场总线系统得以集成，如 Profibus 网络、CANopen（开放式控制局域）网络、Device Net（设备网络）等。OPC 提供现场总线以外的重要的附加性能，现场总线领域标准化的主要目标是快速、可靠地数据传输。而 OPC 使标准通信达到这样的程度，即任何 OPC 服务器和应用软件能联网运行而不会产生任何问题。 接口程序和 OPC 服务器质量的提高进一步扩展了这种优点，制造商能够把它们的精力专注于开发一个独特的 OPC 服务器。因为不用面对众多的接口程序，就能把精力投入到增加附加的功能性和提高操作者友好性方面的工作。而且，由专门的 OPC 基金会工作实施的一致性测试促进了 OPC 产品质量的提高。过去，使用专用接口程序经常受限于单个应用程序。现在，一个应用程序能通过有若干个客户机的 OPC 接口访问 OPC 服务器，因而能更灵活地访问 OPC 服务器的功能性和内部数据，这种多客户机能力不仅给本地 PC 带来好处，还能通过 DCOM（分布式组件对象模型）用在分布式网络上。例如，一个运行在办公室计算机上的可视化系统不必购买附加的接口程序软件就能与位于工厂车间内的 OPC 服务器链接在一起。OPC 所具有的灵活性和高水平的机动能性，对于制造厂商和用户来说分别可以从 OPC 得到以下的实惠。

① 设备开发者：可以使设备驱动器开发的单一化成为可能。

② 应用程序软件开发者：可以使用通用的开发工具，不必开发特别的接口，使得设备接口的开发更为简单易行。

六、OPC 如何解决问题

OPC 诞生以前，硬件的驱动器和与其连接的应用程序之间的接口并没有统一的标准。例如，在工厂自动化 FA（Factory Automation）领域，连接 PLC 等控制设备和 SCADA/HMI 软件，需要不同的 FA 网络系统构成。根据某调查结果，在控制系统软件开发的所需费用中，各种各样机器的应用程序设计占费用的 70%，而开发机器设备间的连接接口则占了 30%。此外，在过程自动化 PA（Process Automation）领域，当希望把分布式控制系统 DCS（Dis-tributed Control System）中所有的过程数据传送到生产管理系统时，必须按照各个供应厂商的各个机种开发特定的接口。例如，利用 C 语言 DLL（动态链路数据库）连接的 DDE（动态数据交换）服务器或者利用 FTP（文件传送协定）的文本等设计应用程序。如由 4 种控制设备和与其连接的监视、趋势图以及表报 3 种应用程序所构成的系统时，必须花费大量时间去开发分别对应设备 A、B、C、D 的监视、趋势图以及表报应用程序的接口软件，共计要用 12 种驱动器。同时，由于系统中共存各种各样的驱动器，也使维护运转环境的稳定性和信赖性更加困难。而 OPC 是为了不同供应厂商的设备和应用程序之间的软件接口标准化，使其间的数据交换更加简单化的目的而提出的。作为结果，可以向用户提供不依靠于特定开发语言和开发环境的可以自由组合使用的过程控制软件组件产品。

利用 OPC 的系统，是由按照应用程序（客户程序）的要求提供数据采集服务的 OPC 服务器，使用 OPC 服务器所必需的 OPC 接口，以及接受服务的 OPC 应用程序所构成。OPC 服务器是按照各个供应厂商的硬件所开发的，使之可以吸收各个供应厂商硬件和系统的差异，从而实现不依存于硬件的系统构成。同时利用一种叫做 Variant 的数据类型，可以不依存于硬件中固有数据类型，按照应用程序的要求提供数据格式。

七、OPC 的适用场合

OPC 是为了连接数据源（OPC 服务器）和数据的使用者（OPC 应用程序）之间的软件接口标准。数据源可以是 PLC、DCS、条形码读取器等控制设备。随控制系统构成的不同，作为数据源的 OPC 服务器即可以是和 OPC 应用程序在同一台计算机上运行的本地 OPC 服务器，也可以是在另外的计算机上运行的远程 OPC 服务器。OPC 接口既可以适用于通过网络把最下层的控制设备的原始数据提供给作为数据的使用者（OPC 应用程序）的 HMI（硬件监督接口）/SCADA（监督控制与数据采集）批处理等自动化程序，以至更上层的历史数据库等应用程序，也可以适用于应用程序和物理设备的直接连接。所以 OPC 接口是适用于很多系统的具有高厚度柔软性的接口标准。

使用OPC技术，第一次实现了不用考虑驱动程序和接口问题，就可以在自动化控制软、硬件之间实行无缝链接。OPC基于Microsoft Windows的COM/DCOM技术，定义了工业应用领域，使用与制造商不相关的接口，即使是非常受欢迎的Office程序都可以连接到自动化的领域来。它使用户在选择硬件和软件模块时可以有充分的灵活性。通过标准化通信接口，多种供应商的产品能被组合、匹配在一起，并且在无需修改程序的情况下能够相互作用。OPC使得即插即用在自动化应用中成为现实，并且还允许集成各种各样的现场总线系统。OPC将提供众多的优点。

① 在过程控制和机器制造工业领域的“即插即用”。

② 允许在不同供应商开发的硬件装置和应用软件之间通过共同的接口进行数据交换，Windows技术和OPC接口使之有可能将可编程序控制端的硬件和软件组合在一起而不需要开发大量专用的通信接口程序，由此节省不少人力物力。

③ 使从办公室产品到过程数据的访问简单易行而且灵活可靠。

【工作任务四】 系统维护

目的：掌握常见的故障诊断方法及基本维护技术。

系统维护的必要性：系统中任一环节出现问题，均会导致系统部分功能失效或引发控制系统故障，严重时会导致生产停车。

系统维护的目的：正确有效的系统维护方法能保证系统良好的运行状态，提高系统的可靠性和稳定性，提高系统运行效率，为企业实现安全、高效生产提供有力支持。

系统维护分日常维护、预防维护和故障维护。日常维护和预防维护的目的是防患于未然，避免出现故障或出现影响生产的故障。故障维护的目的是及时有效地发现和排除故障，保障正常生产。

【课前知识】 系统日常和预防维护

DCS系统是由系统软件、硬件、现场仪表等组成的。系统中任一环节出现问题，均会导致系统部分功能失效或引发控制系统故障，严重时会导致生产停车。因此，要把构成控制系统的所有设备看成一个整体，进行全面维护管理。转入正常运行的集散系统应有完整的维修制度。维护工作内容包括：系统的运行状况检查；参数及组态的修改；故障和设备缺陷的处理；备件及维修工具的保管；设备工作室的卫生工作。在维护过程中应详细做好工作记录。以上这些工作不是轻易能完成的，此必须有专人负责，也就是说要有专门的维修班子。最好不要同仪表的维修班子合在一起，应各司其职，任务分明。

一、日常维护

1. 中控室管理

应加强中控室人员和设备管理。为保证系统运行在适当条件，应遵守以下各项。

① 密封所有可能引入灰尘、潮气和鼠害或其他有害昆虫的走线孔（坑）等。

② 保证空调设备稳定运行，保证室温变化小于±5℃/h，避免由于温度、湿度急剧变化导致在系统设备上的凝露。

③ 避免在控制室内使用无线电或移动通信设备，避免系统受电磁场和无线电频率

干扰。

2．操作站硬件管理

① 文明操作，爱护设备，保持清洁，防灰防水。

② 严禁擅自改装、拆装机器。

③ 键盘与鼠标操作须用力恰当，轻拿轻放，避免尖锐物刮伤表面。

④ 尽量避免电磁场对显示器的干扰，避免移动运行中的工控机、显示器等，避免拉动或碰伤设备连接电缆和通信电缆等。

⑤ 显示器使用时应注意以下几方面。

- 显示器应远离热源，保证显示器通风口不被他物挡住。
- 在进行连接或拆除前，应确认计算机电源开关处于“关”状态。此操作疏忽可能引起严重的人员伤害和计算机设备的损坏。
- 显示器不能用酒精和氨水清洗，如确有需要，请用湿海绵清洗，并在清洗前关断电源。

⑥ 工控机使用时应注意以下几方面。

- 严禁工控机在上电情况下进行连接、拆除或移动。此操作疏忽可能引起严重的人员伤害和计算机设备的损坏。
- 工控机应通过金属机壳外的接地螺丝与系统的地相连，减少干扰。
- 工控机的滤网要经常清洗，一般周期为4～5天。
- 研华工控机主板后的小口不能直接插键盘或鼠标，需通过专用转接头转接，否则容易引起死机。
- 机箱背面的220/110V开关切勿拨动，否则会烧主板。

3．操作站软件管理

① 严禁使用非正版Windows 2000/NT软件（非正版Windows 2000/NT软件指随机赠送的OEM版和其他盗版）。

② 操作人员严禁退出实时监控。

③ 操作人员严禁任意修改计算机系统的配置设置，严禁任意增加、删除或移动硬盘上的文件和目录。

④ 系统维护人员应谨慎使用外来软盘或光盘，防止病毒侵入。

⑤ 严禁在实时监控操作平台进行不必要的多任务操作。

⑥ 系统维护人员应做好控制子目录文件（组态、流程图、SC语言等）的备份，各自控回路的PID参数、调节器正反作用等系统数据记录工作。

⑦ 系统维护人员对系统参数做出必要修改后，应及时做好记录工作。

4．操作站检查

① 工控机、显示器、鼠标、键盘等硬件是否完好。

② 实时监控工作是否正常，包括数据刷新、各功能画面的（鼠标和键盘）操作是否正常。

③ 查看故障诊断画面，是否有故障提示。

5．控制站管理

① 严禁擅自改装、拆装系统部件。

② 不得拉动机笼接线。

③ 不得拉动接地线。

④ 避免拉动或碰伤供电线路。

⑤ 锁好柜门。

6．控制站检查

① 卡件是否工作正常，有无故障显示（FAIL 灯亮）。

② 电源箱是否工作正常。

7．通信网络管理

① 不得拉动或碰伤通信电缆。

② 系统上电后，通线接头不能与机柜等导电体相碰，互为冗余的通信线、通信接头不能碰在一起，以免烧坏通信网卡。

二、预防维护

每年应利用大修进行一次预防性的维护，以掌握系统运行状态，消除故障隐患。大修期间对 DCS 系统应进行彻底的维护，内容包括以下几方面。

① 操作站、控制站停电检修。包括工控机内部、控制站机笼、电源箱等部件的灰尘清理。

② 系统供电线路检修。

③ 接地系统检修。包括端子检查、对地电阻测试。

④ 现场设备检修。

大修后系统维护负责人必须确认条件具备方可上电，并应严格遵照上电步骤进行。

1．操作站上电步骤

① 计算机自检通过。

② 文件管理，确认 Windows 操作系统软件、JX-300XP 系统软件路径正确。

③ 硬盘剩余空间无较大变化，并通过磁盘表面测试。

2．控制站上电步骤

① 稳压电源输出检查。

② 电源箱依次上电检查。

③ 机笼配电检查。

④ 卡件自检。

⑤ 卡件冗余测试等。

3．UPS 维护

① UPS 容量应是负载的 1.4 倍，这样才能保证 UPS 正常工作。

② 应充分考虑电池放电时间，可根据输出电流和 UPS 功率来计算。

③ 尽可能采用双路供电，一路出现故障时另一路可正常工作。对三入三出的大型 UPS 应均匀分配 UPS 三相的负载，并选择具有相位调整功能的 UPS。

④ UPS 切换时间应不小于 DCS 系统允许瞬间断电时间，按小于 3 毫秒考虑。

⑤ UPS 电压瞬间变化应小于 10%。

⑥ UPS 设备内部应有变压稳压环节和维护旁路功能。

⑦ UPS 内部主电源与旁路电源应具有自动同步功能。

【课堂知识】 系统故障维护

系统显示画面包括系统连接显示画面和系统维护显示画面。

系统连接显示画面指所使用的集散控制系统是怎样组成的。一种方法是采用连接图的形式，它表明系统中各硬件设备之间的连接关系。另一种方法采用树状结构的形式，它表明某设备有哪些外围设备与它相连接。例如，分散过程控制装置有几块模拟输入卡件、几块模拟输出卡件等。系统维护显示画面常与系统连接显示画面合并，例如，采用树状结构的系统连接显示画面，常在相应设备旁显示该设备的运行状态。它表明该系统的各输入输出卡件都在正常工作。采用连接图形式的系统连接显示画面上，常采用表示该设备的颜色变化来反映该设备的运行状态。常用的颜色变化是不正常状态为红色。也有些系统采用颜色的充满表示不正常状态。

另一种系统维护显示画面和报警一览表相类似，它采用一览表形式显示系统中设备的不正常状态。与报警显示一览表的区别是系统维护一览表没有确认的功能，它常有系统故障的发生和恢复时间及系统故障的一些信息显示，从中可以计算有关设备的 MTTR 及 MTBF 等数据。因此，可以依据系统维护显示画面判断系统的故障部位。发现故障现象后，系统维护人员首先要找出故障原因，进行正确的处理。

一、操作站故障

操作站是一台工业用 PC 机，其基本结构和普通的台式计算机没有本质的不同。当一台工控机出现故障时，首先要使用插拔法、替换法、比较法来确定工控机中是何部件有故障，然后有针对性地更换故障部件或更换插槽（更换工控机部件一般应由工程技术人员在现场指导）。为了避免盲目地更换部件，可根据工控机启动时的报警声数来判断故障所在，见下表。

报警声数	错误含义（AWARD BIOS）
1短	系统启动正常
2短	常规错误，请进 CMOS 设置，重新设置不正确选项
1长1短	RAM 或主板出错，更换内存或主板
1长2短	显示器或显卡错误
1长3短	键盘控制错误，检查主板
1长9短	主板 FLASH RAM 或 EPROM 错误，BIOS 损坏，更换 FLASH RAM
长声不断	内存条未插紧或损坏，重插或更换内存条
不停地响	电源、显示器未和显示卡连接好，检查一下所有插头
重复短响	电源有问题
黑屏	电源有问题

二、控制站故障

1．主控制卡故障

① LED-A 灯不亮或常亮。与通信口 1 有关的元器件故障。仔细检查背板上 U2（9008）焊接时是否有搭锡。

② LED-B 灯不亮或常亮。与通信口 2 有关的元器件故障。仔细检查背板上 U10（9008）

焊接时是否有搭锡。

③ SLAVE 灯不亮或常亮。从 CPU 工作不正常，检查背板上 U7（P51XA）及其外围电路。

④ 断电后丢组态。有可能是锂电池供电故障或 MAX691 工作不正常。检查电池电压和断电保护供电线路（与 MAX691 的断电保护功能有关）。

⑤ 把地址拨号开关 SW2 拨到所需地址，发现通信连不上。检查地址并无冲突，有可能是拨号开关坏了，可用万用表测量拨号开关的状态跟指示是否一致。也有可能是优先级拨位开关 SW2 有设置导致地址冲突。在无优先级的通信网络，把优先级开关 SW2 拨为 00。

⑥ 复位周期短。有可能是 MAX691 外围电路有故障或供电电压太低（MAX691 复位电压 4.65V）。

2．数据转发卡故障

① 故障现象：组态下传后，XP233 卡 COM 灯不亮，且该机笼的 I/O 卡件 COM 灯均不亮。而所有卡件均是经测试合格品，系统连接正确、良好。

分析与排除：先检查组态中有关 XP233 卡的信息，查看所组 XP233 卡的地址及冗余状况与实际机笼中所插 XP233 卡的状况是否一致，如地址一致，对照地址设置规范，查看组态配置是否遵循规范。

② 故障现象：某块 XP233 卡 COM 灯呈缓慢（≥1s）闪烁状态。

分析与排除：如该 XP233 卡是备用卡，且该卡件对应诊断信息显示一切正常，则此时为正常现象；如该 XP233 卡是工作卡，则此时为异常现象，应检查 SBUS 通信通道的连接（包括主控制卡、SBUS 通信线、数据转发卡），如确定为数据转发卡的故障，查看故障诊断信息找出故障原因并更换卡件。

③ 故障现象：组态下传后，XP233 卡 COM 灯正常闪烁，该机笼的 I/O 模块 COM 灯均不亮，XP233 卡件和所有其他卡件经测试均为合格，系统连接正确、良好。

分析与排除：如 XP233 卡 FAIL 灯不亮，查看该机笼的 I/O 组态，如 I/O 模块未被组入，此为正常现象；如 XP233 卡 FAIL 灯长亮，此为异常现象，说明处于工作状态的 XP233 卡件的 I/O 通信通道已出现故障，需更换卡件。

④ 故障现象：组态下传后，XP233 卡 COM 灯正常闪烁，FAIL 灯长亮，而该机笼的部分 I/O 模块 COM 灯均不亮，所有其他卡件经测试均为合格，系统连接正确、良好。

分析与排除：此为异常现象，说明处于工作状态的 XP233 卡件的 I/O 通信通道已出现故障，应查看故障诊断信息找出故障通道并更换卡件。

⑤ 故障现象：XP233 卡插入后，该卡件 FAIL 灯以约 4s 的周期闪烁，且与 I/O 卡件不进行通信。

分析与排除：此为异常现象，说明该 XP233 卡的地址与同一控制站中其他 XP233 卡件冲突，此时只需拔出该卡件，重新设置地址，即可投入使用。

3．某个机笼全部卡件故障灯闪烁

当数据转发卡地址不正确、故障、组态信息有错、机笼的 SBUS 线通信故障或者给机笼供电的电源出现低电压故障时，会出现这种情况，同时伴随着整个机笼的数据不刷新或者变成零。判断故障点的方法是采用“替换法”，先更换一块数据转发卡并使其处于工作状态，观察系统是否恢复正常（更换时注意不要把数据转发卡的地址设错），如果系统仍然不正常，则需要和供应商联系。

4. 某个卡件故障灯闪烁或者卡件上全部数据都为零

可能的原因是组态信息有错、卡件处于备用状态而冗余端子连接线未接、卡件本身故障、该槽位没有组态信息等。当排除了其他可能而怀疑卡件本身故障时，可以采用“替换法”。

某通道数据不正常，这种情况下需要维护工程师准确判断故障点在DCS侧还是现场侧。简单的处理方法是将信号线断开，用万用表等测量工具检验现场侧的信号是否正常或向DCS送标准信号看监控画面显示是否正常。如初步判断出故障点在DCS侧，然后按照通道、卡件、机笼、控制站由小到大的顺序依次判断故障点的所在。

对于各种不同类型的控制站卡件，某通道数据失灵或者失真的原因是多种多样的。如对于电流输入，需要判断卡件是否工作、组态是否正确、配电方式跳线、信号线的极性是否正确等。维护人员需要正确判断故障点的所在然后进行相应的处理。

所有拔下的或备用的I/O卡件应包装在防静电袋中，严禁随意堆放；插拔卡件之前，须作好防静电措施，如带上接地良好的防静电手腕，或进行适当的人体放电；避免碰到卡件上的元器件或焊点等。

卡件经维修或更换后，必须检查并确认其属性设置，如卡件的配电、冗余等跳线设置。

三、通信网络故障

① 通信接头接触不良会引起通信故障，确认通信接头接触不良后，可以利用专用工具重做接头。

② 由于通信单元有地址拨号，通信维护时，网卡、主控卡、数据转发卡的安装位置不能变动。

③ 通信线破损应及时予以更换。

④ 避免由于通信线缆重量垂挂引起接触不良。

故障现象一：现场一操作站A网和B网的网络都不通畅，已确认网线已插稳，两块网卡及其IP地址设置都正常，主控卡正常。

- 原因分析：因为该操作站的A、B网线交叉。
- 解决方法：A、B网线交换一个网卡插入即可。

故障现象二：现场一操作站把A网和B网的网线同时插着时都不能通信，插拔一下某根网线，另一根网线所在网络就能正常通信了，经检查，A网和B网的网线位置没有差错，网卡工作正常。

- 原因分析：因为两块网卡的子网掩码都设成了255.255.0.0.
- 解决方法：两块网卡的子网掩码都设成 255.255.255.0.

四、信号线故障

维护信号线时避免拉动或碰伤系统线缆，尤其是线缆的连接处。

五、现场设备故障

检修现场控制设备之前必须征得中控室操作人员的允许，方可以检修。检修结束后，要及时通知操作人员，并进行检验。操作人员应将自控回路切为手动，阀门维修时，应起用旁路阀。

【实施步骤】

① 根据下表的故障模拟操作完成相应的操作，同时观察所操纵的主控制卡或数据转发卡上的指示灯，在表中填写指示灯情况，以此了解各个指示灯的具体作用以及如何通过这些

指示灯来判断卡件故障。

卡件	模拟故障操作	指示灯指示情况（请在方框中打钩或填写其他指示情况）	故障分析
主控制卡	拔出两块主控制卡，对其中一块的J5跳线进行拔插操作后把它插回卡槽（另一块主控制卡不要插回），观察指示灯，然后下载组态，再观察指示灯	□ FAIL灯：常亮，并保持到下一组态到此主控制卡。 □ 其他	主控制卡组态丢失
	把某个主控制卡的两根网线均拔掉（注意请在主控制卡工作时操作，并观察改卡的 FAIL灯和RUN灯的状态）	□ FAIL灯:同时亮，先灭。 RUN灯：同时亮，后灭，周期为采样周期两倍。 □ 其他	两个冗余的网络通信接口（网线或驱动口）均出现故障
	把两个主控制卡地址设为3、4； （注意观察该工作卡的FAIL灯和RUN灯的状态）	□ FAIL灯：同时亮，同时灭。 RUN灯：同时亮，同时灭。 □ 其他	组态中的控制站地址与主控制卡地址的物理是设置不一致 （可能是组态的错误，也可能是主控制卡地址读取故障）。
	拔主控制卡的任意一根网线	□ RUN灯：先亮，同时灭；周期为采样周期两倍。 FAIL灯：后亮，同时灭。 □ 其他	主控卡网络通信口有一口（网线或驱动口）出现故障
	下载组态，下载到一半时，把主控制卡上所有网线多拔掉，这是会在工程师站跳出一窗口，询问是否重试，此时点击终止，不继续下载	□ FAIL、STDBY、RUN不按规定的周期快速闪烁。 □ 其他	下载的用户程序运行超时后下载了被破坏的组态信息 [由于运行超时或组态信息出错而导致主控卡 WDT复位，需要修改用户控制程序（SCX语言、梯形图等）或下载正确的组态信息]。
	把某个主控卡的两根网线交叉接到该主控卡的上下两各端口上	□ FAIL灯：均匀闪烁，周期是RUN灯的一半。 RUN灯：均匀闪烁，周期是FAIL灯的两倍。 □ 其他	SCnetⅡ通信网络的0#、1#总线交错
数据转发卡	取下冗余数据转发卡中的任一块，把地址设成和另一块在工作的地址一样再插回	□ FAIL灯将以约为3s的周期均匀闪烁。 □ 其他	数据转发卡地址冲突

提示：正常运行时，RUN指示灯处于闪烁状态（频率为采样周期的两倍）；指示灯指示情况中的同时亮、后亮指的时 RUN灯、FAIL灯之间的时间关系；当卡件自身出现物理故障时，卡件的FAIL的指示灯常亮。

② 故障诊断画面分析。在工程师站启动监控软件，操作小组选择“教师组”。进入监控软件的“故障诊断”画面，查看系统及故障诊断信息，并填写下表。

项目	卡件	选择观察到的现象（在“□”中打“√”），并根据要求填写。	根据观察的现象，判断系统工作是否正常
控制站	主控卡	□ 主控卡有显示绿色项 □ 主控卡有显示红色项 □ 主控卡有显示黄色项 主控卡数量____块， 地址分别为：____、____	□ 系统工作正常 □ 系统有故障 故障是：________ ________
状态判断	数据转发卡	□ 数据转发卡有显示绿色项 □ 数据转发卡有显示红色项 □ 数据转发卡卡有显示黄色项 数据转发卡数量____块 地址分别为：____、____、____、____	□ 系统工作正常 □ 系统有故障 故障是：________
	I/O 卡	□ I/O 卡件各项显示绿色 □ I/O 卡件有显示绿色项	□ 系统工作正常 □ 系统有故障 故障是：________
故障历史记录	选择起始时间为：________________		□ 系统工作正常 □ 系统有故障 故障是：________

提示：对于主控卡、数据转发卡、I/O 卡件的检查可以双击来查看它们的状态。

【考核自查】

知　识	自　测
能陈述集散控制系统系统维护的必要性	□ 是　□ 否
能说明系统维护的目的	□ 是　□ 否
能说明 DCS 系统日常和预防维护的主要内容	□ 是　□ 否
能陈述控制站和操作站上电步骤	□ 是　□ 否
能陈述 DCS 系统维护显示画面的目的	□ 是　□ 否
技　能	自　测
能处理 DCS 操作站常见故障	□ 是　□ 否
能处理 DCS 控制站常见故障	□ 是　□ 否
能处理 DCS 网络系统常见故障	
假设在监控中发现测点 LI102 显示不准确，应如何判断和排除	□ 是　□ 否
假设 LI101 该通道损坏，且不另购新卡件，能列出处理该故障的主要步骤	□ 是　□ 否
态　度	自　测
能进行熟练的工作沟通，能与团队协调合作	□ 是　□ 否
能自觉保持安全和节能作业及 6S 的工作要求	□ 是　□ 否
能遵守操作规程与劳动纪律	□ 是　□ 否
能自主、严谨完成工作任务	□ 是　□ 否
能积极在交流和反思中学习和提高 DCS 系统故障处理能力	□ 是　□ 否

【拓展知识】 DCS 抗干扰对策

集散控制系统（DCS）的出现是工业自动化的一个重要里程碑。它融合了计算机技术、控制技术、通信技术和图形显示技术（简称 4C 技术）。利用它可以实现对生产过程集中操作管理和分散控制，已被广泛应用于石油化工、冶金、纺织、制药、电力和食品加工等工业上。集散控制系统的正常运行不仅仅与 DCS 的选型、控制方案的选择及一次仪表的性能密切相关，但通常由于大功率变压器的存在、工业现场动力线路密布和大功率电机启动频繁，因此DCS 存在严重的电场和磁场干扰。系统的抗干扰能力是关系到整个系统可靠运行的关键。干扰源主要表现为电阻性耦合、电容性耦合、电感性耦合、电磁场辐射和地电流干扰五种形式。在 DCS 控制系统中，由前三种耦合造成的干扰是主要的。

一、干扰源分类和传播途径

干扰又叫噪声，是窜入或叠加在系统电源、信号线上的与信号无关的电信号。干扰会造成测量的误差、严重的干扰可会造成设备损坏。常见影响 DCS 控制系统的干扰类型通常按噪声干扰模式不同，分为共模干扰和差模干扰。共模干扰是信号对地的电位差，主要由电网串入信号、地电位差及空间电磁辐射在信号线上感应的共态（同方向）电压叠加所形成。共模电压有时较大，特别是采用隔离性能差的配电器供电室，变送器输出信号的共模电压普遍较高，有的可高达 130V 以上。共模电压通过不对称电路可转换成差模电压，直接影响测控信号，造成元器件损坏（这就是一些系统 I/O 模件损坏率较高的主要原因），这种共模干扰可为直流、亦可为交流。差模干扰是指作用于信号两极间的干扰电压，主要有空间电磁场在信号间耦合感应及由不平衡电路转换共模干扰所形成的电压，叠加在信号上，直接影响测量与控制精度。

1．电阻耦合干扰（传导引入）

① 当几种信号线在一起传输时，由于电缆绝缘材料老化或人为损坏，引起漏电而影响到其他信号，即在其他信号中引入干扰。

② 在一些用电能作为执行手段的控制系统中（如电热炉、电解槽等），信号传感器漏电，接触到带电体，也会将干扰引入到信号中。

③ 在一些老式仪表和执行机构中，现场端采用 220V 供电，有时设备烧坏，造成电源与信号线间短路，也会造成较大的干扰。

2．电容性和电感性耦合干扰

如果信号传输线靠近动力电缆电网线或沿地面敷设，因信号线与电网线或地面之间存在分布阻抗，就会由于静电感应耦合而产生感应电势，如图 2-10 所示。若电网线与两根信号线间的距离不等，则分布阻抗不等，这样就产生了端间干扰电压。

3．电磁场辐射干扰

在大功率变压器、交流电机、大电流导线周围都有较强的交流磁场，如果 DCS 的信号线从其附近通过时，就会因交变磁场的影响而产生横向干扰电势，如图 2-11 所示。这些电动机的启动、开关的闭合产生的火花会在其周围产生很大的交变磁场。这些交变磁场既可以通过在信号线上耦合产生干扰，也可能通过电源线上产生高频干扰，这些干扰如果超过允许范围，也会影响 DCS 系统的工作。另外，雷电产生强大的快速瞬变电磁场，其通过接地电阻耦合或感应耦合方式侵入系统的电源或 I/O 接口，当产生的强大瞬时电磁脉冲侵入计算机系统时，轻则造成计算机系统的失灵，重则造成永久性损坏。

4．地电流干扰

接地系统一般包括信号回路地、屏蔽地、本质安全地和保护地。地电流干扰来自接地系统混乱时的干扰。接地系统的混乱对仪表及系统的干扰主要是大地电势分布不均。由于实际的大地电阻不为零，因此当大地中流过电流时，在大地各点就产生不同电位，因此不同接地点间存在着电位差，引起环路电流。如图 2-12 所示，DCS 输入回路中有三个不同的接地点 A、B 和 C 点，由于电位不等，就会使 DCS 信号回路出现环路电流，形成端间干扰电压。

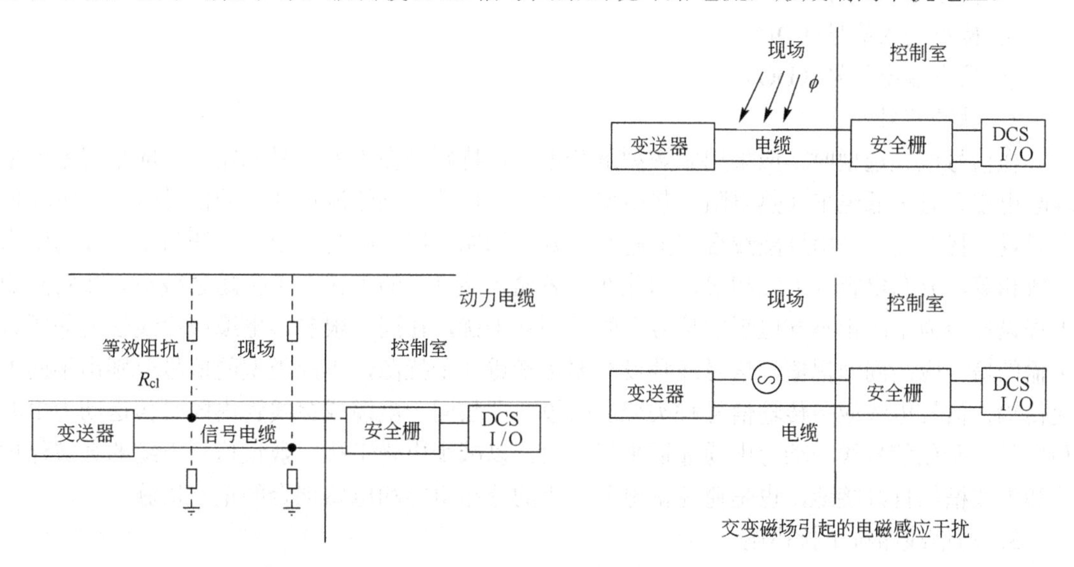

图 2-10　电容性和电感性耦合干扰示意图

图 2-11　电磁场辐射干扰示意图

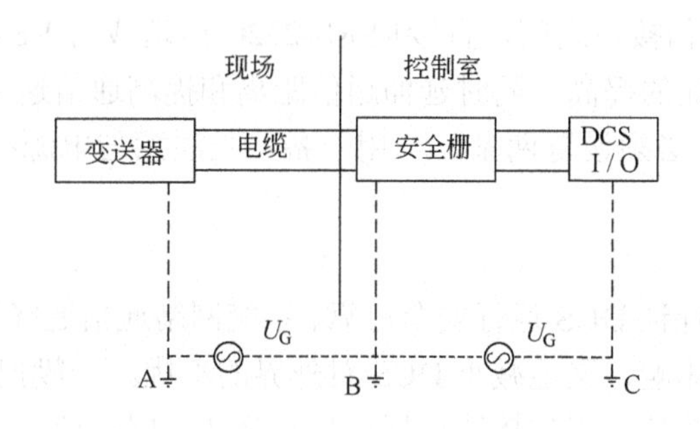

图 2-12　地电流干扰示意图

二、抗干扰的对策

1．DCS 选型

在选择 DCS 时，不仅要考虑到系统的先进性、适应性、可靠性、经济性、可操作性、可维护性，还应把系统的抗干扰指标作为一个重要的指标来衡量。首先要选择有较高抗干扰能力的产品，其中包括了电磁兼容性，尤其是抗外部干扰能力，如采用浮地技术、隔离性能好的 DCS 系统；其次还应了解生产厂家给出的抗干扰指标，如共模抑制比应大于 100dB、差模抑制比应大于 60dB。如果在大电场强度和高频率的磁场强度环境中工作时，DCS 选型还应考虑信号的隔离。DCS I/O 卡抗干扰性能（选型）应由制造厂对系统内部电磁兼容（EMC）性进行考虑，工程设计仪表选型时要选择技术成熟、经过考验的 DCS 系统，另外还要考查其在类似工作中的应用实际情况。

2．信号电缆选型和敷设

在石化行业的 DCS 控制装置中，可以将信号线分为以下几种类型。

① 模拟输入信号（4～20mA、1～5VDC）。

② 温度检测信号（热电偶、热电阻）。

③ 模拟输出信号（4～20mA）。

④ 接点输入信号（DI）。

⑤ 接点输出信号（DO）。

⑥ 脉冲信号。

在信号电缆选型时，应采用阻燃型屏蔽电缆，特别是在本安信号回路中，应采用本安型屏蔽电缆。对于低电平（热电阻、热电偶、电磁流量计、涡轮流量计）的信号线，周围环境有磁场干扰存在，采用屏蔽绞合线能起到很好的抑制作用。因为两根信号线与干扰线的距离大致相等，分布电容也大致相等，因此在仪表输入端呈现的干扰电压也随之减小。在实际的工程设计中为了防止不同电平的信号之间的相互干扰，在同一根多芯电缆或穿线管内的所有传输的信号应是同一幅值。信号线敷设时要尽量避开干扰源，不同类型的信号分别由不同电缆传输，信号电缆应按传输信号种类分层敷设，严禁同一电缆或穿线管内同时传送动力电源和信号，避免信号线与动力电缆靠近平行敷设，以减少电磁干扰。敷设信号电缆的金属保护管和汇线槽的良好接地，也是避免雷电所带来的分布电容和电感耦合的重要措施。

3．通信线路抗干扰措施

DCS 在与 PLC 和智能仪表通信时，为了提高通信线路的抗干扰能力，尽量采用 RS-422A 通信接口。如果只能采用 RS-232C 通信接口，可将 RS-422A 通信接口电路做成插头方式，插接于两个 RS-232C 通信接口之间，直接把 RS-232C 改造成为 RS-422A 通信接口。于是它的抗干扰能力得到了明显的提高，同时延伸通信距离和提高通信速率。数据高速通路是整个 DCS 的支柱，敷设时，必须设置两条，一用一备，且注意与电源线的相对位置要符合工程标准。

4．正确接地

合理准确的接地是保证 DCS 运行安全可靠、系统网络通信通畅的重要前提。正确的接地不仅能抑制外来干扰的影响，又能减小 DCS 对外界的干扰。一般把 DCS 系统接地分成两大类，即保护接地和工作接地。工作接地包括信号回路地、屏蔽地、本质安全地。工作接地是为了使 DCS 以及与之相连的仪表均能可靠运行并保证测量和控制精度而设的接地。如图 2-13 所示是 DCS 系统接地示意图，DCS 控制柜的电源单元、控制卡、I/O 卡、操作站及仪表的信号回路地、屏蔽地、本质安全地同时接一个地，且接地电阻要不大于 1Ω。特别是电磁流量计安装时，为了使一次仪表可靠地接地，提高测量精度，不受外界寄生电势的干扰，传感器应有良好的接地，接地电阻小于 10Ω。连接传感器的管道若是绝缘的材质时，传感器两侧应装有接地环，如图 2-14 所示。

5．雷电防护

在石化企业中，由于考虑到易燃、易爆等特性，建筑物的防雷设计是较规范和全面的，DCS 自控系统的各个环节部分处于保护区中，因而遭受直击雷的概率比较小的，故防护的主要对象是感应雷，而感应雷对 DCS 自控系统破坏的途径主要是通过电源供电系统、通信电缆、信号传输线分别侵入 DCS 电源卡、通信卡及 I/O 卡。因此，为了防止感应雷引起的浪涌电压或电流对 DCS 系统的冲击，分别从电源供电，信号传输线，通信电缆等环节设置浪涌吸收保护器进行防护。

6．隔离

在 DCS 电源中，为了抑制从电网引入干扰，可以加隔离变压器，以隔断和电力系统的联系。同时 DCS 的不间断供电电源（UPS）在保证电网供电中断时，在不间断连续供电的同时，应具有较强的抗干扰隔离性能。

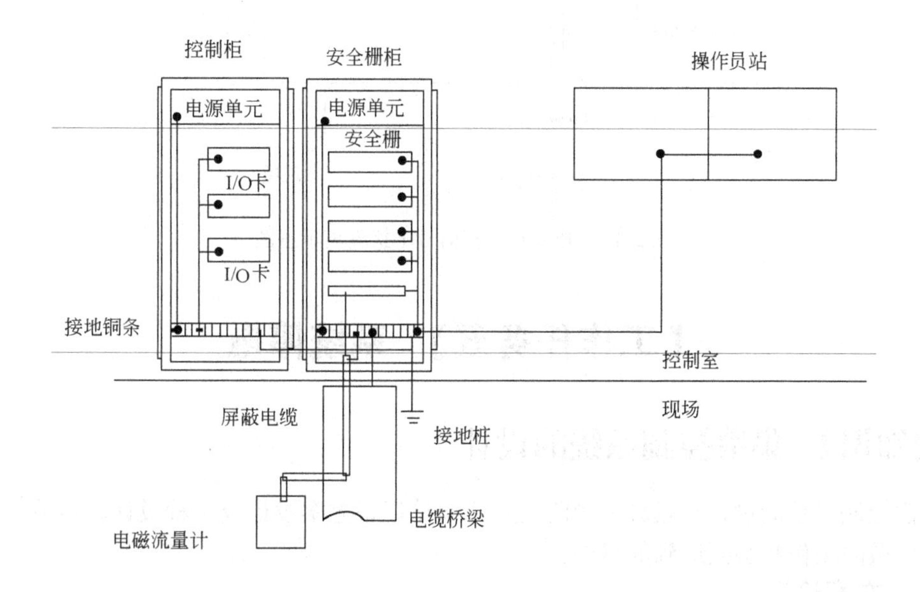

图 2-13　DCS 系统接地示意图

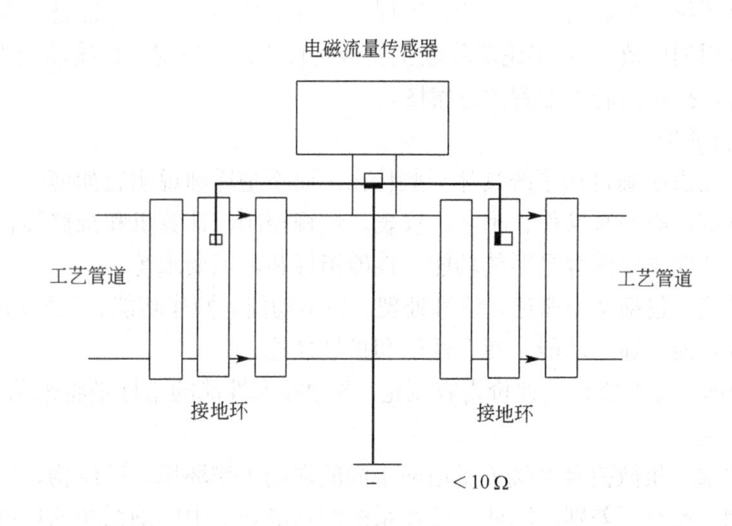

图 2-14　电磁流量传感器接地系统安装示意图

在开关量接点输入和输出中，增加隔离通道，如图 2-15 所示增加继电器，切断感应电压引入 DCS I/O 卡。在工程设计中，构成仪表本质安全系统的安全栅，依靠其隔离和能量限制功能，对干扰也有很好的抑制作用。

在 DCS 控制系统中，结合具体工程项目，在工程设计、安装施工和运行维护中全面考虑 DCS 系统外部的干扰抑制措施。在系统及外引线进行屏蔽、隔离、滤波、通信及接地系统等方面提高系统综合抗干扰能力，才能保证整个控制系统的可靠性。

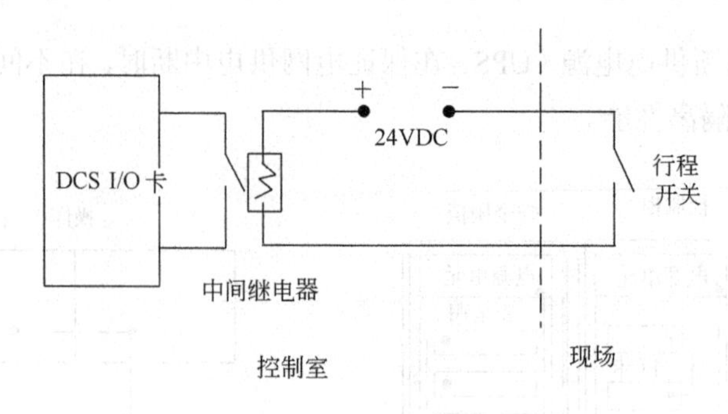

图2-15 开关阀行程信号干扰隔离示意图

【工作任务五】 系统停电

【课前知识】 集散控制系统的设计

集散控制系统的设计一般分三个阶段：方案论证、方案设计及工程设计。本节将介绍每一阶段应做的工作和必须达到的目的。

一、方案论证

这是集散控制系统工程设计的第一步，其目的是完成系统功能规范的制定，选出一个最合适的集散控制系统，为后面方案设计、工程设计打下基础。方案论证是工程设计的基础，将关系到系统应用的成败。方案论证阶段主要做两件事：一是制定系统功能规范；二是完成有关厂家的配置，拟定出若干配置的方案图。

1．功能规范的确定

功能规范主要需明确目标系统具体干些什么，而不是详细说明它如何干。系统功能规范是后续设计的基础，必须有操作、工艺、仪表、过程控制、计算机和维修等各方面负责人员的签字。功能规范的主要内容是系统功能、性能指标和环境要求等。

（1）系统功能　包括功能概述、信号处理、显示功能、操作功能、报警功能、控制功能、打印功能、管理功能、通信功能、冗余性能和扩展性能。

（2）性能指标　可参照有关评价内容制定。各项技术性能的指标是将来系统验收的依据，所以确定必须慎重。

（3）环境要求　集散控制系统为了适应不同的现场工作环境，其结构、模件都有不同的要求，价格也相应地有所差别，因此需要在系统的功能规范中明确系统的环境要求，避免不必要的浪费。环境要求的具体内容是：温度和湿度指标，分别规定系统存放时和运行时的温度、湿度极限值；抗振动、抗冲击指标；电源电压的幅值、频率以及允许波动的范围，系统对接地方式和接地电阻的要求；电磁兼容性指标、安全指标、系统物理尺寸、防静电和防粉尘指标等。

2．系统配置

选择几种集散控制系统有针对性地进行系统硬件配置，确定操作站、现场监控站和I/O卡件等的数量和规格，拟定出几种配置方案。

二、方案设计

在进行方案论证之后，集散控制系统设计的第二步是方案设计。在这一阶段中主要是针对选定的系统，依据系统功能规范作进一步核实，考核产品是否能完全符合生产过程提出的要求；核实无误后，再作方案设计。方案设计时根据工艺要求和厂方的技术资料，确定系统的硬件配置，包括操作站、工程师站、监控站、通信系统、打印机、拷贝机、记录仪端子柜、安全栅和 UPS 电源等。配置时除要考虑一定的冗余外，还要为今后控制回路和 I / O 点等的扩展留出 10%的余量，另外要留足三年左右维护期的备品、备件。最后制定出一张详细的订货单，与制造厂进一步进行实质性谈判，正式签订购买合同。合同中除了规定时间进度及厂商提供的技术服务、文档资料外，尤其要包含双方认可的系统的功能规范。

三、工程设计

工程设计是 DCS 设计的最后一个阶段。在这一阶段中，各方人员要完成各类图纸设计及 DCS 系统的应用软件设计。这一阶段应完成文档建立与设计、系统应用软件和机房等基础设施的设计。这一阶段因牵涉到的专业门类较多，应特别注意技术管理，协调好各类人员之间的关系。

1. 文档建立与设计

在工程设计阶段首先应设计和建立应用技术文档。需完成的图纸及文件如下。

① 回路名称及说明表。

② 工艺流程图，包括控制点及系统与现场仪表接口说明。

③ 特殊控制回路说明书。

④ 网络组态数据文件，包括各单元站号、各设备和 I / O 卡件编号。

⑤ I / O 地址分配表。

⑥ 组态数据表。

⑦ 联锁设计文件，包括联锁表、联锁逻辑图。

⑧ 流程图画面设计，包括各流程画面布置图、图示和用色规范。

⑨ 操作编程设计书，包括操作编组、报警编组和趋势记录编组等。

⑩ 硬件连接电缆表，包括型号、规格、长度、起点和终点。

⑪ 系统硬件和平面布置图。

⑫ 硬件及备品件的清单。

⑬ 系统操作手册，介绍整个系统的控制原理及结构。

2. 集散系统应用软件设计

集散系统各种监测和控制功能都是通过软件来实现的，所以应用软件的设计是关键一步。首先要掌握生产商提供的系统软件的功能和用法，然后再结合实际生产工艺过程，进行集散系统的显示画面组态、动态流程组态、控制策略组态、报警组态、报表生成组态和网络组态等应用软件的设计。设计好的系统应用软件必须反复进行运行检查，不断修改至正确为止，最后生成正式的系统应用软件。

应用软件组态就是在系统硬件和系统软件的基础上，将系统提供的功能块以软件组态的方式连接起来，以达到对过程进行控制的目的。例如一个模拟回路的组态就是将模拟输入卡与选定的控制算法连接起来，再通过模拟输出卡将输出控制信号送至执行器。应用软件具体组态的内容包括数据点的组态、控制程序的编号、用户画面、报警画面、动态流程画面以及报表生成等的组态。随着 DCS 硬件和系统软件的发展，DCS 应用软件的组态方式也在不断更新，从早期的填表式组态，发展到提供图形式的过程控制策略组态。它利用生成工具，使复杂的控制问题能用直观的图形来进行组态，这样既简化了程序开发，又容易维护和查错。

【课堂知识】 集散控制系统的评价与选择

全世界数百厂家的千余种数万套各种类型的集散型控制系统的正确评价，不仅牵涉到对技术发展的导向作用，而且是系统选择的重要依据，也是系统设计的技术基础。集散系统的评价包括对系统的技术性能、使用性能、可靠性和经济性等方面的评价，评价的目的是正确选择和确定用户所需的集散系统。

评价一个集散系统涉及的方面很多，如系统的先进性、适应性、可靠性、经济性、可操作性、可维护性和厂方的技术服务、交货期等，是一个很复杂的事情。本节从技术性能、可靠性及经济性等三方面加以评价。

一、技术性能评价

1. 现场控制站的评价

现场控制站的评价涉及到系统的结构分散性、现场适应性、I／O 结构、信号处理功能和控制功能等的评价。

（1）结构分散性　是指考察集散系统的现场控制站是多种控制功能（如连续控制、顺序控制、批量控制）集于一体，还是分散配置监测站和控制站；考察每个现场控制站能监测多少个点或控制几个回路。目前流行的趋势是在分散的前提下，按生产过程的布局和工艺要求，使控制回路和监测点相对集中。

（2）现场适应性　指 DCS 配置的灵活性，以及适应各种使用环境的能力。例如是否具有防爆、掉电保护等功能。

（3）I／O 结构　包括 I／O 功能、种类、容量和扫描速度。

（4）信号处理功能　信号处理的功能包括处理精度、抗干扰指标、采样周期以及输出信号的实时性。

① 信号处理精度　集散系统的信号处理精度不包括一次仪表的误差，输入处理的精度是指从输入端子采得的信号与输入转换处理后的信号两者之间的误差。输出处理的精度是指 CPU 数字输出与经 D／A 转换再经电压／电流转换后取得的信号间的误差。信号处理精度一般与前置放大部分性能、A／D 和 D／A 转换的位数及性能、CPU 处理器的数据处理字节数（8、16、32 位）以及运算数据的类型（整型还是浮点型）有关。在确定 DCS 的信号处理精度时，一定要从实际出发，既要满足生产要求，又要防止不必要的高性能。因为高性能是要靠高成本的硬件来实现的。对一般工业过程（炼油、化工、造纸、发电等）模拟量处理的精度控制在 0.1%～0.2%即可，如果对温度测量提出 0.01%的精度要求，就显得脱离实际，因为热电偶等传感器的精度远远低于这个水平。

② 信号的隔离　某些工业现场如冶金、发电等的生产过程，对信号有较高的隔离要求，因为这些现场地电平变化较大，隔离不好会造成事故，毁坏设备。因此对 DCS 中各种需要隔离的信号，其隔离要求应仔细推敲，不得疏忽；另外，亦应避免过高的要求，因为隔离要求越高,将使成本大幅度上升。

③ 抗干扰指标　系统的抗干扰指标常用的是共模抑制比和串模抑制比。共模抑制比应大于 100 dB，串模抑制比应大于 60 dB。

④ 采样周期　生产过程中各信号对系统的采样周期要求不一样。例如温度信号的采样周期一般可以是几秒至几十秒级的，但事故处理信号的采样周期却是毫秒级的。故在工程应用选型时应考虑实际生产需要。

（5）控制功能　DCS 的控制功能评价包括反馈控制功能、顺序控制功能和批量控制功能。

① 反馈控制功能　包括系统的最大回路数、控制算法的类型和数量、高级主控算法、自整定算法、组态语言、回路响应时间、反馈控制与顺序控制的结合方式等项目。

② 顺序控制功能和批量控制功能　顺序控制功能的评价主要是对信号输入/输出的容量、扫描速度、顺序的规模以及顺序控制方式和编程语言等进行评价。批量控制功能的评价主要包括批量控制功能组态的方法、批处理能力等。

③ 冗余与自诊断　主要评价控制单元的可靠性措施。例如评价装置是 1:1 后备还是 N:1 后备；是热备还是冷备；切换方式如何；自诊断范围、方式和级别。

2．人-机接口的评价

集散系统的人-机接口的评价主要是对操作员站和工程师站进行评价。

（1）操作员站　集散系统的人-机接口一般是以操作员站的形式出现，主要以以下几点进行评价。

① 操作站的自主性　指系统中的操作站是具有独立完成人-机接口的能力，还是需要由中央计算机管理。

② 操作站的硬件配置　包括 CRT 尺寸、分辨率和显示速率，有无触屏、鼠标、球标或光笔；专用键盘的功能与可靠性；控制台设计是否符合人-机工程设计原理；是否具有多媒体等。

③ 操作站的性能　主要是评价它操作的方便性和组态过程的简易性。看它显示画面的种类、数量与调出速度；报警方式与记录能力、报警画面与更新方式；是否具有智能显示技术和多重窗口的功能；使用是否方便。还要考察它是否具有计算功能；流程图、报告和报表等的生成能力；组态是否方便易学，操作站是否具有判别用户组态正确与否的能力。

（2）工程师站　工程师站除应具有操作员站的功能外，还应考察它是否能进行离线 / 在线组态；是否具有专家系统、优化控制等高级控制功能；是否能在 PC 机上进行系统组态。

3．通信系统评价

集散系统的通信系统一般从以下几方面进行评价。

① 线路成本取决于通信介质的通信距离。

② 星形网络结构要比环形差些，总线型优点较多。

③ 控制方法有无主站，是否采用令牌。

④ 网上最多可挂接的站数。

⑤ 接点间允许的最大长度。

⑥ 信息传送的协议。

⑦ 传输速率。

⑧ 数据校验方式对通信规约有无明确要求，如广播式还是点对点式。

⑨ 通信系统的实时性、冗余性和可靠性。

⑩ 全系统网络布局是宽带、载带或数据通道。

4．系统软件评价

集散系统的软件包括多任务实时操作系统、组态及控制软件、作图软件、数据库管理软件、报表生成软件和系统维护软件等。对这些软件应评价其成熟程度、更新情况、软件升级的方便程度等。

（1）多任务实时操作系统　应对该系统的使用情况及与其他系统的兼容性进行考察。

（2）组态及控制软件　评价其配置组态的难易程度；用户界面是否友好；能否进行在线

组态；离线组态和与过程站如何通信；组态的难易程度；控制算法种类及先进程度；是否连续顺序和批量控制；能否提供高级算法语言等。

（3）作图软件包　评价其软件作图难易程度；图素、颜色是否丰富；图形生成速度；提供画面的种类以及调出图形的速度。

（4）数据库管理软件包　评价其是否为分布式数据库；历史数据存储及调用是否方便。

（5）报表生成软件包　评价报表生成的种类、功能和报表生成的难易程度。

（6）系统维护软件包　评价系统的自诊断和容错能力以及维护的方便性。

二、使用性评价

集散系统的优劣还与系统本身的使用有关。使用性能的评价主要考虑以下几点。

1．系统技术的成熟性

一般而言，使用多年的系统往往是成熟的，因为它是被生产实践所检验的。但是用久了的系统不一定是最先进的，这里存在一个使用成熟技术与使用先进技术的矛盾。生产实际应用中对先进技术的采用应采取慎重态度，不能盲目追求新技术。

2．系统的技术支持

DCS 的技术支持包括维修能力、备件供应能力、售后服务以及培训四个方面。

（1）维修能力　系统提供的维修功能能达到什么级别：是否有全面的检修软件和远方技术援助中心。

（2）备件供应能力　集散系统的各种插卡备件的供应能力是使用中一个十分重要的考虑因素，工厂提供备品的范围及年限需要认真考虑的。

（3）厂家的售后服务和技术培训能力　这是关系到集散系统使用寿命长短的重要方面，应充分考虑制造厂提供产品保修期的长短；保修期后的维修服务怎样提供；厂家对维修费用提供何种承诺等一系列问题。技术培训将牵涉到整个系统今后的操作、维护水平及系统产品运行质量。

3．系统的兼容能力

考虑与其他 DCS 系统的兼容能力。兼容能力越强，则系统的可扩性和适应能力越高。使用中不仅方便，而且可省去许多复杂的接口设备。

三、可靠性评价

集散型控制系统的可靠性也是系统的一项技术指标。应用集散型控制系统，安全是第一要素。一个系统失去可靠性，其他一切特性都将化为泡影。在那些要保证生产设备长周期（一般是一年左右）不停歇正常运行否则会带来重大损失的生产过程中，系统的可靠性尤为重要。因为系统出现故障所造成的损失往往是很大的，有时甚至远远超过一个集散型控制系统本身的价值。系统的可靠性是指产品在规定的条件下和规定的时间内完成规定功能的能力。作为产品的一个重要指标，可靠性具有综合性、时间性和统计性的特点。集散型控制系统的可靠性评估一般包括以下几点。

1．MTBF（平均无故障间隙时间）

MTBF：Mean Time Between Failure 平均故障时间，指可以边修理边使用的机器、零件或系统相邻期间的正常工作时间的平均值。

2．MTTR（平均修理时间）

MTTR：Mean Time To Repair 平均修复时间，指故障发生后，需事后维修的时间的平均值。

3．容错能力

系统的冗余结构是1:1还是N:1，系统的后备是热备份还是冷备份。系统是否能自诊断、自检测；是否能自动排除故障。

4．安全性

系统中是否实现了分级操作，对一些涉及到诸如改变控制参数等影响到生产过程的操作是否设定了操作控制级别，这种操作上的安全性考虑是否严密。

【实施步骤】

目的：掌握系统停电的步骤。

一、系统停电的具体步骤

① 先关24V电源，再关调节阀、变频器等电源，最后关CS2000总电源。

② 逐个关控制站电源箱电源。

③ 逐个关Hub（或交换机）电源。

④ 每个操作员站依次退出实时监控及操作系统，关操作员站主机电源，关闭显示器电源。

⑤ 关闭各个支路电源开关（本项目中控制站为关闭机柜内的空气开关）。

⑥ 关闭不间断电源（UPS）的电源开关（本项目无UPS）。

⑦ 关闭总电源开关（拔掉电源插头放置在机柜下方）。

二、设备复位和工具整理

① 拆掉端子板上的信号线和短接线，整齐地放置在工具箱内。

② 整理网线，整齐地放置在工具箱内。

③ 整理多功能校准仪，整齐地放置在工具箱内。

④ 拔下软件狗。

【考核自查】

知　识	自　测
能陈述集散控制系统方案论证的主要内容	□ 是　□ 否
能陈述集散控制系统方案设计的主要内容	□ 是　□ 否
能陈述集散控制系统工程设计的主要内容	□ 是　□ 否
能说明从哪些方面对集散系统进行评价	□ 是　□ 否
能陈述现场控制站的评价的主要内容	□ 是　□ 否
能陈述人-机接口的评价主要内容	□ 是　□ 否
能陈述集散系统的通信系统评价指标	□ 是　□ 否
能陈述集散系统的使用性评价的主要内容	□ 是　□ 否
能陈述集散系统的可靠性评价的主要内容	□ 是　□ 否
技　能	自　测
能依据一个工艺控制项目的要求选择DCS并撰写可行性报告	□ 是　□ 否
能正确停运DCS系统	□ 是　□ 否
能按照6S要求，整理现场，工具归位	□ 是　□ 否
态　度	自　测
能进行熟练的工作沟通，能与团队协调合作	□ 是　□ 否
能自觉保持安全和节能作业及6S的工作要求	□ 是　□ 否
能遵守操作规程与劳动纪律	□ 是　□ 否
能自主、严谨完成工作任务	□ 是　□ 否
能积极在交流和反思中学习和提高DCS选型能力	□ 是　□ 否

【拓展知识】 集散控制系统的控制室设计

根据系统性能规范中关于环境的要求，仪表、电气和土建部门的设计人员应合作完成目标系统的控制室设计，应考虑DCS控制室的位置选择、房间配置要求、照明和空调要求，以及供电电源、接地和安全各个方面。

一、控制室位置确定

DCS控制室应位于非防爆区域，其位置应符合有关技术规范的要求。对于有粉尘，有易燃、易爆物质，有腐蚀性介质的车间装置，控制室必须布置在主导风向的上游侧。 控制室要求设置在远离振动源、强噪声和强电磁干扰的场所。控制室对振动和电磁干扰的限制条件为：

- 振动幅度<0.1mm（双振幅）；
- 振动频率<25Hz；
- 电磁场强度< 50A/m；
- 噪声<60dB。

二、控制室房间配置

DCS控制室应包括操作控制室、机柜室、软件工作室、DCS控制系统及仪表不间断电源（UPS）室和空调机室。此外，还应根据需要设置DCS维修间、值班室、仪表维修间、备件间及更衣卫生间等。为保证机柜和操作室清洁度，通常需设外操作室以作缓冲间。

（1）操作控制室　主要放置操作站、打印机、火灾报警盘、对讲电话和广播系统盘、特殊表盘等。一般操作站前的操作空间净距离应大于6m，后面留作维修空间的净距离应大2m，火灾报警盘等一般以靠墙设置为宜。

（2）机柜室　放置各种机柜、辅助仪表柜、电源分配盘、端子柜和继电器柜等，还可布置工业色谱盘、可燃气体报警等。机柜和盘一般分开排列，为便于机柜前后开门，所以前后各需留出1.5m空间，便于安装和维修。

（3）上位机室　带有上位机的DCS系统，还应专门配置一间计算机室，把上位机及屏幕显示器、打印机等放在里面。

（4）软件工作室　专供组态或编制软件用。所有各类用房的设备及面积应根据人员配置、设备多少和系统要求而定。

三、控制室建筑要求

DCS控制室内机柜室、操作控制室、计算机房应按《建筑设计防火规范》防火等级一级标准执行，其他房间按三级标准执行。机柜室、计算机房和软件室应采用抗静电活动地板，且应确保足够强度，以保证能承受机柜和其他可能进场设备的全部重量。活动地板负荷约为0.4～0.8kg/m^2，高度在0.4～0.6m为宜。室内地板平面应高于室外0.4～0.8 m。操作控制室内一般采用水磨石地面，操作站底部设置电缆沟，并与机柜室的抗静电活动地板隔层相通，所以常用双向弹簧门；它与机柜室间应有推拉门直接相通。操作室与机柜室门的尺寸应考虑设备的搬运要求。现场电缆从室外埋地进入抗静电活动地板夹层时，在入口处应进行防水、防鼠害等密封处理。

四、照明要求

控制室内应采用人工照明，保证室内光线柔和，照度均匀，照射方向适当。灯具一般宜采用吸顶格栅内附反光板的灯具，光线不直接照在操作站CRT上，不产生强光和阴影。工作照明在离地面0.8m处，要求CRT周围照度为250～300lx，打印机周围和机柜室照度为400～500lx。事故照明要求离地面1m处照度不低于50lx。

五、空调要求

操作站控制室、机柜室、计算机房、软件工作室、外操作室和UPS电源室等应采用集中空调，其余可采用分散空调。下面是具体要求。

① 温、湿度要求如下。

- 夏季温度23±2℃。
- 冬季温度20±2℃。
- 在南方，建议一年四季为23±2℃。
- 相对湿度40%～60%。
- 室内温度变化率不能大于4℃/h。

② 空调的新鲜气体应取自无害的洁净环境。空调气体洁净度要求如下。

- 尘埃粒度<0.5μm。
- 平均含尘量0.2mg/m^3。

六、供电及接地要求

DCS 应采用双回路自动切换的不中断电源供电，蓄电池应保证停电后能继续供电 30 min。DCS 系统接地是关系到人身安全、系统抗干扰能力以及通信畅通的重要环节，必须加倍重视。DCS系统的接地要求如下。

- 信号和逻辑接地电阻<1Ω。
- 本安系统接地电阻<1Ω。
- 安全保护接地电阻<10Ω。
- 避雷保护接地电阻<1Ω。

接地系统的施工必须严格按照制造厂的要求进行。另外，现场信号电缆的屏蔽地应与机柜室端子柜的地汇于一点接地。

七、安全设施

操作控制室外、机柜室、机房和UPS电源间的吊顶上方及活动地板下方，均应设置火灾报警探测器，以便在火灾危险发生时自动关闭空调系统，启动灭火装置。

实训项目一　加热炉 DCS 软件组态

一、工艺简介

加热炉是化工生产工艺中的一种常见设备。对于加热炉，工艺介质受热升温或同时进行汽化，其温度的高低直接影响后一工序的操作工况和产品质量。当加热炉温度过高时，会使物料在加热炉里分解，甚至会造成结焦而产生事故，因此，一般加热炉的出口温度都需要严加控制。

现有一套加热炉装置，原料油经原料油加热炉加热后去 1 反，中间反应物经反应物加热炉去 2 反。工艺流程图如图 3-1 所示。测点清单见下表。

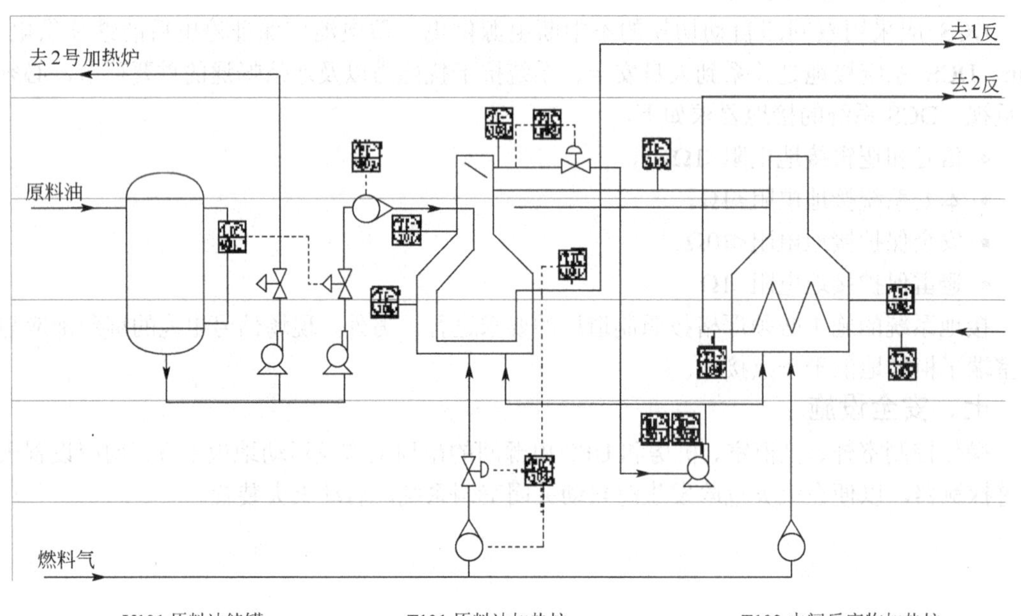

图 3-1　加热炉流程图

信号					属性				
序号	位号	描述	类型	说明	量程	单位	报警要求	趋势要求	
1	PI102	原料加热炉烟气压力	AI	不配电 4～20mA	−100～0	Pa	90%高报	1s	低精度并记录
2	LI101	原料油储罐液位	AI	不配电 4～20mA	0～100	%	100%高高报	2s	低精度并记录
3	FI001	加热炉原料油流量	AI	不配电 4～20mA	0～500	m^3/h	跟踪值 250 高偏差 40 报警	60s	低精度并记录
4	FI104	加热炉燃料气流量	AI	不配电 4～20mA	0～500	m^3/h	下降速度 10% / 秒报警	60s	低精度并记录

续表

信号					属性				
序号	位号	描述	类型	说明	量程	单位	报警要求	趋势要求	
5	TI106	原料加热炉炉膛温度	TC	K	0～600	℃	上升速度 10 / 秒报警	2s	低精度并记录
6	TI107	原料加热炉辐射段温度	TC	K	0～1000	℃	10%低报	1s	低精度并记录
7	TI102	反应物加热炉炉膛温度	TC	K	0～600	℃	跟踪值 300 高偏 100 报警 低偏 80 报警	2s	低精度并记录
8	TI103	反应物加热炉入口温度	TC	K	0～400	℃	跟踪值 300 高偏 30 报警 低偏 20 报警	2s	低精度并记录
9	TI104	反应物加热炉出口温度	TC	K	0～600	℃	90%高报	2s	低精度并记录
10	TI108	原料加热炉烟囱段温度	TC	E	0～300	℃	下降速度 15%/秒报警	2s	低精度并记录
11	TI111	原料加热炉热风道温度	TC	E	0～200	℃	上升速度 15% / 秒报警	2s	低精度并记录
12	TI101	原料加热炉出口温度	RTD	Pt100	0～600	℃	90%高报	1s	低精度并记录
13	PV102	加热炉烟气压力调节	AO	正输出					
14	FV104	加热炉燃料气流量调节	AO	正输出					
15	LV1011	原料油罐液位 A 阀调节	AO	正输出					
16	LV1012	原料油罐液位 B 阀调节	AO	正输出					
17	KI301	泵开关指示	DI	NC			ON 报警	1s	低精度并记录
18	KI302	泵开关指示	DI	NC			变化频率大于 2s 报警延时 3s	1s	低精度并记录
19	KI303	泵开关指示	DI	NC				1s	低精度并记录
20	KI304	泵开关指示	DI	NC				1s	低精度并记录
21	KI305	泵开关指示	DI	NC				1s	低精度并记录
22	KI306	泵开关指示	DI	NC				1s	低精度并记录
23	KO302	泵开关操作	DO	NC				1s	低精度并记录
24	KO303	泵开关操作	DO	NC				1s	低精度并记录
25	KO304	泵开关操作	DO	NC				1s	低精度并记录
26	KO305	泵开关操作	DO	NC				1s	低精度并记录
27	KO306	泵开关操作	DO	NC				1s	低精度并记录
28	KO307	泵开关操作	DO	NC				1s	低精度并记录

二、组态要求

1．工艺常规控制方案

① 原料油罐液位控制，单回路 PID，回路名 LIC101。如图 3-2 所示。

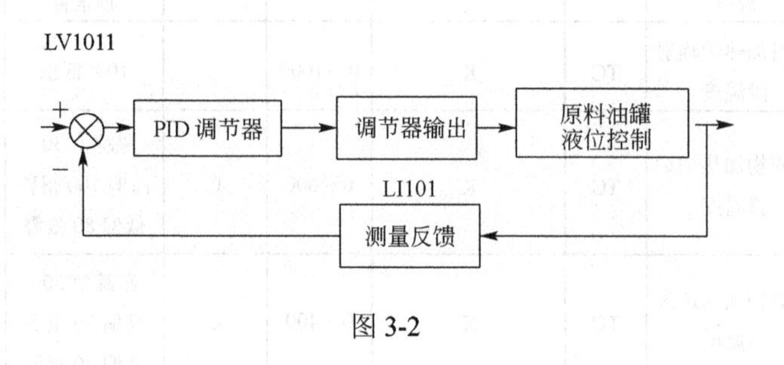

图 3-2

② 加热炉烟气压力控制，单回路 PID，回路名 PICl02。如图 3-3 所示。

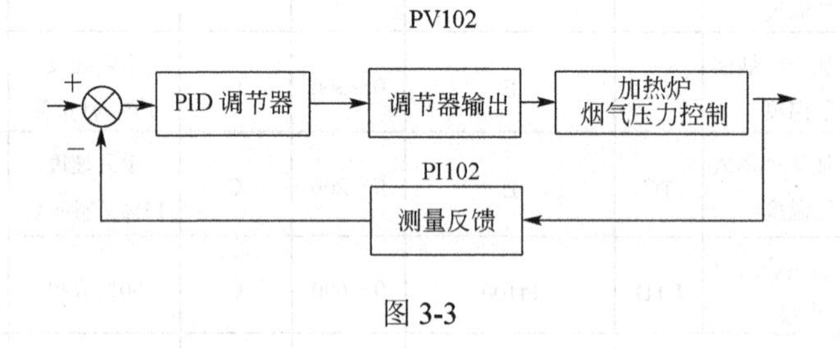

图 3-3

③ 加热炉出口温度控制，串级控制。如图 3-4 所示。

内环:FIC104（加热炉燃料流量控制）;外环：TIC101（加热炉出口温度控制）。

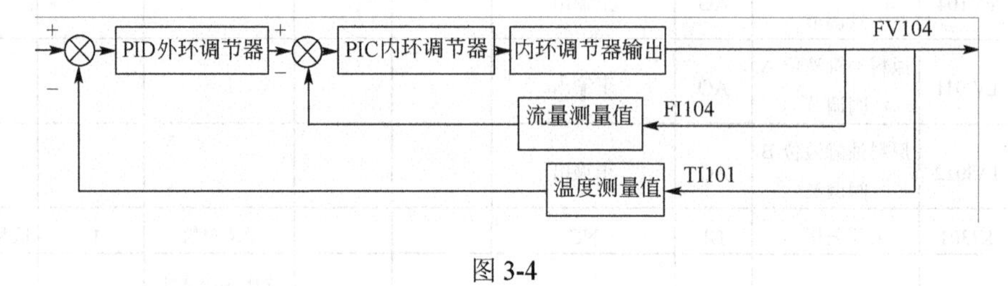

图 3-4

2．控制站及操作站配置

① 控制站冗余配置。

② 工程师站 IP 地址为 130、操作站 IP 地址为 131、132、133。

3．数据分组分区

数 据 分 组	数 据 分 区	位 号
原料加热炉数据分组	温度	TI101、TI102、TI103、TI104、TI106、TI107、TI108、TI111
	压力	PI102
	流量	FI001、FI104
	液位	LI101
	开关量	KI301、KI302、KI303、KI304、KI305、KI306、KI301、KO302、KO303、KO304、KO305、KO306、KO307

4．操作小组配置

操作小组名称	切换等级	光字牌名称及对应分区
原料加热炉	操作员	温度：对应温度数据分区 压力：对应压力数据分区 流量：对应流量数据分区 液位：对应液位数据分区 开关量：对应开关量数据分区
反应物加热炉	操作员	
工程师	工程师	

5．用户管理

根据操作需要，建立用户如下。

权限	用户名	用户密码	相应权限
工程师+	工程师	1111	PID 参数设置、报表打印、报表在线修改、报警查询、报警声音修改、报警使能、查看操作记录、查看故障诊断信息、查找位号、调节器正反作用设置、屏幕拷贝打印、手工置值、退出系统、系统热键屏蔽设置、修改趋势画面、重载组态、主操作站设置
操作员	原料组操作	1111	重载组态、报表打印、查看故障诊断信息、屏幕拷贝打印、查看操作记录、修改趋势画面、报警查询
操作员	反应物组操作	1111	重载组态、报表打印、查看故障诊断信息、屏幕拷贝打印、查看操作记录、修改趋势画面、报警查询

6．监控操作要求

当原料加热炉操作员进行监控时

① 可浏览总貌画面

页码	页标题	内容
1	索引画面 （待画面完成后添加）	索引：原料加热炉操作小组流程图、分组画面、趋势画面、一览画面的所有页面
2	原料加热炉参数	所有原料加热炉相关 I/O 数据实时状态

② 可浏览分组画面

页码	页标题	内容
1	常规回路	PIC102、FIC104、TIC101
2	开关量	KI301、KI302、KO302、KO303
3	原料加热炉参数	PI102、FI104、TI106、TI107、TI108、TI111、TI101

③ 可浏览一览画面

页码	页标题	内容
1	数据一览	PI102、FI104、TI106、TI107、TI108、TI111、TI101

④ 可浏览趋势画面

页　码	页 标 题	内　容
1	温度	TI101、TI102、TI103、TI104、TI106、TI107、TI108、TI111
2	压力	PI102
3	流量	FI001、FI104
4	液位	LI101

⑤ 可浏览流程图画面

页　码	页 标 题	内　容
1	原料加热炉流程	绘制流程画面

⑥ 报表纪录　要求：每整点记录一次数据，记录数据为 TI106、TI107、TI108、TI101；每天 8 点、16 点输出报表。效果样式如下表。

原料加热炉报表（班报表）									
____班___组　组长________记录员_________　_____年____月____日									
时　间									
内容	描述	数据							
TI106	……								
TI107	……								
TI108	……								
TI101	……								

⑦ 自定义键如下。

- 总貌健；
- 翻到控制分组第 5 页；
- 将 DO1 关闭。

实训项目二　精馏装置 DCS 软件组态

一、工艺简介

由压缩机出来的粗氯乙烯先进入冷凝器，使大部分气体冷凝器液化经低沸塔加料后，送入低沸塔，未冷凝的气体进入尾气冷凝器，其冷凝液体全部进入低沸塔，低沸塔加热器将冷凝液体中低沸物蒸出，经塔顶冷凝器用 5℃水控制回流比后，由塔顶进入尾气冷凝器处理，塔釜氯乙烯溢进入高沸塔加料槽，尾气冷凝器未凝气体经尾排吸附器回收一部分氯乙烯后，惰性气体排空自低沸塔流入高沸塔加料槽的粗氯乙烯借阀门减压加入高沸塔加热器将氯乙烯蒸出，经塔身分离成粗氯乙烯经塔顶控制部分回流，大部分精氯乙烯进入成品冷凝器，被冷凝的氯乙烯经固碱干燥器脱水进入单体储槽。然后还需要送聚合工序。如图 4-1 所示。

二、组态要求

1．系统配置

类　型	数　量	IP 地 址	备　注
控制站	1	02	主控卡和数据转发卡均冗余配置 主控卡注释：1#控制站 数据转发卡注释：1#数据转发卡、2#数据转发卡等
工程师站	1	132	注释：工程师站 132
操作站	2	133、134	注释：操作员站 133、操作员站 134

注：其他未作说明的均采用默认设置。

2．用户授权设置

权限	用 户 名	用 户 密 码	相 应 权 限
特权	系统维护	SUPCONDCS	PID 参数设置、报表打印、报表在线修改、报警查询、报警声音修改、报警使能、查看操作记录、查看故障诊断信息、查找位号、调节器正反作用设置、屏幕拷贝打印、手工置值、退出系统、系统热键屏蔽设置、修改趋势画面、重新组态、主操作站设置
工程师+	DCS 工程师	1111	PID 参数设置、报表打印、报表在线修改、报警查询、报警声音修改、报警使能、查看操作记录、查看故障诊断信息、查找位号、调节器正反作用设置、屏幕拷贝打印、手工置值、退出系统、系统热键屏蔽设置、修改趋势画面、重新组态、主操作站设置
操作员	低沸塔组	1111	重新组态、报表打印、查看故障诊断信息、屏幕拷贝打印、查看操作记录、修改趋势画面、报警查询
操作员	高沸塔组	1111	重新组态、报表打印、查看故障诊断信息、屏幕拷贝打印、查看操作记录、修改趋势画面、报警查询

注：特权+等级用户不做修改。

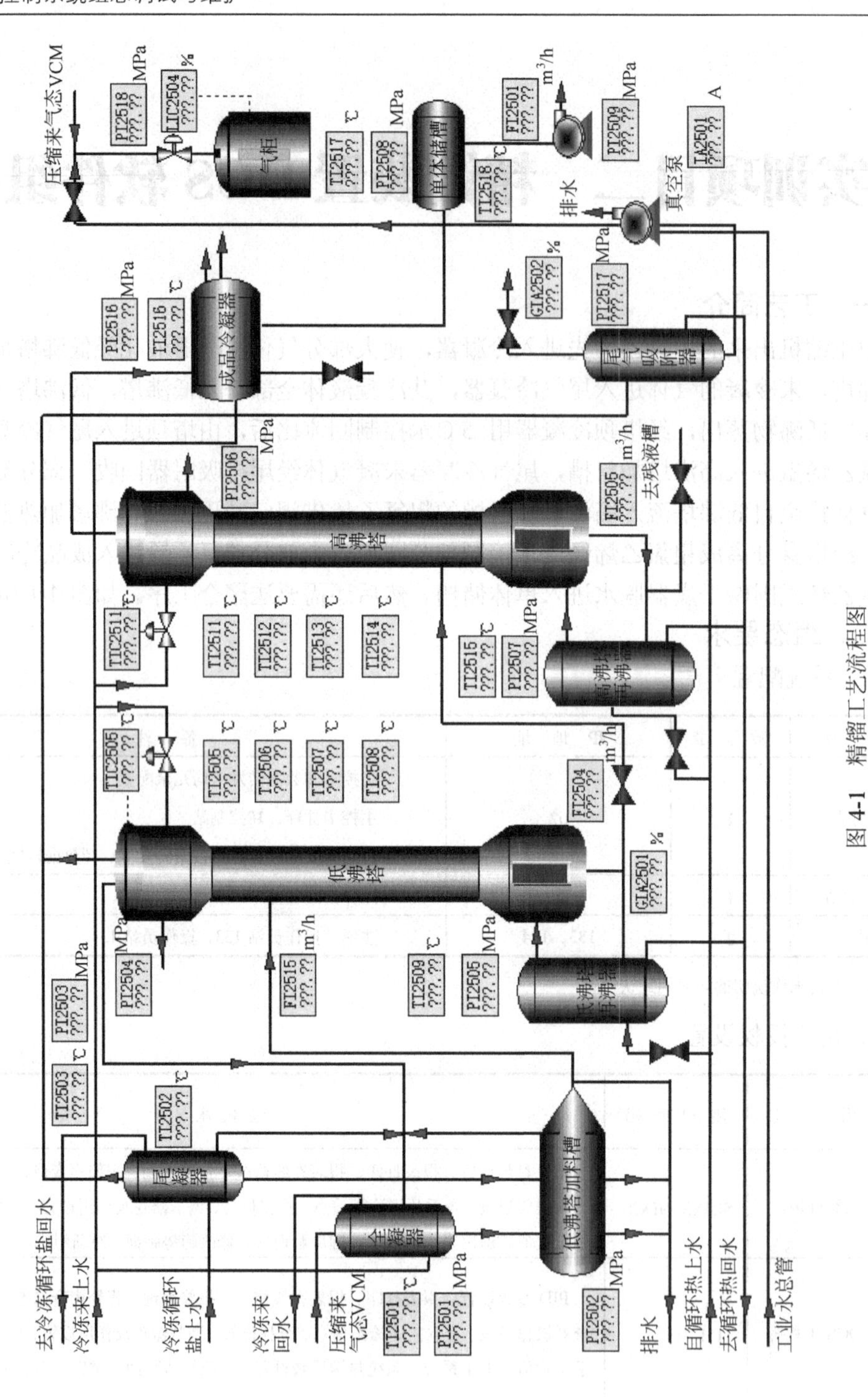

图 4-1 精馏工艺流程图

3．测点清单

序号	位　号	描　述	I/O	类　型	量 程	单 位	报警要求	趋 势 要 求	备 注
1	PI2501	全凝器出口压力	AI	1～5VDC	0～1	MPa	HI：0.7	低精度压缩，记录周期 1s	
2	PI2502	低塔加料槽压力	AI	1～5VDC	0～1	MPa	HI：0.7	低精度压缩，记录周期 1s	

续表

序号	位　号	描　述	I/O	类　型	量程	单位	报警要求	趋势要求	备注
3	PI2503	尾凝器出口气体压力	AI	1～5VDC	0～1	MPa	HI：0.7	低精度压缩，记录周期1s	
4	PI2504	低塔塔顶冷凝器压力	AI	1～5VDC	0～1	MPa	HI：0.7	低精度压缩，记录周期1s	
5	PI2505	低塔再沸器压力	AI	1～5VDC	0～1	MPa	HI：0.7	低精度压缩，记录周期1s	
6	PI2506	高塔塔顶冷凝器压力	AI	1～5VDC	0～1	MPa	HI：0.7	低精度压缩，记录周期1s	
7	PI2507	高塔再沸器压力	AI	1～5VDC	0～1	MPa	HI：0.7	低精度压缩，记录周期1s	
8	PI2508	单体槽压力	AI	1～5VDC	0～1	MPa	HI：0.7	低精度压缩，记录周期1s	
9	PI2509	单体泵出口压力	AI	1～5VDC	0～1	MPa	HI：0.7	低精度压缩，记录周期1s	
10	PI2510	冷冻来上水进口压力	AI	1～5VDC	0～1	MPa	HI：0.7	低精度压缩，记录周期1s	
11	PI2511	压缩气态VCM进口压力	AI	1～5VDC	0～1	MPa	HI：0.7	低精度压缩，记录周期1s	
12	PI2512	自循环热上水进口压力	AI	1～5VDC	0～1	MPa	HI：0.7	低精度压缩，记录周期1s	
13	PI2513	工业水总管压力	AI	1～5VDC	0～1	MPa	HI：0.7	低精度压缩，记录周期1s	
14	PI2514	低沸塔内压力	AI	1～5VDC	0～1	MPa	HI：0.7	低精度压缩，记录周期1s	
15	PI2515	高沸塔内压力	AI	1～5VDC	0～1	MPa	HI：0.7	低精度压缩，记录周期1s	
16	PI2516	成品冷凝器内压力	AI	1～5VDC	0～1	MPa	HI：0.7	低精度压缩，记录周期1s	
17	PI2517	尾气吸附器内压力	AI	1～5VDC	0～1	MPa	HI：0.7	低精度压缩，记录周期1s	
18	PI2518	气柜内压力	AI	1～5VDC	0～1	MPa	HI：0.7	低精度压缩，记录周期1s	
19	PI2519	真空泵内压力	AI	1～5VDC	0～1	MPa	HI：0.7	低精度压缩，记录周期1s	
20	PI2520	真空泵出口压力	AI	1～5VDC	0～1	MPa	HI：0.7	低精度压缩，记录周期1s	
21	PI2521	低沸塔塔中液相压力	AI	1～5VDC	0～1	MPa	HI：0.7	低精度压缩，记录周期1s	
22	PI2522	低塔塔釜进料口处压力	AI	1～5VDC	0～1	MPa	HI：0.7	低精度压缩，记录周期1s	

续表

序号	位　号	描　述	I/O	类　型	量程	单位	报警要求	趋势要求	备注
23	PI2523	低塔塔釜液相压力	AI	1～5VDC	0～1	MPa	HI：0.7	低精度压缩，记录周期1s	
24	PI2524	高塔塔中液相压力	AI	1～5VDC	0～1	MPa	HI：0.7	低精度压缩，记录周期1s	
25	PI2525	高塔塔釜进料口处压力	AI	1～5VDC	0～1	MPa	HI：0.7	低精度压缩，记录周期1s	
26	PI2526	高塔塔釜液相压力	AI	1～5VDC	0～1	MPa	HI：0.7	低精度压缩，记录周期1s	
27	TI2501	全凝器出口温度	RTD	PT100	0～50	℃	HI：40	低精度压缩，记录周期1s	
28	TI2502	尾凝器液体出口温度	RTD	PT100	0～50	℃	HI：40	低精度压缩，记录周期1s	
29	TI2503	尾凝器气体出口温度	RTD	PT100	0～50	℃	HI：40	低精度压缩，记录周期1s	
30	TI2504	低塔塔顶冷凝器温度	RTD	PT100	0～50	℃	HI：40	低精度压缩，记录周期1s	
31	TI2505	低塔塔顶温度	RTD	PT100	0～100	℃	HI：80	低精度压缩，记录周期1s	
32	TI2506	低塔塔中温度	RTD	PT100	0～100	℃	HH：80	低精度压缩，记录周期1s	
33	TI2507	低塔塔釜气相温度	RTD	PT100	0～100	℃	HH：80	低精度压缩，记录周期1s	
34	TI2508	低塔塔釜液相温度	RTD	PT100	0～100	℃	HH：80	低精度压缩，记录周期1s	
35	TI2509	低塔再沸器温度	RTD	PT100	0～100	℃	HH：80	低精度压缩，记录周期1s	
36	TI2510	高塔塔顶冷凝器温度	RTD	PT100	0～100	℃	HH：80	低精度压缩，记录周期1s	
37	TI2511	高塔塔顶温度	RTD	PT100	0～100	℃	HH：80	低精度压缩，记录周期1s	
38	TI2512	高塔塔中液相温度	RTD	PT100	0～100	℃	HH：80	低精度压缩，记录周期1s	
39	TI2513	高塔塔釜进料口处温度	RTD	PT100	0～100	℃	HH：80	高精度压缩，记录周期5s	
40	TI2514	高塔塔釜液相温度	RTD	PT100	0～100	℃	HH：80	高精度压缩，记录周期5s	
41	TI2515	高塔再沸器温度	RTD	PT100	0～100	℃	HH：80	高精度压缩，记录周期5s	
42	TI2516	成品冷凝器出口A温度	RTD	PT100	0～100	℃	HH：80	高精度压缩，记录周期5s	
43	TI2517	单体储槽进口温度	RTD	PT100	0～100	℃	HH：80	高精度压缩，记录周期5s	

续表

序号	位　号	描　述	I/O	类　型	量　程	单位	报警要求	趋势要求	备注
44	TI2518	单体槽温度	RTD	PT100	0～100	℃	HH：80	高精度压缩，记录周期5s	
45	TI2519	低沸塔加料槽内温度	RTD	PT100	0～100	℃	HH：80	高精度压缩，记录周期5s	
46	TI2520	尾气吸附器内温度	RTD	PT100	0～100	℃	HH：80	高精度压缩，记录周期5s	
47	TI2521	去残液管道内液体温度	RTD	PT100	0～100	℃	HH：80	高精度压缩，记录周期5s	
48	TI2522	VCM气柜内温度	RTD	PT100	0～100	℃	HH：80	高精度压缩，记录周期5s	
49	TI2523	高沸塔再沸器出口温度	RTD	PT100	0～100	℃	HH：80	高精度压缩，记录周期5s	
50	TI2524	低沸塔再沸器出口温度	RTD	PT100	0～100	℃	HH：80	高精度压缩，记录周期5s	
51	TI2525	高沸塔塔釜出口温度	RTD	PT100	0～100	℃	HH：80	高精度压缩，记录周期5s	
52	TI2526	低沸塔塔釜出口温度	RTD	PT100	0～100	℃	HH：80	高精度压缩，记录周期5s	
53	TI2527	高沸塔塔顶产品出口温度	RTD	PT100	0～100	℃	HH：80	高精度压缩，记录周期5s	
54	TI2528	低沸塔塔顶产品出口温度	RTD	PT100	0～100	℃	HH：80	高精度压缩，记录周期5s	
55	TI2529	成品冷凝器内温度	RTD	PT100	0～100	℃	HH：80	高精度压缩，记录周期5s	
56	LI2501	低沸塔液位	AI	1～5VDC	0～100	%	HH：90	高精度压缩，记录周期5s	
57	LI2502	高沸塔液位	AI	1～5VDC	0～100	%	HH：90	高精度压缩，记录周期5s	
58	LI2503	单体储槽液位	AI	1～5VDC	0～100	%	HH：90	高精度压缩，记录周期5s	
59	LI2504	VCM气柜高度	AI	1～5VDC	0～100	%	HH：90	高精度压缩，记录周期5s	
60	LI2505	尾凝器液位	AI	1～5VDC	0～100	%	HH：90	高精度压缩，记录周期5s	
61	LI2506	全凝器液位	AI	1～5VDC	0～100	%	HH：90	高精度压缩，记录周期5s	
62	LI2507	成品冷凝器液位	AI	1～5VDC	0～100	%	HH：90	高精度压缩，记录周期5s	
63	LI2508	低沸塔加料槽液位	AI	1～5VDC	0～100	%	HH：90	高精度压缩，记录周期5s	
64	GIA2501	空气含VCM分析报警	AI	不配电4～20mADC	0～100	%	HH：90	低精度压缩，记录周期1s	

续表

序号	位　号	描　述	I/O	类　型	量　程	单位	报警要求	趋势要求	备注
65	GIA2502	空气含 VCM 分析报警	AI	不配电 4～20mADC	0～100	%	HH：90	低精度压缩，记录周期 1s	
66	GIA2503	低塔塔顶出口产品分析	AI	不配电 4～20mADC	0～100	%	HH：90	低精度压缩，记录周期 1s	
67	GIA2504	低塔塔釜出口物料分析	AI	不配电 4～20mADC	0～100	%	HH：90	低精度压缩，记录周期 1s	
68	GIA2505	高塔塔顶出口产品分析	AI	不配电 4～20mADC	0～100	%	HH：90	低精度压缩，记录周期 1S	
69	GIA2506	高塔塔釜出口物料分析	AI	不配电 4～20mADC	0～100	%	HH：90	低精度压缩，记录周期 1s	
70	IA2501	P2202 电流指示报警	AI	不配电 4～20mADC	0～200	A	HH：190	低精度压缩，记录周期 1s	
71	FI2501	单体流量	AI	1～5VDC	0～100	m^3/h	HH：90	低精度压缩，记录周期 1s	累积 KM3
72	FI2502	高塔再沸器进水流量	AI	1～5VDC	0～100	m^3/h	HI：80	低精度压缩，记录周期 1s	
73	FI2503	低塔再沸器进水流量	AI	1～5VDC	0～100	m^3/h	HI：80	低精度压缩，记录周期 1s	
74	FI2504	高塔馏出液流量	AI	1～5VDC	0～100	m^3/h	HI：80	低精度压缩，记录周期 1s	
75	FI2505	高塔去残液槽流量	AI	1～5VDC	0～100	m^3/h	HI：80	低精度压缩，记录周期 1s	
76	FI2506	高塔冷冻来上水流量	AI	1～5VDC	0～100	m^3/h	HI：80	低精度压缩，记录周期 1s	
77	FI2507	低塔冷冻来上水流量	AI	1～5VDC	0～100	m^3/h	HI：80	低精度压缩，记录周期 1s	
78	FI2508	高塔塔顶成品出口流量	AI	1～5VDC	0～100	m^3/h	HI：80	低精度压缩，记录周期 1s	
79	FI2509	真空泵 1#出口流量	AI	1～5VDC	0～100	m^3/h	HI：80	低精度压缩，记录周期 1s	
80	FI2510	真空泵 2#出口流量	AI	1～5VDC	0～100	m^3/h	HI：80	低精度压缩，记录周期 1s	
81	FI2511	成品冷凝器进水流量	AI	1～5VDC	0～100	m^3/h	HI：80	低精度压缩，记录周期 1s	
82	FI2512	总管给水流量	AI	1～5VDC	0～200	m^3/h	HI：180	低精度压缩，记录周期 1s	
83	FI2513	自循环热上水流量	AI	1～5VDC	0～200	m^3/h	HI：180	低精度压缩，记录周期 1s	
84	FI2514	去循环热回水流量	AI	1～5VDC	0～200	m^3/h	HI：180	低精度压缩，记录周期 1s	
85	FI2515	排水量	AI	1～5VDC	0～200	m^3/h	HI：180	低精度压缩，记录周期 1s	

续表

序号	位　号	描　述	I/O	类　型	量　程	单位	报警要求	趋势要求	备　注
86	FI2516	冷冻来回水流量	AI	1～5VDC	0～200	m^3/h	HI：180	低精度压缩，记录周期1s	
87	FI2517	压缩来气态VCM流量	AI	1～5VDC	0～200	m^3/h	HI：180	低精度压缩，记录周期1s	
88	FI2518	冷冻来循环盐上水流量	AI	1～5VDC	0～200	m^3/h	HI：180	低精度压缩，记录周期1s	
89	FI2519	冷冻来上水流量	AI	1～5VDC	0～200	m^3/h	HI：180	低精度压缩，记录周期1s	
90	P2501DO	P2201停止控制	DO	NO;触点型	启动	停止		低精度压缩，记录周期1s	
91	P2502DO	P2202停止控制	DO	NO;触点型	启动	停止		低精度压缩，记录周期1s	
92	P2501DI	P2201电机运行指示	DI	NO;触点型	开	关		低精度压缩，记录周期1s	
93	P2502DI	P2202电机运行指示	DI	NO;触点型	开	关		低精度压缩，记录周期1s	
94	TV2505	低沸塔塔顶温度调节	AO	Ⅲ型；正输出					冗余
95	TV2508	低沸塔再沸器温度调节	AO	Ⅲ型；正输出					冗余
96	TV2511	高沸塔塔顶温度调节	AO	Ⅲ型；反输出					冗余
97	TV2514	高沸塔再沸器温度调节	AO	Ⅲ型；正输出					冗余
98	TV2516	成品冷凝器出口温度调节	AO	Ⅲ型；反输出					冗余
99	LV2501	低沸塔液位调节	AO	Ⅲ型；正输出					冗余
100	LV2502	高沸塔液位调节	AO	Ⅲ型；反输出					冗余
101	LV2504	VCM气柜高度调节	AO	Ⅲ型；正输出					冗余

说明：1．组态时，卡件注释应写成所选卡件的名称。例如XP313。

2．组态时，报警描述应写成位号名称加报警类型。例如，进炉区燃料油压力指示高限报警，进常压炉燃料油流量高偏差报警，常顶油泵运行状态ON报警，闪底油泵运行状态频率报警。

3．如若组态时用到备用通道，位号的命名及注释必须遵守该规定，例如，NAI2000005，备用。其中2表示主控卡地址、00表示数据转发卡地址、00表示卡件地址、05表示通道地址；备用通道的趋势、报警、区域组态必须取消。

4．控制方案

序号	控制方案注释、回路注释	回路位号	控制方案	PV	MV
00	低沸塔塔顶温度控制	TIC2505	单回路PID	TI2505	TV2505
01	高沸塔塔顶温度控制	TIC2511	单回路PID	TI2511	TV2511
02	VCM气柜高度控制	LIC2504	单回路PID	LI2504	LV2504

5．操作站设置

（1）操作小组（3个）

操作小组名称	切换等级	光字牌名称及对应分区
低沸塔组	操作员	
高沸塔组	操作员	
DCS 工程师	工程师	低沸塔温度：对应低沸塔温度数据分区 低沸塔压力：对应低沸塔压力数据分区 高沸塔液位：对应高沸塔液位数据分区 流量：对应流量数据分区

数据分组分区

数据分组	数据分区	位号
DCS 工程师数据分组	低沸塔温度	TI2504、TI2505、TI2506、TI2507、TI2508、TI2509
	低沸塔压力	PI2501、PI2502、PI2503、PI2504、PI2505、PI2514
	高沸塔液位	LI2502、LI2503、LI2504
	流量	FI2501、FI2502、FI2504、FI2506、FI2508
低沸塔数据分组		
高沸塔数据分组		

（2）操作画面设置　当 DCS 工程师进行监控时。

① 可浏览总貌画面

页码	页标题	内容
1	索引画面	DCS 工程师操作小组流程图、趋势画面、分组画面、一览画面的所有的页码
2	数据总貌	所有压力信号

② 可浏览分组画面

页码	页标题	内容
1	常规回路	TIC2505、TIC2511、LIC2504
2	公共数据	GIA2501、GIA2502、IA2501、FI2501、FI2512、FI2513、FI2514

③ 可浏览一览画面

页码	页标题	内容
1	数据一览 1	PI2501、PI2502、PI2503、PI2504、PI2505、TI2504、TI2505、TI2506、TI2507、TI2508、TI2509、LI2501、P2501DI、P2502DI、P2501DO、P2502DO、PI2506、PI2507、PI2508、PI2509、TI2501、TI2502、TI2503、TI2510、TI2511、TI2512、TI2513、TI2514、TI2515
2	数据一览 2	TI2519、TI2520、TI2521、TI2522、TI2523、TI2524、TI2525、TI2526、TI2527、TI2528、LI2505、LI2506、LI2507、LI2508、PI2510、PI2511、PI2512、PI2513、PI2514、PI2515、PI2516、PI2517、PI2518、PI2519、FI2512、FI2513

④ 可浏览趋势画面

页码	页标题	内容	趋标显示方式
1	百分比	LI2501、LI2502、LI2503、LI2504	百分比
2	工程量	TI2502、TI2503、TI2504、TI2505、TI2506、TI2507	工程量

注：每页趋势跨度时间为 3 天 0 小时 0 分 0 秒，要求显示位号描述、位号名和位号量程。

⑤ 可浏览流程图画面

页　码	页标题及文件名称	内　容
1	系统流程	3-2

⑥ 自定义键

a. 自动翻到总貌画面第一页。

b. 将 TIC2504 投入到自动状态。

c. 流程图画面。

（3）报表　要求：每半小时记录，记录数据为 TI2510、TI2511、TI2512、TI2513；一天三班，8h 一班，换班时间为 0 点、8 点、16 点；每天 0 点、8 点、16 点自动打印报表，报表中的数据记录到其真实值后面两位小数，时间格式为××：××：××（时：分：秒）。

报表名称及页标题均为班报表如下。

班报表									
____班___组　组长________记录员_________　____年___月___日									
时　间									
内容	描述	数据							
TI25	####								
TI25	####								
TI25	####								
TI25	####								

注：定义事件时，不允许使用死区。

参考文献

[1] 何衍庆，俞金寿编著．集散控制系统原理及应用．北京：化学工业出版社，2002.

[2] 袁任光编著．集散型控制系统应用技术与实例．北京：机械工业出版社，2002.

[3] 杨宁，赵玉刚编著．集散系统应用技术与实例．北京：机械工业出版社，2002.

[4] 王树青编著．工业过程控制工程．北京：化学工业出版社，2003.

[5] 袁秀英．组态控制技术．北京：电子工业出版社，2004.

[6] 宋建成．间歇过程计算机集成控制系统．北京：化学工业出版社， 2003.

[7] 胡寿松．自动控制原理．北京：国防工业出版社，2005.

[8] 王树青．先进控制技术及应用．北京：化学工业出版社，2005.